환경과학개론

이제근 · 이병헌 · 여석준 · 강임석
김일규 · 김상단 · 이태윤

도서출판 동화기술

Preface

지구상의 인구가 기하급수적으로 증가하면서 세계 각국은 식량을 비롯한 각종 자원의 부족으로 빈곤을 겪을 수밖에 없었고, 이를 극복하기 위하여 산업혁명(Industrial Revolution)과 녹색혁명(Green Revolution)을 통하여 대량생산체제로 전환하였다. 단위면적당 단위시간당 보다 많은 생산을 위하여 화석연료를 비롯한 자연자원을 대량소비하게 되었고 이를 통하여 대기오염, 수질오염, 소음진동 그리고 폐기물 오염과 같은 생활환경의 오염(Pollution)은 물론이고 자연환경의 훼손을 유발하게 되었다. 또한 농업의 경우도 생산성 향상을 위하여 화학비료와 농약 등이 사용되면서 토양과 물의 오염 그리고 독성물질의 생물농축과 같은 다양한 경로의 환경오염현상이 발생될 수밖에 없었다.

그러나 인구증가에 따른 빈곤으로부터의 해방을 위하여 오염현상을 겪을 수밖에 없는 필연성을 이해하여 근본적인 해결노력보다는 오염현상별, 오염물질별 사후 대증요법에 의한 환경공학의 전문적인 발전이 이를 해결할 것으로 기대해 왔다. 이는 과학사상의 발전과도 그 궤를 같이 하고 있다.

최근 우리나라의 환경정책은 이제 오염발생 후 처리대책보다는 사전 오염 예방과 훼손된 환경에 대한 복원, 즉 지속가능한(Sustainable) 개발 위주로 변화하였다. 이러한 시점에 맞추어 우리의 환경교육은 그동안 세분화된 전공에 따라 전문가를 양성하던 체제에서 환경문제 전체를 파악할 수 있는 체제로 보완되어야 하며, 환경학을 전공하는 사람뿐만 아니라 다양한 학문분야에도 이러한 시스템론적인 접근이 필요한 시기이다. 따라서 본 교재는 환경과학 교육을 위하여 부경대학교 환경공학과의 각 분야의 전문가에 의하여 전공분야별로 집필되어 한 교재로 묶어졌다.

환경과학의 범위는 매우 다양하고 폭넓기 때문에 한정된 지면과 한 학기당 제한된 강의시간에의 사용을 위하여 이 책에서는 환경과학의 범위 중 가장 중요하다고 생각되는 부분들로만 선정하여 가급적 간결하고 이해하기 쉽도록 정리하려고 하였다. 따라서 이 책은 환경공학이나 기타 환경관련학을 전공하지 않는 학생들을 위한 교재로 사용되거나, 환경과학 전반에 관하여 참고도서로도 활용이 가능하리라 생각된다. 또한 교재로 사용할 경우 2학점 내지 3학점으로 한 학기 내에 강의가 가능하도록 구성하였다.

본 집필진들은 지속적으로 내용과 구성을 보완하여 보다 완벽한 교재로 만들기 위하여 계속하여 노력할 것을 약속드리며, 이 책을 출판할 수 있는 계기를 마련해주신 도서출판 동화기술 관계자 여러분들께 깊이 감사를 드린다.

CONTENTS

Chapter 1 환경오염과 인류의 장래

Chapter 2 생태계와 환경

Chapter 3 수질오염

Chapter 4 상하수도

Chapter 5 대기오염

Chapter 6 폐기물 관리

Chapter 7 토양오염

Chapter 8 해양오염

Chapter

1

환경오염과 인류의 장래

1.1 환경과학의 개념

환경(Environment)이란 우리 주변을 둘러싸고 있는 모든 사물과 형상을 말한다. 이 중 자연환경은 지구상의 대기, 물, 흙과 암석 그리고 그 속에 살고 있는 인간을 포함한 생물을 말한다. 환경과학(Environmental Science)이란 자연환경에서 지구와 인간 사이의 상호작용과 관계를 규명하는 학문분야이다. 넓은 의미에서의 환경과학은 새로운 학문분야가 아니고, 환경을 구성하는 요소별로 대기과학, 하천학, 호소학, 해양학, 지질학, 토양학, 그리고 생태학 등 각 분야별로 오래전부터 발전되어 온 학문분야라고 할 수 있다.

그러나 좁은 의미에서의 환경과학은 모든 환경의 자연적인 현상을 연구하는 것이 아니고 인간활동에 의해 일어나는 환경오염현상(Environmental Pollution)과 그 치유방법을 중점적으로 연구하는 학문분야이다. 그래서 1960년대 이후 환경오염현상이 세계 각 처에서 심각하게 대두된 이후 발전하게 된 새로운 학문분야라고 할 수 있다.

1.2 환경오염

환경오염이란 인간활동에 의하여 환경 내에 물질과 에너지가 들어와서 환경의 질적 변화를 일으켜서 이러한 변화의 결과가 인간을 포함한 생물에게 유해한 영향을 주는 현상을 말한다. 이때 유해한 영향을 일으키는 물질을 환경오염물질(Environmental Pollutants)이라고 한다.

단순히 환경에 어떤 물질과 에너지가 부가되어 환경의 질적변화가 일어난 것만 가지고 환경이 오염되었다고 하지 않고, 환경의 질적변화의 결과가 본래 그 환경을 이용하던 인간을 포함한 생물에게 유해한 영향을 주었을 때 비로소 환경이 오염되었다고 한다.

그래서 환경오염은 인간을 포함한 생물에 미치는 영향이 기준이 되기 때문에 환경과학은 환경과 생물과의 관계를 연구하는 생태학의 한 분야라고 할 수 있다. 환경오염을 세분하면 환경을 구성하는 분야별로 수질오염, 대기오염, 토양오염 등으로 나눌 수 있다.

1.3 환경용량

환경용량(環境容量)이란 생태학자 Odum(1971)의 정의에 의하면 환경오염이 일어나지 않은 상태에서 어떤 환경이 부양할 수 있는 어떤 생물종의 최대 개체수라고 하였다.

생물의 입장에서 보면 어떤 개체수의 생물을 부양하는 데는 오염되지 않은 환경과 적당량의 먹이생산능력이 뒷받침되어야 한다.

환경의 입장에서 보면 일정한 환경 내에 생물의 개체수가 증가하면 생물의 배설물의 증가로 오염부하량이 증가해서 생물이 살기에 적당한 환경상태를 유지할 수가 없다. 그래서 환경의 입장에서 본 환경용량이란 어떤 환경이 생태계에 악영향을 주지 않는 상태에서 수용할 수 있는 최대 오염부하량이라고 정의한다. 즉 환경이 감당해 낼 수 있는 오염부하량의 한계이고 환경의 자정능력 한계라고 할 수 있다.

모든 환경은 환경오염물질을 받아들일 수 있는 한계가 있고 그 속에서 생물을 부양할 수 있는 한계가 있기 마련이다.

우리나라 남해안 거제만은 물이 맑고 깨끗해서 굴양식장으로 유명한 해역이다. 처음 이 곳에 굴양식을 시작할 때 새끼굴을 부착시킨 굴껍질을 줄에 매달아 양식하는 수하식 양식시설 대수를 1000대 설치하여 일 년간 양식한 결과 600톤의 굴을 생산할 수 있었다. 시설대 당 굴생산량은 0.6톤이었다. 다음해에는 어민들이 시설대수를 1500대로 늘려서 양식을 해보았더니 900톤의 굴을 생산할 수 있었다. 그래서 증산된 굴을 팔아서 재미를 본 어민들이 다음해에는 시설대수를 2000대로 늘려서 양식을 하게 되었다. 그런데 굴양식장에는 이상한 일이 일어나게 되었다. 수확철이 되어도 굴의 성장률이 저조해서 굴 속살이 차지 않은 채 껍질만 남았고, 조류소통이 좋지 않아 굴들이 배설한 배설물들이 양식장 밑바닥에 쌓여 수질오염현상까지 나타난 것이다.

그해 굴 생산량은 600톤도 채 되지 않았으며 그나마 알굴 크기가 너무 작아 상품가치도 떨어져서 추가로 시설한 시설비도 건져내지 못하고 손해를 보게 되었다.

결국 거제만의 환경용량은 900톤이고 이를 굴의 개체수로 환산하면 5 g/마리를 적용해서 1.8×10^8마리가 된다. 거제만은 환경용량을 초과하는 굴을 먹여 살릴 먹이가 되는 식물플랑크톤 생산능력도 없고 환경용량 이상의 굴이 배설하는 배설물을 자정시킬 수 있는 능력도 없다는 것이다.

그래서 어장 환경용량을 평가하여 환경용량 범위 내에서의 적정 시설량을 설치해서 굴양식을 하면 환경의 악화 없이 지속가능한 생산을 할 수가 있다.

환경용량의 개념을 주량(酒量)에 비유할 수 있다. 사람에 따라 주량이 다르지만 술을 마실 때 주량껏 마시게 되면 기분이 좋아지고 혈액순환도 잘 되어 건강에도 별로 해를 끼치지 않지만 잘못하여 주량을 초과해서 술을 마시게 되면 머리도 아프고 구토도 날 것 같아서 기분도 좋지 않고 건강에도 해를 끼치게 된다. 즉, 주량은 술을 소화 분해할 수 있는 능력이 되는 것이다.

환경관리의 기본원리는 환경용량을 잘 평가해서 환경용량 범위 이내로 오염물질 부하량을 적절히 제어하는 것이다.

1.4 지구의 환경용량

지구상에는 2000년 현재 60억 인구가 살고 있다. 인구증가는 기하급수적으로 증가하는 속성을 가지고 있다.

그림 1.1은 세계 인구증가 경향을 나타낸 것이다. 수천 년 전부터 1650년경까지는 전 세계 인구는 5억 이하로 추산되고, 1830년 10억이 되었고, 100년 후 1930년에는 20억이 되었다. 1960년에 30억이 되어 10억 증가하는데 30년 걸렸다. 1975년에는 40억이 되어 15년 만에 10억이 증가하고, 1987년에 50억이 되어 10억 증가하는데 12년이 걸렸고, 1998년에 60억이 되고, 2025년에는 83억이 될 것으로 추정되며, 2050년경에는 100억을 초과할 것이라고 한다.

20세기 들면서 인구가 급격히 증가하게 된 것은 18세기 중반부터 19세기 중반에 걸쳐 영국을 중심으로 유럽제국에서 일어난 산업혁명을 계기로 하여 대량생산과 대량수송수단이 발달하고 현대적 농업기술이 보급되어 획기적인 식량생산의 증대를 가져왔다. 여기다 더해 19세기 중엽 파스퇴르에 의해 질병의 원인이 세균이라는 것을 발견하게 되자 서양 의학기술의 진보로 사망률이 급격히 감소되어 폭발적인 인구증가의 계기가 되었다.

20세기에는 공업화에 의한 경제성장이 가속화되자 물질적으로는 풍요로운 사회가 되었지만 산업화과정에서 수반된 천연자원의 개발, 공장건설과 제품생산과정 그리고 도시화에 의해서 막대한 양의 환경오염물질이 배출되어 환경오염이라는 심각한 부작용을 초래하게 되었다.

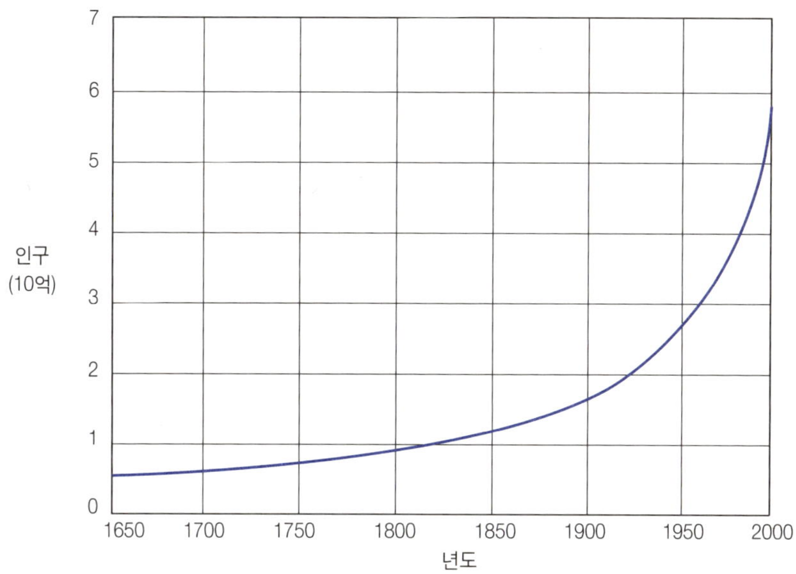

그림 1.1 세계인구증가추세

지구의 환경용량이 어느 정도 될 것인가에 대하여 여러 학자들이 여러 가지 방법으로 추정하였는데 80억에서 300억까지 추정하고 있으나 100억이라고 추정하는 학자가 가장 많다. 그러나 지구가 부양할 수 있는 인구는 한계가 있기 마련이다.

1.5 성장의 한계

20세기를 지나는 동안 세계 인구는 폭발적인 증가를 하고 있고 세계 모든 나라들이 공업화에 의한 경제성장을 계속 추구하고 이로 인해서 수반되는 천연자원의 고갈과 환경오염의 심화 그리고 식량증산이 인구증가율을 따르지 못한데서 비롯되는 개인별 지역별 식량부족 현상이 세계 도처에서 일어나고 있다. 이런 상황이 계속된다면 인류의 장래는 어떻게 될 것인지를 예측한 「로마클럽」보고서를 요약해서 소개하고자 한다.

1.5.1 로마클럽

로마클럽은 1970년 스위스 법인체로 설립된 민간단체로서 전 세계 25개국의 과학자, 경제학자, 교육자, 경영자들로 구성되어 있으며, 세계적 문제인 인구증가, 환경오염, 자원고갈, 식량문제 등 인류를 위기로 몰아갈 수 있는 문제에 대하여 연구하고 토론하면서 위기로부터 인류를 구할 수 있는 길을 모색하는 것을 목적으로 삼고 있다. 로마클럽에서는 미국 MIT 대학의 시스템공학을 연구하는 교수들에게 의뢰하여 인류의 장래를 예측하고 위기를 회피할 수 있는 방안을 검토하도록 하였다.

이 연구결과는 1972년에 성장의 한계(The limits to growth)라는 이름의 로마클럽 보고서를 출간하게 되었다.[1)]

1.5.2 지구시스템 변화예측

지구시스템에 영향을 주는 인자가 무수히 많이 있겠지만 가장 심각한 문제로 등장한 5가지 인자, 즉 인구증가, 공업화에 의한 경제성장, 환경오염, 천연자원 고갈, 식량부족을 채택하여 이들 인자들의 변동양식과 상호작용을 수학적 방정식으로 표현한 수학적 모델을 개발하였다.

이 모델을 이용하여 전 세계는 공업화에 의한 경제성장을 지금과 같이 계속 추구하고, 그로 인하여 자원 소모량은 계속 증가하고 환경오염물질 배출량은 계속 증가하고, 인구는 지금의 추세로 계속 증가하고 식량 증산율은 인구증가율을 따르지 못하는 상태가 계속된다고 했을 때 지구시스템의 장래는 어떻게 변할 것인가를 예측한 결과는 그림 1.2와 같다.

모델 계산 결과는 급속한 공업성장에 따라 자원고갈 현상이 가속화되어 산업기반이 무너져 공업성장에 저해되고 인구증가에 식량생산이 따르지 못한 결과 식량부족과 환경오염 때문에 2100년이 되기 전에 인구감소와 공업화에 의한 경제성장의 한계를 맞게 된다.

---

1) Donella H. Meadows, Dennis L. Meadows, Jorgen Randers, William W. Behrens Ⅲ, 1972, The limits to growth, A Potomac Associates Book.

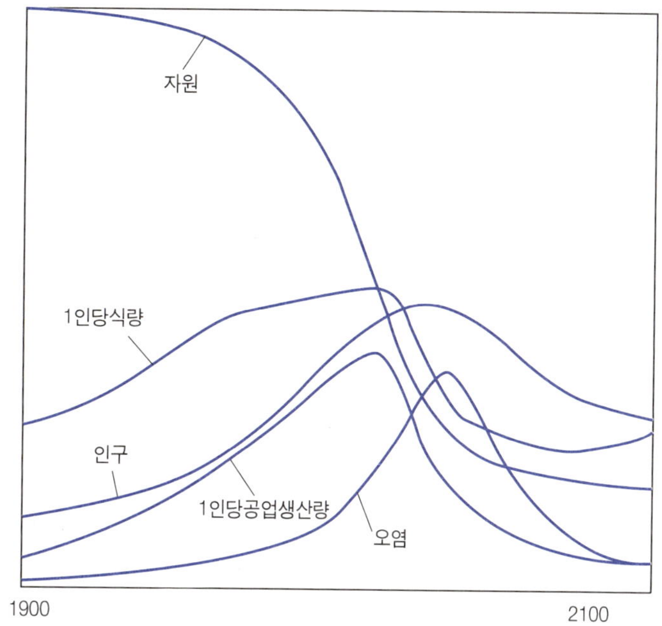

그림 1.2 현재상태에서 모델 계산결과

세계가 지금과 같은 추세로 공업화에 의한 경제성장을 계속 추구한다면 자원고갈에 의해 인구와 경제성장의 한계가 온다고 예측되었기 때문에 이번에는 과학기술을 더욱 발전시켜 이용가능한 자원량을 지금의 2배로 증가시켰다고 했을 때 지구시스템의 장래를 예측한 결과는 그림 1.3과 같다.

여기서 보면 공업화에 의한 경제 성장이 더욱 높은 수준에 도달하여 그것으로 인한 환경오염이 급속히 증가하여 사망률이 증가하고 식량생산이 감소되어 급격한 인구감소 현상이 나타나는 성장의 한계를 맞게 된다.

이상의 두 가지 경우 이외에도 과학기술을 이용하여 환경오염물질 배출량을 삭감했을 경우와 식량생산을 더욱 증가했을 경우 등 여러 가지 경우를 가정해서 계산하여 보았으나 공업화에 의한 경제성장과 인구증가 추세를 그대로 둔 채 자원과 식량생산 증가와 환경오염 삭감 대책만으로는 성장의 한계를 극복할 수가 없다는 결론을 얻었다. 지구 환경용량은 유한한데 너무 짧은 시간 내에 공업화에 의한 경제성장 추구로 급속한 오염부하량의 증가가 지구환경용량을 초과해 버렸기 때문에 성장의 한계를 재촉하는 결과를 초래하게 되었다.

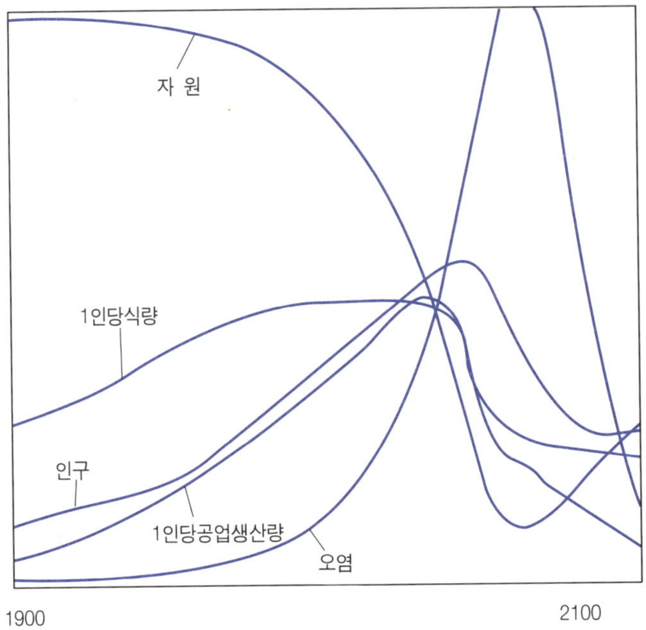

그림 1.3 자원량을 2배로 증가시켰을 경우 모델 계산결과

지구 시스템의 성장의 한계를 극복하고 균형되고 지속가능한 발전을 위해서는 공업화에 의한 경제성장 속도와 인구증가 속도를 자발적으로 계획적으로 환경용량 범위 내로 제어하는 것이 가장 중요하다는 결론을 얻었다.
현대사회에서 공업화에 의한 경제성장 속도를 자발적으로 계획적으로 조절하는 것이 현실적으로 가능한지는 매우 회의적이다.

1.6 지속가능한 발전

1.6.1 우리나라의 산업구조와 환경오염

우리나라는 1980년대 이후로 중화학공업에 의존하는 고도 경제성장 정책을 추진한 결과 물질적인 측면에서의 양적인 성장은 어느 정도 달성되었다. 그러나 철강, 조선, 석유화학 등 중화학공업은 대량의 자원과 에너지를 소모하여 대량생산과 대량소비를 유발하는 산업이므로 그 결과 심각한 환경오염을 유발하게 되었다.

표 1.1 선박에 의한 수입 수출 총화물량(단위 : 톤)

구 분 / 년 도	수출입화물량		수입–수출	수출/수입×100 (%)
	수입	수출		
1990	172,276,782	47,504,612	124,772,170	27.6
1991	210,546,110	52,426,113	158,119,997	24.9
1992	222,721,363	62,852,092	159,868,271	38.2
1993	245,627,162	71,244,827	174,382,335	29.0
1994	277,334,081	76,094,082	201,239,999	27.4
1995	316,010,487	88,413,038	227,597,449	30.0
1996	342,227,091	98,893,165	243,333,926	28.9
1997	370,195,747	114,834,519	255,361,228	31.0
1998	333,431,882	141,320,084	182,111,798	42.4
1999	384,878,697	147,304,436	237,574,261	38.3
2000	418,821,483	150,777,920	268,043,563	36.0

우리국토에서 발생되는 오염부하량을 추정하는 방법 중의 하나로 수입·수출되는 총화물량을 비교해 보면 표 1.1과 같다.

이 표에서 가장 최근 자료인 2000년도의 자료를 보면 4억 1천 8백만 톤 가량의 원료를 비롯한 화물을 수입하여 이것을 태우고 녹이고 갈고 닦아서 각종 공산제품을 만들어 1억 5천만 톤 가량의 화물을 수출한 셈이 되므로 그 차이에 해당하는 2억 6천 8백만 톤의 화물은 어떤 형태로든지 우리 국토에 남게 되는 것이다.

1990년 이후로 매년 수입물량의 70%는 결국 산업폐기물이 되어 우리국토의 토양, 대기, 하천, 해역에 남게 되고 이 양이 해마다 증가하여 누적됨으로써 현재 우리는 심각한 환경오염문제에 직면하게 되었다. 그래서 우리나라의 산업구조를 지금과 같은 중화학공업에 계속 의존해야 한다면 중화학공업 생산과정에서 발생하는 대기오염물질, 수질오염물질, 폐기물의 처리와 관리에 더 많은 투자와 관심을 두지 않으면 안 될 것이다.

우리나라도 자원과 에너지를 절약하는 기술집약적 고부가가치 산업으로 하루바삐 산업구조를 개편하여야 한다. 그렇지 않으면 지속가능한 발전은 기대하기 어렵다.

1.6.2 환경친화적 발전

20세기는 물질문명의 세기라면 21세기는 환경의 세기가 되어야 한다. 앞서 로마클럽

보고서에서도 지적한 바와 같이 환경을 고려하지 않은 물질적인 성장은 지속가능할 수가 없다고 했다.

그래서 환경적으로 건전하며 지속가능한 발전(Environmentally Sound and Sustainable Development) 개념을 환경친화적인 발전개념으로 도입하고 있다.

환경친화적인 발전의 개념에 관해서 우리나라에서도 1992년 6월 5일 세계 환경의 날에 발표한 「환경보전을 위한 국가선언문」의 제10항과 제12항에서 "물자와 에너지를 아껴 쓰고 물질적인 성장만을 추구하는 사고에서 벗어나 정신생활을 향상시킴으로써 삶의 질을 높이는 데 가치를 두는 발전"이라고 했다.

우리나라에서도 환경친화적인 산업구조로의 전환 촉진에 관한 법률을 제정하고 환경친화적인 기업경영체제 도입을 적극적으로 유도하고 있다.

국제적으로는 국제표준화기구(ISO)에서 전 생산공정과 제품이 환경친화적인 지를 인증하는 국제 환경표준규격 ISO 14000 시리즈를 제정하여 인증을 받지 않은 제품에 대해서는 무역상에 각종 규제를 받도록 되어 있다.

환경친화적 삶을 위해서는 지금까지 우리들이 물질적인 성장에만 가치를 두던 것을 정신적인 성장에 가치를 두는 가치관의 전환을 교육과 종교를 통해서 유도하는 것이 중요하다. 환경친화적인 생활과 환경친화적인 기업경영체제 도입과 환경친화적인 국가경영이 확산될 때 전 세계 인류는 성장의 한계를 극복하고 지속가능한 발전을 이룩할 수 있다.

환경친화적인 삶의 표본이 되는 한 예를 들어본다. 수도하는 스님들이 식사하는 모습을 보면 나무로 만든 보시기에다 먹을 만큼의 밥과 나물을 덜어서 천천히 다 드시고 나면 그 그릇에 물을 부어 깨끗이 씻고 그릇 씻은 물까지 다 마시고 나서 깨끗한 수건으로 말끔히 닦은 후 수건을 그릇에 덮어서 선반에 보관한다. 식사 후 밥한 톨 남기지 않고 그릇 씻은 구정물 한 방울 흘리지 않는 환경친화적인 삶의 표본이라고 할 수 있다.

Chapter 2

생태계와 환경
(Ecosystem and Environment)

환경과학은 인간과 관계가 있는 생물상과 무생물상을 포함한 자연환경에서 생태계가 어떻게 상호 작용하는 것인가를 이해하는 것으로부터 시작되어야 한다.

2.1 생태계의 개념

생태계(ecosystem)는 어떤 뚜렷한 공간을 차지하고 있는 식물, 동물, 미생물의 군집이 상호간이나 군집의 주변 환경과의 상호작용을 말한다. 연구의 목적으로서의 생태계는 어떤 환경에 살고 있는 다소 뚜렷한 생물군집이라 할 수 있다. 즉 산림, 초원, 연못, 산호초에서의 생태계는 이러한 특정 환경에서의 생물 종들 사이의 상호관계를 나타낸다. 모든 생물은 그 환경과 다른 생물과의 상호작용을 떠나서는 살 수 없기 때문에 생태계는 지구상에서 생명을 유지하기 위한 하나의 기능적인 단위(unit)가 된다.

이러한 생태계와 생물사이 또는 생물과 환경사이에서 일어나는 상호작용을 연구하는 과학을 생태학(ecology)이라 부른다. 편의상 생물상을 각각 다른 생태계로 분류하기도 하지만 생태계 사이를 분명하게 경계 지을 수는 없으며, 또한 하나의 생태계는 서로의 생태계와 고립될 수도 없다. 즉, 지구상의 많은 생물종들은 동시에 두 가지 이상의 생태계를 차지하고 있다. 예를 들면, 호소 주변의 습지 생태계는 호소수와 직접 접촉되는 부분과 그렇지 않은 건조한 육상지역으로 나뉘며, 각 지역의 특징적인 생물상의 종류는 각각 다르나 서로 상호작용 관계가 있는 각각의 생태계를 유지한다.

생물들이 자연 속에서 존재하는 관계를 연구하는 생태학은 개체, 개체군, 군집 그리고 생물권 사이에 대한 상호작용의 이해에 초점을 맞추고 있다. 여기서 개체(organism)란 모든 형태의 생물이다. 세포(cell)는 생물체에서 생명의 기본 단위이다. 생물체는 단일 세포(예 : 세균)로 혹은 여러 세포로 구성될 수 있다.

생물은 종(species)으로 분류되는데, 종이란 겉모습, 행동, 화학적 그리고 유전적 조성이 서로 비슷한 개체들의 집단이다. 지구상의 생물의 종은 360만에서 1억 종일 것으로 추정되는데 이들 중 많은 종이 열대우림에 있다. 대부분은 너무 작아 맨눈으로 볼 수 없는 미생물이거나 곤충이다. 생물학자들이 구별하여, 이름 붙이고, 간단히 기재한 종의 수는 약 140만 종인데 그 대부분이 곤충이다.

세균, 원생생물, 진균 그리고 효모같이 작지만 많은 미생물들이 생태계가 유지되도록 돕는다. 이들은 어디에나 있으며, 그 어디라도 수십 조 개 정도는 된다. 수십 억 개

정도는 우리 몸속에, 몸 표면에, 한 줌의 토양에, 그리고 한 잔의 강물에서도 찾아낼 수 있다. 따라서 대부분 눈에 보이지 않지만 우리 지구의 지배자는 미생물이라 할 수 있다. 즉, 다수의 미생물이 열심히 일하기 때문에 우리가 살아 있는 것이다. 미생물에 의하여 대기 중의 기체 질소가 식물이 토양에서 흡수할 수 있는 영양분으로 전환됨으로써 식물이 성장하고 이러한 식물로 반들어신 음식으로 우리가 잘 살 수 있는 것이다. 미생물은 빵, 치즈, 요구르트, 식초, 두부, 간장, 맥주 그리고 포도주 같은 식품의 생산을 돕는다. 또한 토양에 있는 세균과 진균은 폐기된 유기물을 분해하여 식물이 흡수할 수 있는 영양분으로 전환해준다. 이런 미생물이 없다면 환경에 축적된 폐기물로 인하여 인간은 머리까지 차오른 쓰레기 더미 속에서 살아야 할 것이다.

미생물, 특히 세균은 폐기물을 분해함으로써 오염된 물의 정화를 돕는다. 우리 몸의 소화기관 안에 있는 세균은 먹은 음식을 분해한다. 우리 콧속에 있는 미생물 중에는 해로운 세균이 폐로 들어가는 것을 막아주는 것도 있다. 또 페니실린, 에리트로마이신, 스트렙토마이신 등 항생물질의 재료가 되는 종류도 있다. 환경공학자들은 광석에서 금속을 추출하고 다양한 오염물질을 분해하는, 그리고 오염지역의 정화를 돕는 미생물을 개발하고 있다. 어떤 미생물은 식물의 병과 작물을 공격하는 곤충 개체군을 조절한다. 병충의 방제에 이런 미생물을 이용할수록 환경에 해로운 화학 살충제의 사용을 줄일 수 있다.

생물의 개체군(population)은 특정 지역을 점유하며 상호작용하는 동일종에 속한 개체들의 집단이다. 한 연못 속의 모든 붕어, 숲의 떡갈나무들 그리고 한 국가의 모든 사람이 그 예이다. 대부분의 자연 개체군에서 개체의 유전적 조성은 조금씩 다르기 때문에 그 모습과 행동에 약간의 차이가 생긴다. 이것을 개체군의 유전적 다양성(genetic diversity)이라 한다. 한 개체군이 보통 사는 곳, 혹은 환경을 서식지(habitat)라 한다. 서식지는 해양같이 클 수도 있고 흰개미의 소화기관같이 작을 수도 있다. 하나의 종이 발견되는 지역을 그 종의 분포(distribution) 혹은 분포 범위(range)라 한다. 열대 식물 같은 종은 그 분포 범위가 작아 산의 한쪽 면에서만 발견되기도 한다. 그러나 곰은 넓은 분포 범위에서 서식한다.

군집 혹은 생물학적 군집(biological community)은 어떤 지역에 살면서 상호작용하는 여러 종의 개체군들로 구성된다. 즉 식물, 동물 그리고 미생물로 이루어져 복잡하게 상호작용을 한다.

생태계(ecosystem)는 물질 및 에너지의 물리 환경뿐 아니라 종들끼리도 상호작용하는 군집이다. 생태계는 작은 연못에서 하천까지, 몇 그루의 나무, 숲 전체, 혹은 사막에 이르기까지 다양한 크기를 가질 수 있다. 생태계는 자연적일 수도, 인공적일 수도 있다. 인공생태계의 예로 경작지와 저수지를 들 수 있다. 지구의 모든 생태계를 합하여 생물권(biosphere)이라 한다. 생태계를 연구하는 과학자들은 다음과 같은 의문에 대한 해답을 찾는다. 첫째, 각 종의 구성원은 얼마나 존재하는가? 둘째, 이들 생물은 주위 환경으로부터 에너지와 물질(영양분)을 어떻게 얻는가? 셋째, 이들은 서로 간에, 혹은 다른 생태계로 에너지와 물질을 어떻게 전달하는가? 넷째, 이들은 환경으로 에너지를 어떻게 방출하며, 재순환을 위해 영양분을 환경으로 어떻게 되돌리는가?

2.2 생태계의 생물부양체계

2.2.1 생태계의 생물부양체계에서 주요 구성원

지구는 그림 2.1과 같이 몇 개의 구면층으로 구성된 것으로 생각할 수 있다. 이 그림을 자세히 보자. 대기권(atmosphere)은 지구를 감싸고 있는 얇은 막이다. 대기권의 안쪽 층인 대류권은 해수면으로부터 17 km 상공까지이다. 대류권에는 지구 대기의 대부분을 포함하고 있는데 주로 질소(78%)와 산소(21%)이다. 대류권의 바깥은 해발 17~48 km 사이에 펼쳐진 성층권이다. 성층권의 아랫부분에는 오존이 많이 포함되어 있어 해로운 태양 자외선의 대부분이 걸러진다. 이에 따라 지상과 물의 표면층에 있는 생물의 생존이 가능하다.

수권은 지구의 물로 구성된다. 수권은 액체 상태의 물(지표수와 지하수), 얼음 그리고 대기 중의 수증기로 존재한다. 지권은 지각과 맨틀의 상층부인데, 지각에는 재생불가능한 화석연료와 무기염 그리고 식물에 필요한 재생 가능한 토양 화합물(영양분)이 포함되어 있다.

생물권(biosphere)은 지구에서 생물이 생물사이 또는 무생물환경과 상호작용하는 부분이다. 생물권에는 수권 대부분과 대기권의 아랫부분 그리고 지권의 윗부분이 포함된다. 즉, 수심 20 km의 바다 속 가장 깊은 곳과 가장 높은 산의 정상까지 이르고 있다.

생물권의 모든 부분은 서로 연결되어 있다. 만일 지구를 사과에 비유한다면 생물권은 그 사과의 껍질보다 두껍지 않다. 생태학의 목표는 대기, 물, 토양 그리고 생물로 구성되어 생명을 부양하는 지구 규모의 이 얇은 막을 이해하는 것이다.

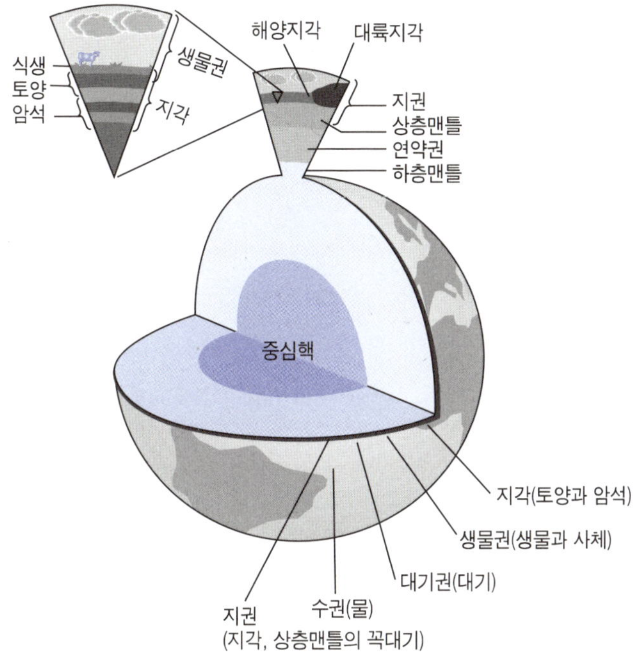

그림 2.1 지구의 일반구조. 지표는 부분적으로 녹은 암석인 맨틀(mantle), 그 위에 떠있는 지각, 그리고 맨틀이 둘러싸고 있는 매우 뜨거운 중심핵으로 구성된다(출처: G. T. Miller, *Essentials of ecology, 3rd ed.*).

2.2.2 생태계에서 생물을 지속시키는 태양, 순환, 중력

지구의 생물은 그림 2.2와 같이 상호 연결된 태양, 원소순환, 중력 세 가지 요인에 의존하고 있다.

- 태양으로부터 온 고품위 에너지는 먹이사슬에 따라 일방적으로 물질과 생물을 통과하여 저품위 상태로 주위 환경에 들어 간 후(열은 대부분 주위에 있는 저온의 공기나 물 분자로 소산되어 들어간다), 결국 열의 형태로 우주로 들어간다. 에너지는 재사용이 불가능하므로 순환하지 않는다.
- 생물권의 일부를 통하는 물질 순환(생물의 생존에 필요한 원자, 이온 그리고 분자). 지구는 우주로부터 물질의 유입에 대하여 닫혀 있으므로 지구에서 영양분의 공급은 필연적으로 고정되어 있으며, 따라서 생명이 지속되려면 지속적으로 재사용되어야 한다.

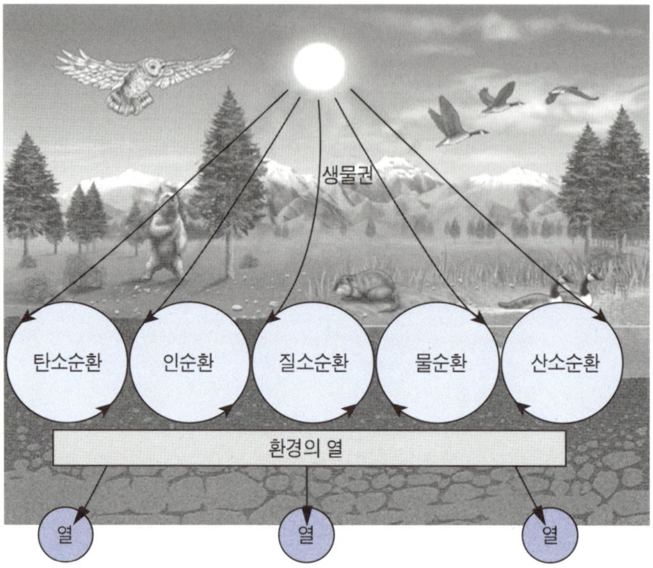

그림 2.2 지구의 생물은 태양에서 나와 생물권을 통하는 일방적인 에너지 흐름(점선)과 주요 원소의 순환(원 주위의 실선) 그리고 대기 기체가 우주로 달아나지 못하게 하며 화학물질을 물질 순환에서 아래쪽으로 끌어당기는 중력에 의존한다. 이 단순화된 모델에서는 순환하는 여러 원소 중 일부만 나타내었다(출처: G. T. Miller, *Essentials of ecology, 3rd ed.*).

- 중력 때문에 대기가 지구에 갇혀 있으며, 따라서 물질 순환에서 화합 물질은 아래방향으로 이동한다.

세 가지 요인 중 특히 태양에서 온 에너지는 지구를 밝고, 따뜻하게 하므로 대부분의 생물이 번식한다. 이 에너지가 광합성을 일으키는데, 광합성이란 녹색식물과 일부 세균이 스스로의 생존과 다른 생물의 먹이가 되는 탄수화물 등의 화합물을 만드는 과정이다. 또한 태양에너지는 물질순환의 원동력이 되며 기후, 기상현상을 일으켜 열과 담수가 지구 표면에서 재배치된다. 태양에서 방출되는 전체 에너지의 약 10억분의 1만이 전자기파의 형태로 지구에 도달한다. 태양에서 지구로 도달하는 에너지의 양은 지구에서 반사되거나 우주로 복사되는 열에너지의 양과 동일하다. 그렇지 않다면 지구의 온도는 생물이 살기에 너무 뜨겁게 달구어질 것이다. 태양에서 유입되는 에너지의 많은 부분이 반사되어 나가거나 대기 중의 화합물, 먼지 그리고 구름에 흡수된다. 통과된 에너지의 약 80%는 대류권을 따뜻하게 하고 물을 증발시켜 생물권에서 순환하게 한다. 유입된 에너지의 약 1%는 바람을 일으키며, 녹색식물, 해조 그리고 세균의 광합성에는 0.1% 이하만이 이용된다.

대기를 통과한 태양에너지의 대부분은 지구 표면에 도달한 후 파장이 긴 적외선 복사로 되므로 질이 저하된다. 이 적외선 복사가 소위 온실 기체(수증기, 이산화탄소, 메탄, 질소산화물 그리고 오존)와 대류권에서 상호작용을 한다. 복사에 의하여 이 기체 분자들은 진동하고 대류권에 적외선을 복사한다. 이 복사에너지가 대기분자와 상호작용함에 따라 대기 분자의 운동 에너지가 증가하여 대류권과 지구 표면에 가열된다. 이런 자연적 온실효과(natural greenhouse effect)가 없으면 지구는 생명현상이 일어나기에 너무 추운 곳이 된다.

2.2.3 생태계의 구성원

생물군계와 수계생물분포대(육지와 수생생물) : 생물은 생물군계(biotic community)라고 부르기도 하는 육지에, 그리고 담수와 해양의 수계 생물분포대에 존재한다. 생물군계는 숲, 사막 그리고 초원같이 그곳에 적응한 특정 종(특히 식생)과 독특한 기후에 의하여 고유한 특징이 있는 넓은 지역이다. 또한 생물권 중에서 물 부분을 수계 생물분포대(aquatic life zone)로 구분하는데 각각에 많은 수의 생태계가 포함되어 있다. 담수 생물분포대(호수와 하천)와 해양 생물분포대(산호초, 하구 그리고 심해)가 그 예이다.

생태계의 주요 구성요소 : 생태계는 생물적(biotic) 요소와 비생물적(abiotic) 요소로 구성된다. 이러한 두 유형의 요소가 생물권과 그 생태계를 구성한다. 비생물 요소는 물, 영양분 그리고 태양에너지 같은 무생물 요인이며, 생물요소는 식물, 동물 그리고 미생물 같은 생물로 구성된다.

생물의 내성의 한계 : 생물은 종에 따라 그 개체군이 번성할 수 있는 특정 물리적 화학적 조건들이 있다. 생태학의 특정 연구 분야에서는 각각 다른 종들이 다른 환경적 영역에서 어떻게 생존하는가를 관찰한다. 즉, 모든 생물은 종에 따라서 번성할 수 있는 물리적 화학적 조건이 다르다. 어떤 개체군은 밝은 햇빛이 필요하지만, 다른 개체군은 그늘에서 더 번성한다. 어떤 개체군에게는 더운 환경이, 다른 개체군에게는 서늘하거나 추운 환경이 필요하다. 또 어떤 개체군은 습한 조건에서, 그리고 다른 개체군은 건조한 조건에서 잘 산다. 수계도 담수와 해수로 구분되며, 이에 따라 어류와 그 외의 생물 종이 달라진다.

어떤 생태계에서 각각의 개체군에게는 물리적, 화학적 환경의 변이에 대한 내성범위(range of tolerance)가 있다(그림 2.3). 개체군 안에서 온도 등의 요인에 대한 개체들의 내성 범위는 유전적 차이, 건강, 나이가 다르므로 조금씩 서로 다를 수 있다.

예를 들면 송어 개체군이 잘 살 수 있는 수온대(최적 수준 혹은 범위)는 좁지만 어떤 개체는 그 범위 밖에서도 생존이 가능하다. 수온이 너무 높거나 낮으면 어떤 송어도 살 수 없다. 이와 같이 내성의 적정범위의 양쪽 끝을 내성한계(limits of tolerance)라 부른다.

이런 관찰들은 내성의 법칙(law of tolerance)으로 요약할 수 있다. 생태계에 있는 한 종의 존재나 풍부한 정도 그리고 분포를 결정하는 것은 하나 이상의 물리・화학 요인이 그 종이 견딜 수 있는 범위에 있는가이다. 어떤 종의 내성범위는 특정 요인에 대하여는 넓지만, 다른 요인에 대하여는 좁을 수 있다. 대부분 생물의 생활사 중 어린 시기나 생식기간 중에 내성 범위가 좁아지는 것이 보통이다. 내성이 큰 종은 조건이 매우 다른 여러 서식지에서 살 수 있다.

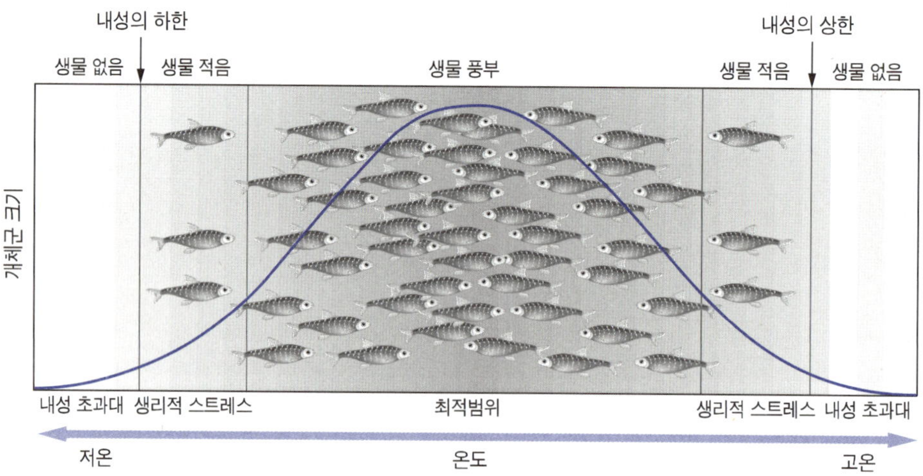

그림 2.3 물고기 개체군의 비생물 요인(온도)에 대한 내성의 범위(출처: G. T. Miller, *Essentials of ecology, 3rd ed.*)

개체군 생장의 제한요인 : 여러 종류의 요인들이 개체군의 개체 수에 영향을 줄 수 있다. 그런데 때로는 제한요인(limiting factor)이라고 부르기도 하는 어떤 하나의 요인이 개체군의 생장을 조절하는데 있어서 다른 요인들보다 더욱 중요하다. 내성의 법칙과 관련된 생태학의 이 원리를 제한요인의 원리(limiting factor principle)라 한다. 어떤 비생물 요인이라도 적정 범위에 비하여 부족하거나 초과하년 다른 모든 요인이 최적일지라도 개체군의 생장이나 번식이 제한되거나 정지할 수 있다. 이러한 관찰을 최소요인의 법칙(law of limiting factors) 또는 Liebig's law of minimum 이라 부른다.

육상에서는 강수가 제한요인인 경우가 흔하다. 사막에서 물 부족은 식물의 생장을 제한한다. 토양 중의 영양분도 육상에서 제한요인으로 작용할 수 있다. 인이 부족한 토양에서 옥수수를 경작하는 경우를 생각하여 보자. 물, 질소, 칼륨 그리고 다른 영양분이 최적일지라도 옥수수가 이용 가능한 인을 모두 사용하고 나면 생장을 멈춘다. 많은 비생물 요인도 제한요인이 될 수 있다. 예를 들면 식물은 수분이나 비료가 너무 적거나 너무 많으면 스트레스를 받게 되거나 죽게 된다. 수계생태계에서 중요한 제한요인에는 수온, 햇빛, 이용 가능한 영양분 그리고 용존산소량(DO: 특정 온도 및 압력에서 단위 부피의 물에 녹아 있는 산소의 양) 등이 있다. 염분도(salinity: 일정 부피의 물속에 녹아 있는 여러 종류의 무기염 즉 소금의 양)가 수계 생태계의 제한요인이 되기도 한다.

2.3 생태계의 구조(structure)

2.3.1 생태계의 생물요소(생산자와 소비자)

모든 생태계는 두 가지 주된 형태가 있다. 즉, 생물상(biota) 혹은 생물군집과 비생물상인 환경적인 요인이다. 생물(organisms) 사이의 주된 먹이공급 관계를 영양구조(trophic structure)라 부른다. 생태계에서 생물은 영양구조에 따라서 세 가지로 분류한다. (1) 생산자(producers), (2) 소비자(consumers), (3) 분해자(decomposers) 또는 부니식자(detritus feeders)로 분류된다. 이러한 세 가지 그룹은 먹이를 생산하고, 먹이를 먹이사슬을 따라서 전달하고, 먹이의 기초생산 물질들을 비생물상 환경으로 재순환 시킨다.

생산자(producer) : 생산자는 CO_2를 유기물질로 전환시키기 위하여 태양이나 화학적 반응으로부터 에너지를 얻는 생물이다. 육지에서 생산자는 대부분이 녹색식물이며, 담수와 해양생태계에서는 연안의 해조와 식물이 주요 생산자이다. 먼 바다의 주요 생산자는 물에 떠있거나 흘러 다니는 작은 생물인 식물플랑크톤이다. 이러한 대부분의 생산자는 포획한 햇빛으로 광합성(photosynthesis)을 하여 포도당($C_6H_{12}O_6$)같은 당분(sugar)을 만들고 부산물로 산소를 방출한다. 광합성 과정 중에 수많은 화학적 변화가 일어나지만 크게 보면 그 화학반응은 다음과 같이 요약할 수 있다.

$$6CO_2 + 6H_2O + \text{태양에너지} \rightarrow C_6H_{12}O_6 + 6O_2$$

또한 식물은 광합성에서 생성된 포도당과 토양과 물에서 흡수한 무기 영양물질(예 : 질소, 인, 칼륨 등)을 이용하여 식물의 몸체를 형성하기 위해 많은 복잡한 분자들을 제조할 수 있다. 특정한 생산자(특별한 세균)는 주위 환경에서 얻은 무기 화합물질에 있는 에너지를 이용하여 햇빛 없이 CO_2와 물로부터 유기물질을 만들 수 있다. 이 과정을 화학합성(chemosynthesis)이라 한다.

자연계의 모든 생물(organisms)은 생존과 성장을 하는 데에 필요한 유기화합물을 직접 생산하느냐 그렇지 않느냐에 따라서 독립영양생물(autotrophs)과 종속영양생물(heterotrophs)로 구분된다.

소비자(consumer) : 소비자는 종속영양생물로서 자신에 필요한 에너지와 물질을 다른 생물이나 그 사체로부터 얻는다. 분해자(decomposer, 대부분 특정 종류의 세균)는 생태계의 유기물이나 부니질(detritus)을 분해(생분해)하여 영양분을 얻는다. 이 과정의 결과 유기물이 간단한 무기화합물로 분해되어 물과 토양으로 방출되면 생산자가 영양분으로 흡수한다. 생명은 순환 속에서 지속된다. 그림 2.4에서 생산자와 살아 있거나 죽은 생물을 잡아먹는 소비자 그리고 분해자들 사이의 먹고 먹히는 관계를 볼 수 있다. 잡식동물(omnivore)이라 부르는 일부 소비자는 식물과 동물 모두를 먹고 사는 이중의 역할을 한다. 그 예로 돼지, 쥐, 여우, 곰, 바퀴벌레 그리고 인간을 들 수 있다.

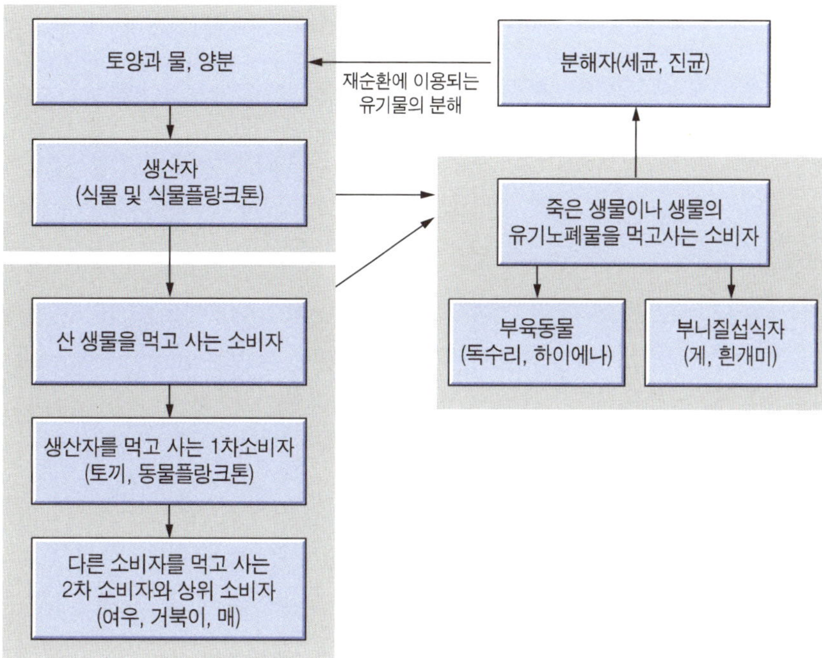

그림 2.4 생산자, 소비자 그리고 분해자 사이의 먹고 먹히는 관계(출처: G. T. Miller, *Essentials of ecology*, 3rd ed.)

부니식자(detritivore) : 부니식자는 부니질 섭식자와 분해자로 구성되며 이들은 부니질을 이용한다. 이런 노폐물을 먹고 분해하는 많은 무리의 생물은 쓰러진 나무 줄기를 가루로 만들고 결국 간단한 무기 분자로 전환하여 식물이 영양분으로 흡수할 수 있게 된다. 자연생태계에서 노폐물은 거의 혹은 전혀 없다. 생명을 지속 가능하게 하는 영양분이 계속 재순환함에 따라 한 생물의 노폐물은 다른 생물에게 자원으로 활용된다. 자연에서 노폐물은 먹이인 것이다.

생산자, 소비자 그리고 분해자들은 포도당 등의 유기 화합물 속에 저장된 화학에너지를 자신의 생명현상 과정의 연료로 이용한다. 대부분의 세포에서 산소를 이용하여 유기물을 이산화탄소와 물로 전환하는 과정인 호기성호흡(aerobic respiration)에 의하여 이 에너지가 방출된다. 수백 단계로 진행되는 이 복잡한 과정의 시작과 결과는 다음과 같은 화학 반응식으로 나타낼 수 있다. 구체적인 단계는 다르지만 호기성 호흡의 최종적 화학 변화는 광합성과 반대이다.

$$\text{포도당} + \text{산소} \Rightarrow \text{이산화탄소} + \text{물} + \text{에너지}$$

$$C_6H_{12}O_6 + 6O_2 \Rightarrow 6CO_2 + 6H_2O + \text{에너지}$$

어떤 분해자는 산소 없이 포도당(혹은 유기 화합물)을 분해하여 필요한 에너지를 얻는다. 이러한 형태의 세포 호흡을 혐기성호흡(anaerobic respiration) 혹은 발효(fermentation)라 한다. 이 과정의 최종 산물은 이산화탄소와 물이 아니라 메탄(CH_4), 에틸알코올(C_2H_6O), 초산($C_2H_4O_2$) 그리고 황화수소(H_2S)이다.

어떤 생물 개체라도 그 체내에 통하는 물질과 에너지의 흐름에 삶을 의존한다. 그런데 전체로서 생태계는 물질의 순환과 에너지의 일방적 흐름에 의하여 존재한다. 분해자가 부니질을 무기영양분으로 분해하여 생산자가 재사용함으로써 물질의 순환이 완결된다. 이렇게 노폐물을 먹고 영양분을 재순환하는 생물이 생태학적으로 중대한 역할을 하고 있는 것이다. 분해자가 없다면 이 세상은 식물의 낙엽, 동물의 사체와 배설물 그리고 더 이상 존재하지 않는 것으로 알고 있던 대부분의 생물로 가득 찰 것이다.

2.3.2 생물다양성

지구에 있는 다양한 유전자, 종, 생태계 그리고 생태계에서 일어나는 과정에서 볼 수 있는 생물다양성이 재생 가능한 필수적 자원이다. 생물학적 다양성 혹은 생물다양성은 지구에서 가장 중요한 재생가능 자원 중 하나이다. 생물다양성의 종류에는 다음과 같은 것이 있다.

- 유전적 다양성 : 한 종이나 한 개체군 안에서 유전물질의 다양성.
- 종다양성 : 서로 다른 서식지에 나타나는 종의 수.
- 생태적 다양성 : 어떤 지역이나 지구 전체에서 육상 및 수계 생태계의 다양성.
- 유전적 다양성 : 에너지 흐름과 물질 순환 같이 종, 군집 및 생태계에 필요한 생물학적 그리고 화학적 과정.

인간의 문화적 다양성도 지구 생물다양성의 일부로 포함시키기도 한다. 각각의 인간의 문화는 환경조건의 변화에 대응하여 다양한 방식으로 발달되어 왔다. 지구의 생물다양성은 우리 인간을 살아 있게 하고, 우리 경제를 부양하는 생물학적 자본이다.

지구의 생물다양성은 우리에게 식량, 목재, 섬유, 에너지, 원료, 산업화합물 그리고 약품을 공급하는데, 이들 모두를 합한다면 세계 경제에 매년 수백조원이 더해지는 것이다. 또한 생물다양성은 대기 및 물의 질을 보존하고, 토양의 비옥도를 유지하며, 폐기물을 수용하고, 작물과 산림을 공격하는 병충해를 적정 수준으로 조절한다. 우리가 생물다양성이 제공하는 것으로만 살고, 생물다양성 그 자체를 소비하지 않는 한 생물다양성은 재생 가능한 자원이다. 일부 학자들은 우리가 직면한 가장 중요한 환경문제가 바로 생물다양성의 소실과 질의 저하라고 말한다. 이것이 생물다양성을 이해하고, 보호해야 하는 이유이며, 생물다양성의 유지는 생태학에서 주요 주제이다.

2.4 생태계의 에너지흐름

2.4.1 먹이사슬 및 먹이그물

먹이사슬 및 먹이그물은 포식자, 피식자 및 분해자가 생태계에서 어떻게 상호 연결되어 있는지를 나타내고 있다. 죽었거나 살았거나 모든 생물은 다른 생물의 잠재적 먹이이다. 송충이는 나뭇잎을 먹고, 참새는 송충이를 먹으며, 매는 참새를 먹는다. 분해자는 잎과 참새 뿐 아니라 매가 죽으면 이를 분해한다. 결과적으로 자연생태계에는 폐기물이 거의 없게 된다. 생물 사이의 먹고 먹히는 경로를 먹이사슬(food chain)이라 한다. 이것에 따라 에너지와 물질이 생태계 안의 한 생물에서 다른 생물로 이동한다(그림 2.5).

생태계의 각 생물은 생산자인가 혹은 소비자인가, 그리고 무엇을 먹는가 혹은 분해하는가에 따라 영양단계(trophic level)라고 부르기도 하는 먹고 먹히는 단계 중 하나에 속한다. 생산자는 첫 번째 영양단계에, 1차 소비자는 2차 영양단계에 그리고 2차 소비자는 3차 영양단계에 속한다. 부식자와 분해자는 모든 영양단계에서 생긴 퇴적물을 처리한다. 실제 생태계는 이보다 더 복잡하다. 소비자 대부분은 한 종류 이상의 생물을 먹이로 하고 있으며, 생물 대부분은 한 종류 이상의 소비자에 의하여 먹히거나 분해된다. 즉, 모든 먹이사슬은 서로 연결되어 있어 먹이관계의 복잡한 그물을 형성하게 되는데 이를 먹이그물(food web)이라 한다. 영양단계는 먹이사슬 에서처럼 먹이그물에서 한 위치를 차지한다. 먹이그물은 포식자와 피식자 그리고 분해자가 어떻게 서로 연결되어 있는지를 나타낸다.

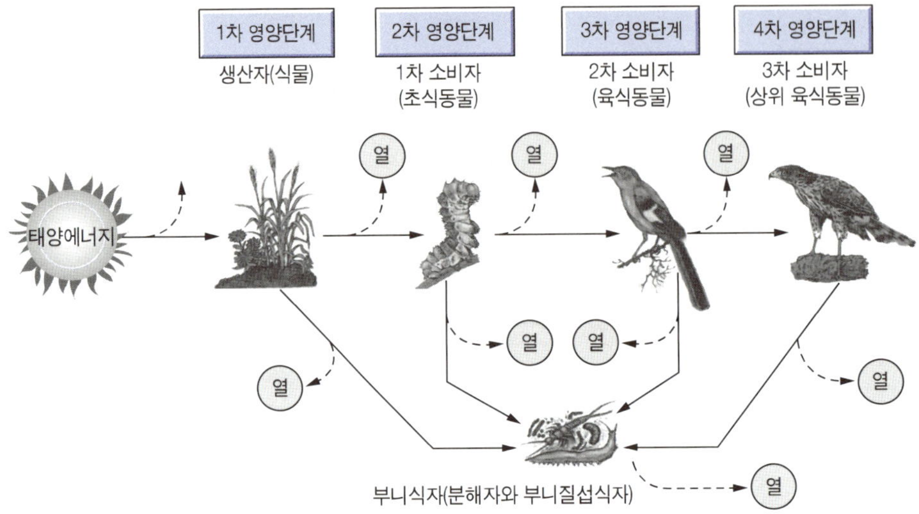

그림 2.5 먹이사슬의 모형. 화살표는 먹이 속의 화학에너지가 각 영양단계에서 어떻게 흐르는지를 나타내는데 대부분의 에너지는 열역학 제2법칙에 따라 열로 전환된다(출처: G. T. Miller, *Essentials of ecology*, 3rd ed.).

2.4.2 생태계의 에너지 흐름

먹이사슬 및 먹이그물에서 각 영양단계는 생물의 몸속에 들어있는 유기물의 건조 중량인 생물량(biomass)으로 나타낼 수 있다. 각 영양단계에서의 모든 생물의 생물량은 그 생물을 모은 뒤 적절한 시료의 건조량 무게를 측정하여 산정할 수 있다. 먹이사슬이나 먹이그물에서 생물량 속에 축적된 화학에너지는 한 영양단계에서 다른 단계로 전달된다.

먹이사슬과 먹이그물을 통한 에너지의 전달은 대체로 효율이 낮다. 그 이유는 각각의 에너지 전달에서 사용 가능한 에너지의 일부가 열역학 제2법칙(에너지의 형태가 변할 때 유효에너지의 양은 반드시 감소한다)에 따라서 질이 낮은 열의 형태로 환경에 방출됨으로써 유실되기 때문이다. 따라서 먹고 소화된 것 중 소량만이 포식자의 몸을 구성하는 물질이 됨으로서 에너지의 양은 감소하게 된다.

생물량의 형태가 하나의 영양단계에서 다음 단계로 전달되는 사용가능한 에너지의 비율을 생태학적 효율(ecological efficiency)이라 한다. 그 값은 종에 따라 그리고 생태계에 따라 2~40%(즉, 60~98%의 소실)의 범위에 있으며 보통 10% 정도이다. 각 영양단계 사이의 전달에서 생태학적 효율을 10%라 가정할 때, 어떤 지역의 녹색식물이

10,000단위의 에너지를 태양에서 얻은 경우, 1,000단위의 에너지만이 초식동물을 그리고 100단위의 에너지만이 육식동물을 유지하는데 이용될 수 있을 뿐이다.

먹이사슬이나 먹이그물에서 영양단계가 많을수록 에너지가 다양한 영양단계를 통해 흐르면서 가용에너지가 소실되는 양은 늘어난다. 그림 2.6에 있는 에너지 흐름피라미드(pyramid of energy flow)는 단순화된 먹이사슬에서 각 단계마다 90%의 에너지의 손실을 가정하고 있다. 에너지 흐름 피라미드는 인간이 곡물, 야채, 열매 등을 직접 먹음으로써 낮은 영양단계에 머무른다면 그런 작물을 다음 영양단계로 넘겨 초식동물을 먹이고 그 초식동물을 식량으로 하는 것보다 더 많은 인구가 지구에서 부양가능하다는 것을 설명해 준다. 연속된 영양단계 사이에 일어나는 다량의 에너지 손실도 먹이사슬 혹은 먹이그물에서 영양단계가 4~5개 밖에 없는지를 설명해 준다. 대부분의 경우 영양단계를 4~5개 지나고 나면 남는 에너지가 거의 없어 이런 높은 영양단계를 먹고사는 생물을 유지할 수 없다. 이것이 독수리, 매, 호랑이, 백상어 같은 최고 육식동물의 수가 적은 이유이다. 또한 생태계가 교란되면 이런 육식동물이 가장 먼저 고통 받는 이유이며, 멸종되기 쉬운 이유이다.

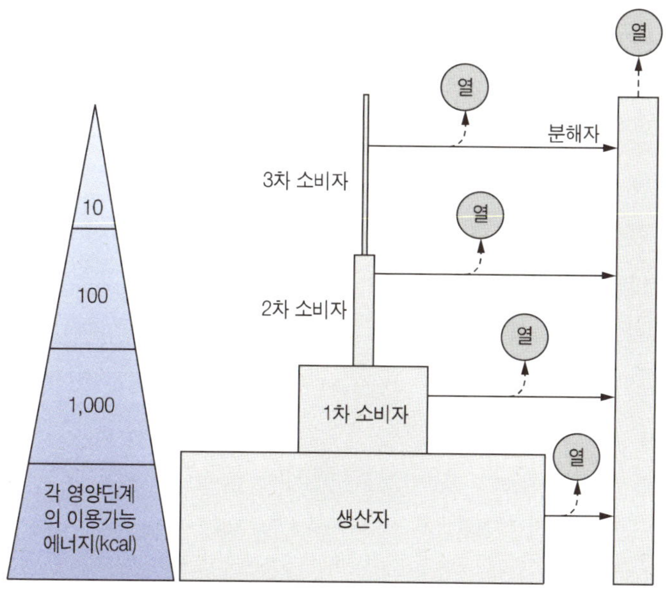

그림 2.6 일반화된 에너지 흐름 피라미드에서 먹이사슬에서 이어지는 각 영양단계마다 이용 가능한 에너지가 감소되는 것이 보인다. 자연에서 생태학적 효율은 2~40% 범위에 있는데, 10%가 보통이다. 이 모형에서는 한 영양단계에서 다음 단계로 전달되는 생태학적 효율을 10%(이용가능 에너지의 90% 소실)로 가정하였다(출처: G. T. Miller, *Essentials of ecology, 3rd ed.*).

2.5 생태계의 물질 순환

모든 생물은 영양분 순환(nutrient cycle) 즉, 생물지화학적 순환(biogeochemical cycle)으로 구성된 지구 규모의 거대한 재순환 시스템에 의하여 서로 연결되어 있다. 생물이 살고, 자라며, 생식하는데 필요한 영양분 원자, 이온 그리고 분자들이 대기, 물, 암석 그리고 생물 사이를 연속적으로 순환한다. 이런 순환은 입사되는 태양 에너지와 중력에 의하여 직접 혹은 간접적으로 이동되는데 탄소, 산소, 질소, 인 그리고 물의 순환이 이에 속한다(그림 2.2). 이러한 물질들은 생태계에서 끊임없이 재순환(recycling) 되는데, 이런 재순환은 다음과 같은 두 가지 이유 때문에 중요하다 : (1) 재순환은 문제(예 : 환경오염)를 일으킬 수 있는 폐기물(wastes)의 축적을 방지한다 ; (2) 재순환에 의하여 생태계 내에서는 필요한 성분이 고갈되지 않는다.

2.5.1 생물권에서의 물 순환 경로

수문학적 순환(hydrological cycle) 즉, 물 순환(water cycle)은 그림 2.7에서 볼 수 있듯이 한정된 지구의 물을 재순환시킨다. 태양에너지에 의하여 지구 표면의 물이 증발하여 대기로 들어간다. 이 물 중 일부는 비나 눈의 형태로 지표면으로 되돌아가며, 생물의 몸을 통과하여 바다로 흘러간다. 그리고 또다시 증발하여 순환이 지속된다. 물의 순환이 다른 영양분의 순환과 다른 점은 대부분의 물이 화학적으로 변하지 않고 물리학적으로만 한 상태에서 다른 상태로 전환된다는 점이다.
물의 재순환과 정화 순환에서 주요 과정은 증발(물이 수증기로 전환), 증산(뿌리에 의하여 토양으로부터 흡수된 물이 식물을 통하여 이동한 후 식물의 잎에서 증발), 응결(수증기가 물방울로 전환), 강수(비, 진눈깨비, 우박, 눈), 침투(토양 속으로 이동), 투수(토양과 투수성 암반층을 지나 대수층이라고 부르는 지하수 저장고로 내려가는 물의 이동), 그리고 지표에서의 흐름(지표의 경사에 따라 바다로 흘러내리는 순환)이다. 물의 순환에서 태양에너지가 동력이 되어 대기로 증발된 물은 중력에 의하여 강우의 형태로 지구표면에 되돌아간다. 대기 수증기 중 약 84%는 바다에서, 나머지는 육지에서 증발된 것이다.

바람과 대기는 수증기를 지구 표면의 여러 곳으로, 때로는 먼 거리까지 이동시킨다. 온도가 하강하면 수증기는 작은 방울로 응결되어 구름이나 지표 가까운 곳의 안개를

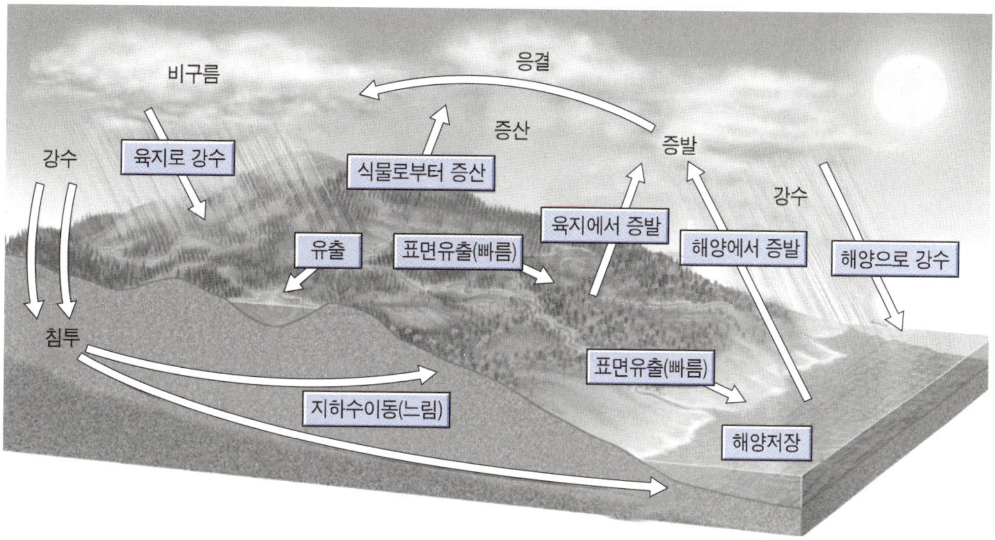

그림 2.7 우리를 살아있게 하는 지구의 물 순환 모형(출처: G. T. Miller, *Essentials of ecology, 3rd ed.*)

형성한다. 비가 내리려면 물방울을 표면에 모을 수 있는 작은 입자인 응결핵이 대기 중에 반드시 있어야 한다. 그런 입자에는 화산재, 토양 먼지, 연기, 해염(sea salt), 공장, 화력발전소 그리고 자동차에서 배출되는 입자상 물질이 있다. 현재 강수의 형태로 지표에 되돌아가는 담수의 약 1/10이 빙하라고 부르기도 하는 천천히 이동하는 얼음과 눈 속에 갇힌다. 하지만 육상생태계에 떨어지는 대부분의 강수는 지표면을 흐르게 된다. 이런 물이 강과 호수로 흘러들고 결국에는 바다로 되돌아가 증발됨으로써 순환이 지속된다.

강, 호수 그리고 습지를 보충할 뿐 아니라 지표에서 흐르는 물은 토양을 침식하며 토양과 암석 조각을 이동시킨다. 또한 물은 많은 영양물질을 녹이므로 생태계 안에서 혹은 생태계 사이로 영양분을 이동시키거나 폐기물을 제거하고 희석시키는 주요 매질의 역할을 한다. 물이 순환하는 동안 거치게 되는 많은 자연적 과정에 의하여 물이 정화된다. 증발과 강수는 물속에 녹아 있는 불순물을 제거하는 자연적인 증류 과정인 것이다. 땅 위 그리고 땅 속의 대수층에서 흐르는 물은 화학적 그리고 주로 분해 세균에 의한 생물학적 과정에 따라 자연적으로 여과되어 정화된다. 따라서 물의 순환은 수질의 자연적 재생으로 볼 수 있다.

물의 순환에 미치는 인간 활동의 영향 : 막대한 양의 담수 이용, 벌목, 토양 침식, 지표수 및 지하수의 오염 그리고 기후 변화 유발 등으로 인간은 물의 순환을 변형시킨다. 지난 100년 동안 인간은 다음과 같은 네 가지 방식으로 지구의 물 순환을 방해하여 왔다.

첫째, 인간은 막대한 양의 담수를 강, 호수 그리고 지하수로부터 끌어내어 사용하고 있다. 과도한 담수 사용의 결과 지하수가 고갈되거나 바닷물이 지하수 층으로 침투되기도 한다.

둘째, 인간은 농사, 광산, 도로와 건물 건축 등에 필요한 숲을 벌목하고 때로는 건물, 콘크리트 그리고 아스팔트 등으로 땅을 덮었다. 이에 따라 지표수의 흐름이 빨라지고, 지하수를 보충하는 물의 침투가 감소되며, 홍수의 위험이 커지고, 토양의 침식이 가속되었다. 또한 인간은 넘치는 물을 흡수하여 보관하는 스폰지 역할을 하는 습지를 파괴함으로써 홍수를 빈번하게 한다.

셋째, 인간은 영양분(인과 질소성분)이나 오염물질을 물에 첨가함으로써 수질을 변화시킨다.

넷째, 인간에 의한 이산화탄소와 기타 온실기체의 대기 방출에 일부 기인하는 기후 온난화의 결과로 지구 물 순환의 속도가 빨라지고 있다. 이에 따라 가뭄, 홍수, 그리고 폭풍의 강도와 빈도에 영향을 주는 지구 규모의 강수 양상이 변화될 수 있다. 또한 기후 온난화에 따라 온실 기체 중의 하나인 대기 수증기가 대류권에 많아지면 기후 온난화는 더욱 심화될 수 있다.

2.5.2 생물권에서의 탄소의 순환

탄소는 탄수화물, 지방, 단백질 그리고 생명에 필요한 여러 화합물을 구성하는 기본 물질로서 탄소 순환(carbon cycle)에 의하여 생물권에서 순환된다(그림 2.8). 이 순환은 대류권 부피의 약 0.038%를 차지하며, 물에도 녹아 있는 이산화탄소 기체에 기초한다. 생물의 호기성 호흡, 화산 분출, 석회석의 풍화 그리고 나무, 풀, 화석 연료 등의 탄소 화합물의 연소가 대류권의 이산화탄소를 증가시킨다.

산소를 이용하는 생산자, 소비자 그리고 분해자의 세포에서 일어나는 호기성 호흡은 포도당과 다른 유기 화합물을 분해하여 탄소를 이산화탄소로 되돌리는 과정이며, 이때 발생한 이산화탄소가 대류권과 물속으로 방출되면 생산자가 재이용한다.

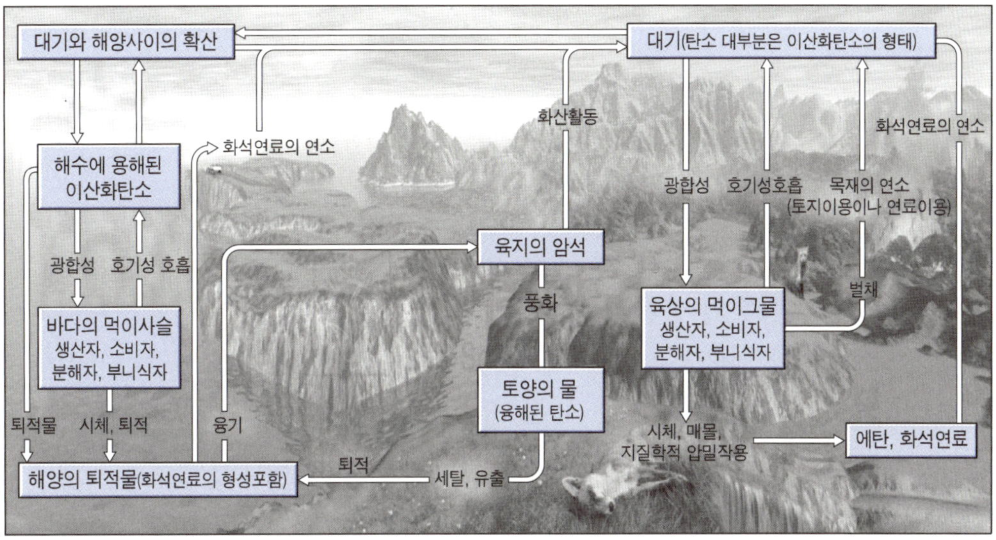

그림 2.8 우리를 살아있게 하는 지구의 탄소 순환 모형. 그림의 왼쪽부분은 바다를 통한 그리고 오른쪽은 육지에서의 탄소의 이동을 나타낸다. 탄소 저장고는 네모 상자로, 탄소의 형태를 변화시키는 과정은 화살표 사이에 표시하였다(출처: G. T. Miller, *Essentials of ecology, 3rd ed.*).

이산화탄소는 광합성 과정에 이용되어 포도당($C_6H_{12}O_6$) 같은 탄수화물로 전환되고 육상 및 수계 생산자에 의하여 대류권에서 제거된다. 생산자의 광합성과 생산자, 소비자 및 분해자의 호흡 사이의 연결이 생물권 안에서 탄소를 순환시키며 지구 규모의 탄소 순환에서 핵심적 부분이다. 산소와 수소 그리고 탄수화물을 구성하는 다른 원소들의 순환은 탄소의 순환과 거의 유사하다.

이산화탄소는 자연의 자동제어 장치에서 핵심요소이다. 탄소 순환에 따라 너무 많은 CO_2가 대기에서 제거되면 대기는 냉각되며, 너무 많이 발생시키면 대기는 더워진다. 따라서 탄소 순환에 작은 변화라도 생기면 기후에 영향을 주고, 궁극적으로 지구의 여러 곳에 존재할 수 있는 생물의 유형에도 영향을 준다. 일부 탄소 원자는 순환하는 데 많은 시간이 걸린다. 백만 년 이상에 걸쳐 죽은 식물체와 세균의 침전물이 묻혀서 퇴적층 사이에서 압력을 받게 되면 석탄이나 석유같이 탄소를 함유하는 화석 연료가 된다. 이런 탄소는 화석 연료로 채취되어 연소되거나 혹은 오랜 지질학적 과정의 결과 지표에 노출될 때까지 CO_2의 형태로 대기로 방출되어 재순환되지 않는다. 불과 몇 백 년 만에 인간은 수백만 년에 걸쳐 만들어진 거대한 양의 화석 연료를 채취하여 연소시켰다. 이것이 바로 인간의 시간대에서 화석 연료가 재생 불가능한 자원인 이유이다.

해양은 탄소 순환에서 주요한 역할을 한다. 대기 이산화탄소의 일부는 해양의 물에 녹으며, 해양의 광합성 생산자가 이중 일부를 제거한다. 반면 해양의 물이 더워지면 녹은 CO_2의 일부는 더워진 탄산음료에서 거품이 나듯이 대기로 되돌아간다. 이 두 과정의 균형이 지구의 평균 온도에 중요한 역할을 한다. 일부 해양생물은 껍질과 골격을 만들 때에 바닷물 속에 녹아 있는 CO_2 분자를 이용하여 탄산칼슘($CaCO_3$) 화합물을 형성한다. 이런 생물이 죽으면 작게 부서진 껍질과 골격은 바다 속 깊은 곳으로 서서히 이동한다. 여기서 거의 4억 년에 이르는 오랜 세월을 거쳐 깊은 바닥의 퇴적물로 묻히고 거대한 압력에 의하여 석회암으로 변한다. 지질학적 과정에 따라 결국 석회암이 대기로 드러나고 갇혀 있던 탄소는 산성 강우에 의하여 생물이 다시 이용할 수 있게 된다.

탄소 순환에 미치는 인간 활동의 영향 : 화석연료의 연소와 삼림 벌목의 결과 되돌아가는 속도보다 이산화탄소가 빨리 발생되면 대류권의 평균 온도가 상승할 수 있다. 1800년대 이후, 특히 1905년 이후 인간은 지구의 탄소 순환을 다음과 같은 두 가지 방식으로 방해하여 대기 중으로 이산화탄소를 유입시키고 있다.

첫째, 어떤 지역에서 인간은 광합성을 통하여 CO_2를 흡수하는 나무와 식물을 벌목하고 있다.

둘째, 인간은 화석 연료와 목재를 연소함으로써 다량의 CO_2를 대기에 가하고 있다. 지구 기후 시스템의 컴퓨터 모형에 따르면 CO_2 같은 온실기체 농도가 대기 중에서 증가하면 지구의 자연적 온실효과가 증대되어 대류권과 지표면이 더워지는 것으로 나타났다. 그 결과 초래되는 지구온난화는 식량 생산과 야생 서식지를 방해하며, 온도 및 강우 양상을 변화시키고, 세계의 여러 지역에서 해수면을 높인다.

2.5.3 생물권에서의 질소의 순환

질소는 대류권 부피의 78%를 구성하는 가장 풍부한 원소인데, 화학적으로 매우 안정된 기체 질소(N_2)의 형태로 존재한다. 질소는 단백질, 비타민 그리고 핵산인 DNA 및 RNA의 주요 구성원이다. 그런데 질소 기체는 다세포식물이나 동물에 영양분으로써 직접 흡수되거나 이용(대사)되지 않는다. 그 대신 질소는 암모니아 이온(NH_4^+) 또는 질산 이온(NO_3^-)과 같은 무기질 형태로 이용된다. 다행인 것은 자연에서 두 개의 과정이 대기 중 기체 질소를 질소 순환(nitrogen cycle)의 일부로서 먹이그물로 들어갈 수 있는 화합물로 전환시킨다(그림 2.9). 이중 하나가 대기 중 전기 방전(번개)이다. 번개에 의하여 대기 중 기체 질소(N_2)와 산소(O_2)가 반응하여 일산화질소(NO)를 생성한다. 다른 과정은 물속이나 토양 그리고 일부 식물의 뿌리에 있는 특정 세균에 의하여 수행되는데, 기체 질소가 식물과 동물의 영양분으로서 유용한 화합물로 전환 혹은 고정된다.

질소 순환은 몇 개의 주요 단계로 구성되어 있다(그림 2.9). 질소 고정에서 토양 속의 특정 세균이 기체 질소(N_2)를 식물이 이용할 수 있는 암모니아(NH_3)로 전환한다. 식물에 흡수되지 않은 암모니아는 질산화(nitrification)된다. 이 과정에서 특정 호기성 세균이 토양 암모니아의 대부분을 식물에 유해한 아질산이온(NO_2^-)으로 그리고 식물이 영양분으로 쉽게 흡수하는 질산이온(NO_3^-)으로 전환한다. 질소 고정 및 질화작용으로 무기 암모니아와 암모늄 이온(NH^+)이 토양 수분에 더해지면 식물의 뿌리는 “동

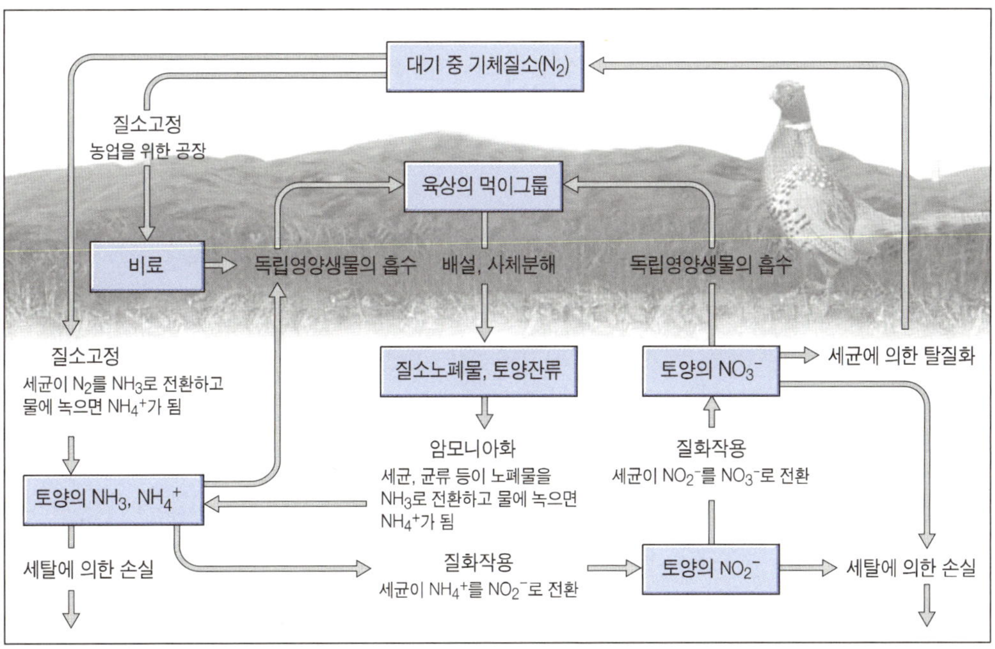

그림 2.9 육상생태계의 질소 순환 모델. 질소 저장고는 네모 상자에, 질소의 형태를 변화시키는 과정은 화살표 사이에 표시하였다(출처: G. T. Miller, *Essentials of ecology, 3rd ed.*).

화"라고 부르기도 하는 단계에 따라 용해된 이런 물질을 흡수할 수 있다. 식물은 이런 이온을 이용하여 DNA, 아미노산 그리고 단백질 등의 질소 함유 물질을 만든다. 그 다음에 동물은 식물이나 초식동물을 먹음으로써 그 속의 질소를 얻게 된다.

식물 및 동물은 질소가 풍부한 유기 화합물을 폐기물, 분비물 입자, 사체 등의 형태로 환경에 되돌린다. 암모니아화(ammonification) 단계에서 대규모의 분해 세균이 이런 퇴적물을 암모니아나 질소를 함유한 보다 단순한 무기화합물로 전환한다. 질소는 탈질산화(denitrification) 단계를 거쳐 토양을 떠나는데, 이 단계에서 침수된 토양, 호수, 해양, 늪 등의 바닥 퇴적물 속에 있는 특정 혐기성 세균이 암모니아와 암모니아이온(NH_4^+)을 아질산염과 질산염으로 전환한 후, 기체 질소(N_2)와 이산화질소 기체(N_2O)로 되돌린다. 이들 기체가 대기로 방출되면 순환이 다시 시작된다.

질소 순환에 미치는 인간 활동의 영향 : 질소를 함유한 화합물이 인간 활동에 의해 환경으로 과다하게 유입되면 지역과 지구 전체에 환경문제를 일으킨다. 최근 백 년 동안 인간의 활동은 지구의 질소 순환에 다음과 같은 악영향을 미쳤다.

(1) 인간은 연료를 연소함으로써 다량의 일산화질소(NO)를 대기에 방출하였다. 대기 중에서 이 기체는 이산화질소(NO_2)와 질산(HNO_3)으로 전환되어 지구 표면으로 되돌아감으로써 보통 산성비라고 부르기도 하는 강우에 의한 산성 강하로 인한 해가 발생할 수 있다.

(2) 인간이 토양에 뿌려준 축산 폐기물과 상업적 무기 비료를 이용하는 혐기성 세균의 활동을 통하여 아산화질소(NO_2)가 대기로 더해지고 있다. 이 기체는 대류권을 온난하게 하고 성층권의 오존을 감소시킨다.

(3) 인간에 의한 삼림, 초지 그리고 습지의 파괴에 따라 토양 및 식물에 저장된 다량의 질소가 기체 화합물의 형태로 대류권에 방출된다.

(4) 인간의 농업 유출수와 도시 하수의 배출에 따라 과량의 질산염이 더해져 수계 생태계가 영향을 받게 된다.

(5) 질소를 풍부하게 함유한 작물이나 관개농사로 키운 작물을 수확하거나, 경작을 위하여 초지와 삼림을 연소하거나 벌목할 때 표토 층의 질소가 제거된다.

(6) 인간의 활동에 의하여 대기, 토양과 물로 질소가 유입됨에 따라 육지와 수계생태계의 생물다양성이 영향을 받아 질소 영양분이 많을 때 번성하는 종이 많아지는 방향으로 변화가 시작되고 있다.

1950년 이래 인간 활동의 결과 지구의 육지에서 연간 방출되는 질소의 양이 해양에서보다 두 배로 증가하였다. 이렇게 질소가 대기와 물로 과도하게 유입되는 것이 일부 지역과 지구의 심각한 환경문제인데, 지구온난화나 성층권의 오존 감소 문제만큼 주의를 끌지 못하고 있다.

2.5.4 생물권에서의 인의 순환

인의 순환은 암석과 토양에 기원하는 모든 무기성 영양소의 순환에 대표적인 예가 된다. 무기성 영양소 중 특히 인의 순환이 중요한 이유는 인의 결핍이 많은 생태계에서 제한인자(limiting factor)로 작용하며, 과잉의 인은 수계에 원하지 않는 조류의 성장에 심각한 촉진제 역할을 하기 때문이다.

인은 물, 지각 그리고 생물을 통하여 순환한다(그림 2.10). 매우 작은 입자의 인이 먼지 속에 있기도 하지만 세균이 인을 기체 형태로 전환하기에 토양 조건이 맞지 않으므로 대기를 통한 인의 순환은 거의 일어나지 않는다. 인은 인산이온(PO_4^{3-})을 포함하는 인산염의 형태로 육지의 암석과 토양, 해양 바닥의 퇴적물로 존재하는 것이 보통이다. 인을 함유한 암석이 풍화되면 인은 인산염의 형태로 토양의 물, 호수 그리고 강으로 방출되어 식물의 뿌리에 흡수된다. 식물에 의하여 유기성 화합물질로 결합된 인을 유기성인(organic phosphate)이라 부른다. 유기성인은 먹이사슬을 통하여 생산자로부터 그 외의 생태계로 전달된다. 동물은 필요한 인의 대부분을 먹이로부터 얻는다. 분해자가 생물 사체 속의 유기인 화합물을 분해하여 토양으로 방출하면 식물이 재사용한다.

인산염이 육지에서 씻겨 강을 따라 해양으로 이동하면 오랜 기간 동안 순환에 참여하지 못한다. 즉, 바다의 바닥에 퇴적물로 수백만 년 동안 남겨질 수도 있다. 어느 날 지질학적 융기과정에 의하여 바다의 바닥이 지표로 드러나면 인산염이 풍화됨으로써 순환과정이 시작된다.

토양 대부분은 인을 거의 함유하지 않거나 저장하지 않으므로 비료의 형태로 인을 토양에 뿌려주지 않는 한 인은 육상식물의 생장에 제한요인이 되는 경우가 흔하다. 인은 물에 많이 용해되지 않으므로 많은 호수와 강에서 생산과 개체군의 생장을 제한한다.

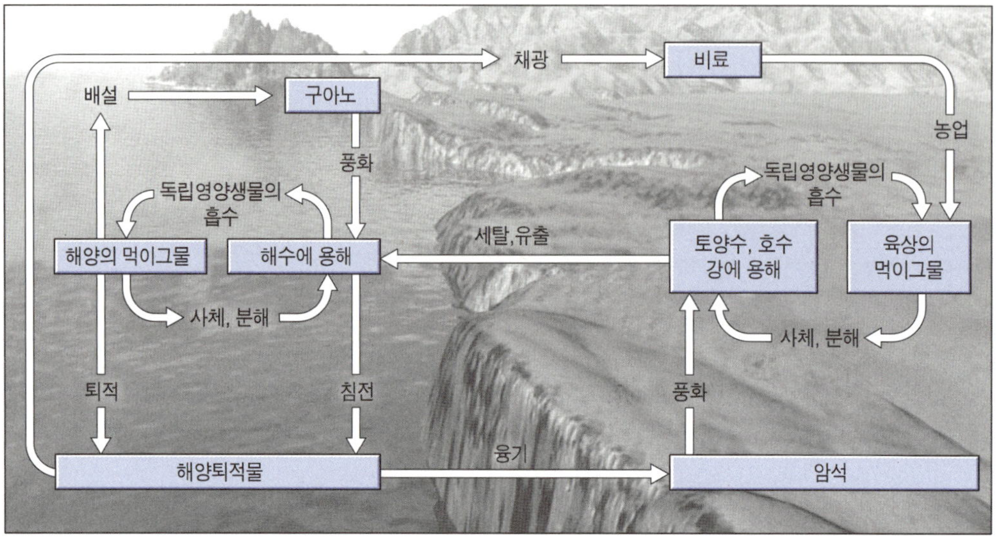

그림 2.10 인 순환의 모형. 인 저장고는 네모 상자에, 인의 형태를 변화시키는 과정은 화살표 사이에 표시하였다(출처: Cecie Starr and Ralph Taggart, *The Unity and Diversity of Life, 9th ed.*, *Wadsworth* ©2001).

인 순환에 미치는 인간 활동의 영향 : 인간은 비료를 만들기 위하여 지각으로부터 많은 양의 인을 제거하고, 삼림을 벌목하여 열대 토양 속의 인을 감소시키며, 수생태계에는 과량의 인을 가해주고 있다. 인간은 다음과 같은 세 가지 방식으로 지구의 인 순환을 방해한다. 첫째, 인간은 다량의 인산염 암석을 채굴하여 상업적 무기 비료를 만든다. 둘째, 인간이 열대삼림지역을 벌목하여 열대 토양속의 이용 가능한 인산염이 감소한다. 즉, 열대삼림이 벌목되거나 태워지면 생물과 부니질에 저장되어 있던 영양소는 강우에 의하여 쉽게 씻기어져 강이나 호수로 유출된다. 셋째, 축산 폐기물, 비료와 하수처리장의 배출수가 흘러들어 수계 생태계에 장애를 일으킨다.

2.5.5 영양소의 순환과 지속가능성(sustainability)

우리가 환경과학에서 생태계에서의 영양소의 순환을 다루는 중요한 이유는 인간과 생태계 혹은 자연과의 상호관계가 지향하며 작용하여야 하는 주된 목표가 되는 지속가능성(sustainability)에 대하여 생각해 보고자 함이다. 여기서 어떤 시스템이 지속가능(sustainable) 하다고 하는 것은 어떤 물질이나 에너지 자원이 고갈되지 않고 지속적으로 순환 유지되는 것을 말한다. 예로서 지속가능한 어류나 나무의 생산은 이러한 종들의 개체수가 단지 안정되게 유지하는 것보다는 대체로 더욱 빠른 속도로 성장하거나 번식되게 하는 것이다.

생태계에서 지속가능성의 원칙은 생태계가 폐기물(wastes)을 처분하고 모든 원소들을 재순환 시키면서 영양분들을 재보충하는 것이다. 그러나 인간 사회는 대체로 순환의 개념이 아닌 일방적인 원소의 흐름(one-directional flow of elements)에 따라서 운영되고 있다(그림 2.11).

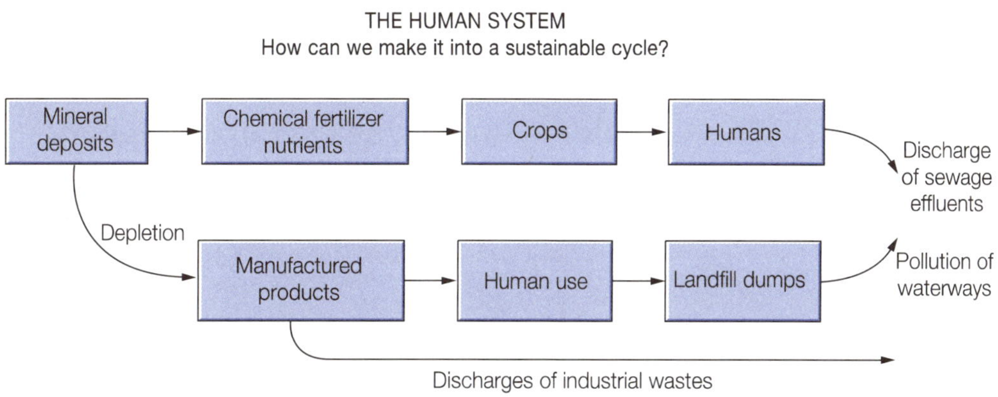

그림 2.11 일방적인 원소의 흐름(출처: R. T. Wright and B. J. Nebel, *Environmental Science, 8th ed.*)

그림 2.11에서 나타난 바와 같이 우리 사회는 비료 성분인 인산염을 광물 퇴적물로부터 채취하여 하수처리장의 유출수로 공공 수역으로 방류하고 있다. 이와 같은 일방적 흐름은 산업의 "영양소"라 할 수 있는 알루미늄, 납, 수은 등과 같은 금속에서도 나타난다. 즉, 이러한 금속들은 광물에서 채굴되어 이들 금속을 함유하는 생산품으로서 버려지거나 땅속에 매립된다. 이러한 일방적인 흐름에 대한 실례들로부터 자원의 고갈과 오염의 문제는 쉽게 이해할 수 있다.

지구는 방대한 양의 대부분의 무기물질들을 지니고 있으나, 생태계가 교란되지 않고 폐기물을 흡수할 수 있는 능력은 상대적으로 한정되어 있다. 이러한 생태계의 한계는 우리가 사용하는 많은 상품들이 생분해불가능(nonbiodegradable)하다는 사실 때문에 더욱 심해진다. 따라서 생태계의 순환에 대한 이해는 인간 사회에서 생산된 상품(예 : 종이, 병, 캔 등)의 재순환(recycling) 및 재사용(reuse)의 목적에 대한 해답을 제공하여 준다.

Chapter
3

수질오염

3.1 물의 구조와 특성

물은 수소원자 2개와 산소원자 1개가 결합하고 있는데 분자식은 H_2O이다. 물분자의 구조특성으로 두 개의 수소원자가 대칭의 직선구조를 가지고 있는 것이 아니고 두 수소원자와 산소간의 각도가 105°로 되어 있다.

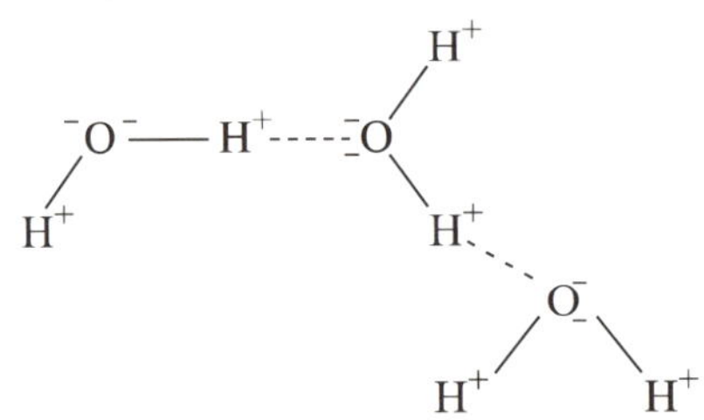

이 결과로 물분자는 매우 큰 쌍극자 모멘트를 가지게 되고 다른 물분자와 수소결합을 형성함으로써 물이 물로서 가지는 각종 특성을 가지게 된다. 물은 상온 대기압 하에서 액체상태로 남아 해양, 하천, 호수에 담겨 있으면서 각종 용수로 사용되기도 하고, 천연수에 각종 물질들을 용존하고 있어 생물이 살아갈 수 있는 환경을 제공하는 것도 물의 분자구조적 특성 때문이다.

주기율표 상에 산소족 원소의 2수소화합물인 H_2S, H_2Se, H_2Te 등은 H_2O보다 분자량이 2배 이상 7배까지 큰 데도 불구하고 상온에서 모두 기체상태이다.

그리고 물은 4℃에서 밀도가 가장 크고 고체인 얼음보다 밀도가 크다. 한대지방의 호수나 바닷물이 겨울철에 표층수부터 얼기 시작하면 고체인 얼음이 저층으로 가라앉지 않고 물 위에 떠 있기 때문에 얼음막이 덮이므로 한파를 막아 표층 아래에 있는 물은 더 이상 얼지 않고 계속 액체상태로 남아있기 때문에 그 속에 살고 있던 물고기와 같은 각종 생물들이 겨울철에도 얼지 않고 살아갈 수 있게 된다.

3.2 물의 순환

물의 순환은 물이 지면으로부터 증발(evaporation) 및 증산(transpiration)하거나 바다로부터 증발하여 습한 기단을 형성한 후, 적절한 조건이 만들어지면 강수(precipitation)의 형태로 지면으로 반환되는 연속적인 과정이라 할 수 있다. 구름으로부터 지면으로 떨어지는 강수는 여러 가지 경로를 통하여 이동하게 되는데, 이를 물의 순환이라 한다. 강수 또는 강우(rainfall)의 일부는 떨어진 곳의 토양에 저류되어 증발을 통해 수증기로 변하거나, 식물조직을 통해 증산되어 대기 중으로 되돌아간다. 이와 같이 물의 손실이라고 할 수 있는 증발과 증산을 합하여 증발산(evapotranspiration)이라 한다.

강수의 일부는 지면을 따라 흘러 결국 강으로 이동하게 된다. 지면에 떨어진 강수의 일부는 침투(infiltration)를 통해 토양 속으로 유입되고, 이와 같이 침투된 물은 침루(percolation)를 통해 지하수면까지 도달하게 되어, 지하수를 형성하게 된다.
또한 침투 또는 침루된 물의 일부는 증발산으로 통하여 다시 대기 중으로 환원되기도 한다. 지표수 및 지하수는 주로 중력의 힘에 의해 높은 곳에서 낮은 곳으로 이동되어 결국 바다로 유출된다. 그림 3.1은 이러한 물의 순환과정을 보여주고 있다.

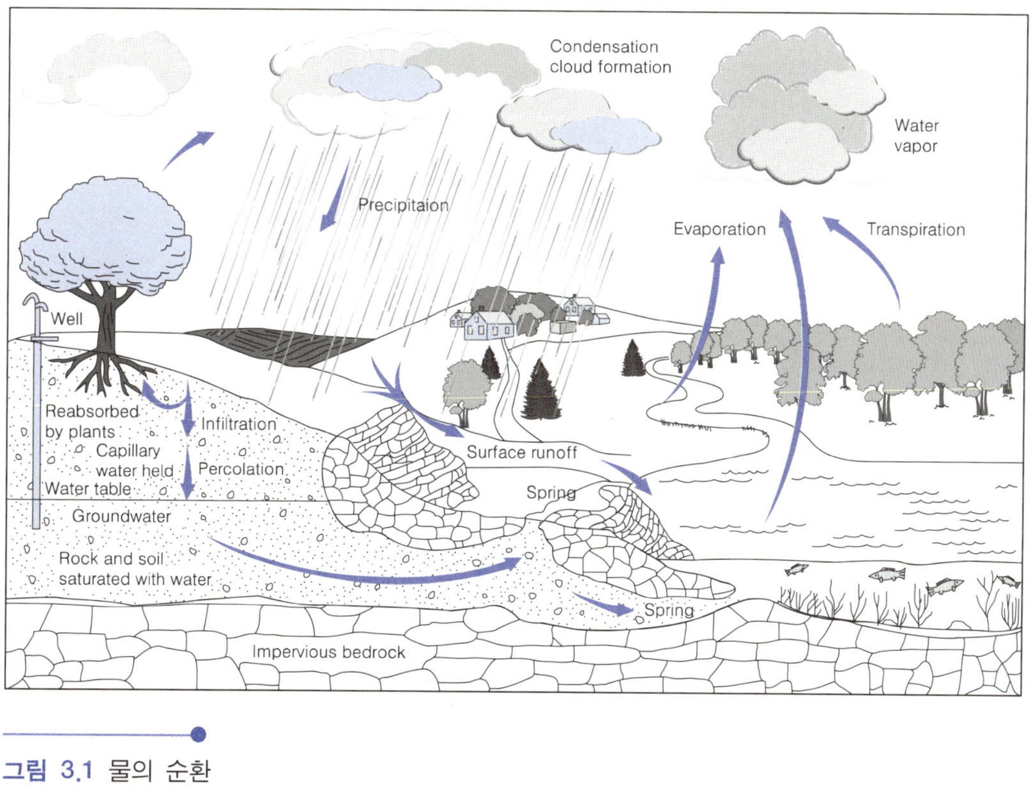

그림 3.1 물의 순환

3.3 수자원 현황

3.3.1 세계 수자원

지구상에 있는 자연의 물 중에서 사람이 자원으로 이용할 수 있는 물을 수자원이라고 하며, 사람의 생활과 산업에 직접 또는 간접적으로 쓰이는 물을 말한다.

호수·강·바다의 맑은 물은 보는 것만으로도 생활에 활력을 주기도 하고, 조용히 흐르는 냇물은 물속에서 사는 수많은 생물의 삶의 터전이 될 뿐만 아니라, 사람의 생활에 교통수단이 되기도 한다. 그래서 오늘날 산업의 발달에 따라 물은 더욱 중요한 자원이 되었고, 이에 따라 세계 여러 나라는 수자원의 개발과 보존에 힘을 기울이고 있다.

지구상의 물은 대기 중의 수증기, 해수, 호소수, 하천수, 지하수와 얼음 형태의 빙하 등이 있다. 지구상의 총 수량은 $1.4 \times 10^{18}\ m^3$로 매우 많은 양이 있지만, 그 중 97.13%는 해수이고 만년빙하가 2.24%이고 지하수가 0.61%를 차지하고 있어서 우리들이 수자원으로 직접 사용할 수 있는 호수와 하천수는 0.02% 정도 밖에 되지 않기 때문에 세계 각처에서는 물부족 현상이 일어나고 있다.

3.3.2 우리나라 수자원

우리나라의 수자원은, 연간 강수량이 1,283 mm로 세계 평균(973 mm)의 1.3배나 크나 좁은 국토면적에 높은 인구밀도로 인해 1인당 수자원 부존량이 매우 적어 1인당 강수량이 2,705 m^3/년으로 세계평균(22,096 m^3/년)의 12%에 지나지 않고, 그나마 강수량의 2/3가 여름철 장마기간 동안 집중적으로 내리기 때문에 일시에 바다로 흘러 내려가 이용할 수 있는 물의 양은 매우 제한되어 세계적으로 물 부족국가로 분류되고 있다.

연 강수의 부존 총량 1,276억톤 중 증발산으로 인한 손실 545억톤(43%)을 빼면 나머지 57%가 하천을 통하여 유출되는데, 이중 홍수 시 유출량이 493억톤, 평상 시 유출량이 239억톤이다. 하천유출량 중 400억톤(31%)이 그대로 바다로 흘러가고 있으며, 우리가 사용하는 수자원량은 하천수 161억톤, 댐용수 133억톤, 지하수 37억톤으로 총 331억톤이다.

특히 지하수 이용가능량은 연간 133억톤으로 추정되지만, 현재 이용량은 연간 37억톤에 지나지 않는다. 더구나 연도별, 지역별, 계절별 강수량의 차이가 크고, 변화의 폭이 커 수자원 관리에 매우 불리한 특성을 갖고 있다.

연 강수의 부존 총량 중 증발로 인한 손실 등을 빼면 이용가능량은 26%에 불과하고, 특히 지하수 이용가능량은 연간 133억m^3로 추정되지만, 1999년 현재 이용량은 연간 40억m^3에 지나지 않는다. 더구나 연도별, 지역별, 계절별 강수량의 차이가 크고, 변화의 폭이 커 수자원 관리에 매우 불리한 특성을 갖고 있다.

과거 수자원 부존량 및 이용현황을 보면 수자원 총량이 약간 증가하는 가운데, 댐 건설 등 이수시설의 확충으로 총 이용량은 1965년에 비해 1998년에는 6배 이상 크게 증가하였다. 또한 인구증가 및 삶의 질 향상으로 인하여 생활용수의 이용량이 상대적으로 높은 증가추세를 보이고 있으며, 농업용수를 제외한 그 외 용도의 수자원 이용량도 꾸준히 증가하는 추세이다.

전국 5대강(낙동강, 한강, 금강, 섬진강, 영산강) 유역으로 구분하여 장래 용수 수급 전망을 살펴보면, 전국적으로 2011년에는 약 40억톤의 용수 부족이 발생할 것으로 예상하고 있다. 이중에 약 22억톤은 노후관 개량, 절수기기 사용 등 수요관리로 해결하고, 댐 연계운영 등 기존시설의 효율적인 활용으로 6억톤을 추가로 확보할 계획이지만, 나머지 12억톤은 현재로서는 명확한 확보방안이 없어 물 부족이 발생할 것으로 예상하고 있다[1].

이 중 낙동강 유역의 경우를 보다 상세히 살펴보면, 낙동강 유역의 경우 2006년 이후 기준으로 예상 용수 부족량이 전국 최대이며, 생활용수를 비롯하여 공업용수, 농업용수의 안정 공급률이 전국 최저를 기록하고 있는 등 용수부족 문제를 가지고 있다. 낙동강 유역은 우리나라 연 평균 강수량의 80% 수준을 보이고 있으며, 상류의 급한 하천경사와 하류의 완만한 경사를 보이는 하도특성과 한강의 1/4 수준의 다목적댐 저수용량, 하류지역(부산, 경남) 하천수에의 높은 의존도(90%) 등 열악한 유역 및 수자원 특성을 보이고 있다.

또한, 낙동강 유역은 수자원 및 환경문제가 사회적인 복잡성을 가진 유역의 특성을 들 수 있다. 낙동강 유역은 임하-영천댐, 영천-포항, 밀양-울산 유역간 물이동, 부산/경남 지역의 낙동강 상류댐 개발 및 강변여과수 개발, 그리고 페놀사태, 위천공단 개발, 낙동강 특별법 등과 관련된 상·하류간의 갈등 등 빈번한 지역간 수자원 분쟁이 빈번하게 발생하였으며, 또한, 낙동강 중·상류에서의 위천공단, 대구광역시 취수보 설치 등은 상·하류간 갈등의 소지를 안고 있으며, 회귀수 감소에 따른 하천 건천화 및 심각한 하류 수질 악화가 예상되는 지역이다.

1) 이재수, 수문학, 구미서관, 2006

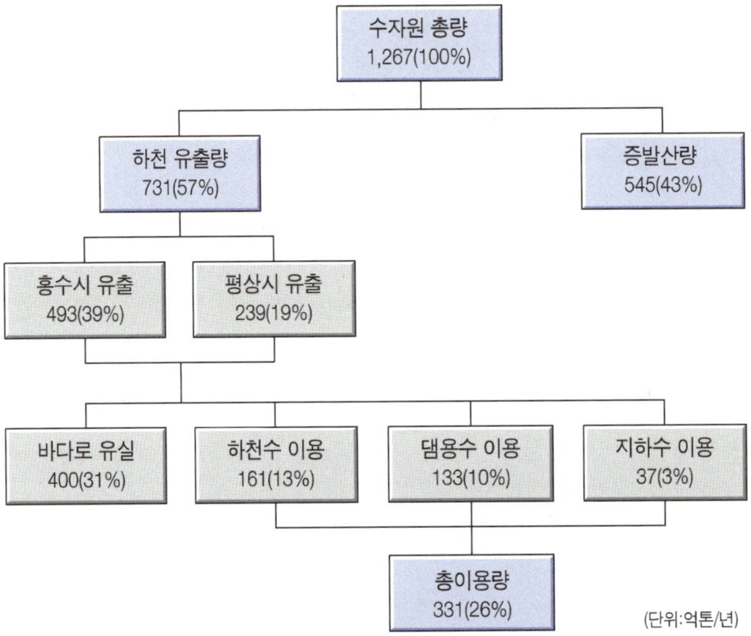

구분	이용량(억톤)	비율(%)
생활용수	73	22
농업용수	158	48
공업용수	29	9
유지용수	71	21
총이용량 : 331억톤		

그림 3.2 우리나라 수자원 분포현황

그리고 다목적댐 개발에 대한 민원 및 환경관련 NGO의 반대, 낙동강 하구둑 건설에 따른 수질악화 및 생태환경 파괴, 하도 내 습지보존 및 하도개발과 관련된 대립 등 낙동강 유역은 수자원 개발과 환경보존의 대립이 극명하게 나타나고 있는 지역이기도 하다.

3.4 하천유역환경

3.4.1 우리나라의 하천과 댐

우리나라 대부분의 하천은 유역면적이 작고 유로 연장이 짧으며 또한 산시가 많기 때문에 하천의 경사도 급한 곳이 많다. 우리나라를 남북으로 관통하는 태백산맥이 수원지대의 역할을 하여 각 하천에 물을 공급하고 있으며 남북한을 합한 면적의 70%가 산지이다. 지질학적으로 보면 우리나라는 대지각운동이 있은 후 제3기의 단층작용을

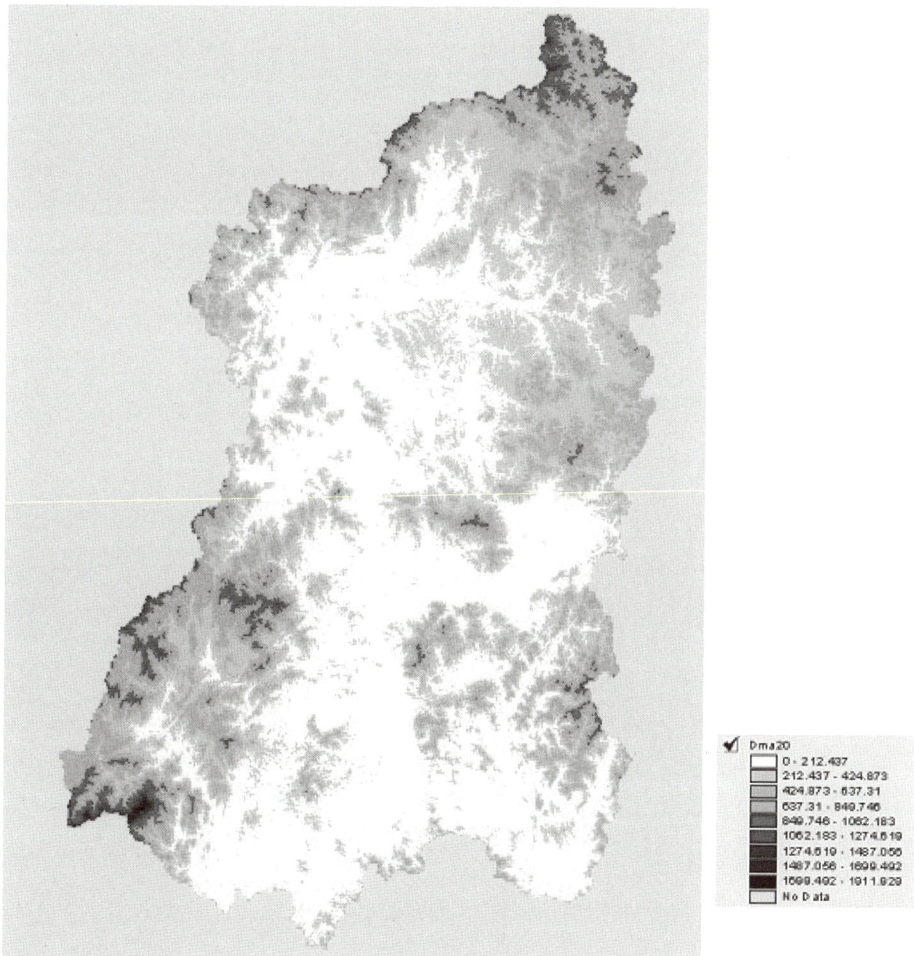

그림 3.3 낙동강 유역의 표고분포도

표 3.1 우리나라의 10대 하천

이름	발원지	하구	유역면적 (km^2)	유로연장 (km)
낙동강	강원도 삼척시 상장면 함백산 (황지천 상류)	부산시 서구 경남 김해시 명지면	23,384	510
한 강	강원 삼척시 하장면 대덕산 (골지천 상류)	경기 김포시 월곶면 경기 개풍군 홍교면	25,954	494
금 강	전북 장수군 수면 사두봉 (수분천 상류)	전북 군산시 미면 충남 서천군 서남면	9,912	398
섬진강	전북 진안군 백운면 팔공산	경남 하동군 남면 전남 광양시 진월면	4,960	224
영산강	전남 담양군 월산면 병풍산 (북하천 상류)	전남 나주시 동강면	3,498	137
만경강	전북 완주군 동상면 월등산	전북 김제시 진봉면 전북 군산시 구읍면	1,504	81
형산강	경북 경주시 서면도리 인내산 (심곡천 상류)	경북 영일군 포항읍	1,133	63
안성천	경기 용인시 이동면 시궁산 (용덕사천 상류)	충남 아산시 인주면 경기 평택시 현덕면	1,656	60
삽교천	충남 청양군 화성면 백월산 (산정천 상류)	충남 당진군 신평면 충남 아산시 인주면	1,650	59
동진강	전북 정읍시 내장동 내장산 (정읍천 상류)	전북 부안군 동진면 전북 김제시 진봉면	1,124	51

지나 제4기를 이루는 사이에 조산운동이 있을 뿐 근대에 와서는 별다른 지각운동이 없었으므로 지면은 풍화작용과 침식작용을 받아 고저기복이 적은 노년기말의 지형을 이루고 있다.

우리나라의 산지는 대체로 고원성을 나타내며 산봉우리는 침식에 저항하다가 남은 구릉이 많고 암반이 노출된 곳이 많다. 이와 같은 수원지대에 내린 강수는 동해안 쪽에서는 유로가 짧고 급경사이기 때문에 유출이 대단히 빠르고 남서해안 쪽 각 해안의 중상류부에서도 급경사인 곳이 많아서 태풍이나 국지성 호우가 수원지대에서 발생할 경우 많은 토사가 함유된 홍수파가 중하류에 빠른 시간 내에 도달하여 하천을 범람하게 되며 운반된 토사는 하상에 퇴적된다. 그림 3.3은 우리나라 낙동강 유역의 표고분포도를 나타내고 있다.

<표 3.1>은 우리나라 10대 하천의 발원지 및 하구, 유역면적, 유로연장을 보여주고 있다. 북한을 제외한 우리나라에서 유역면적을 기준으로 보면 한강유역이, 유로연장

을 기준으로 보면 낙동강 유역이 규모가 가장 큼을 알 수 있다. 참고로 10대 하천 유역 중 강수량이 가장 많은 곳은 섬진강 유역이다. 그림 3.4는 이 중 우리나라 낙동강 유역의 하천망을 나타내고 있다.

위와 같은 유역의 유출여건 때문에 우리나라에서의 평수량 및 갈수량의 크기는 대단히 작은 반면 홍수량은 대단히 커서 연간 하천유량의 변동이 극심하여 우리나라 수자원 개발 및 관리라는 측면에서 커다란 불리한 점이 되고 있다. 하천유황의 변동정도를 표시하는 지표인 하상계수는 대하천의 주요지점에서의 최대유량과 최소유량의 비로 정의되는데 우리나라 주요하천은 <표 3.2>에서 볼 수 있는 바와 같이 하상계수가 대체로 100~300 정도를 형성하여 외국의 하천에 비해 하천유황이 대단히 불안정함을 알 수 있다.

다목적 댐을 건설하기 전에는 5대강 평균치가 400 이상이었었던 점을 감안하면, 이러한 유출특성은 하천의 물이용 여건이 다른 나라들에 비해 상대적으로 매우 열악하다고 할 수 있다.

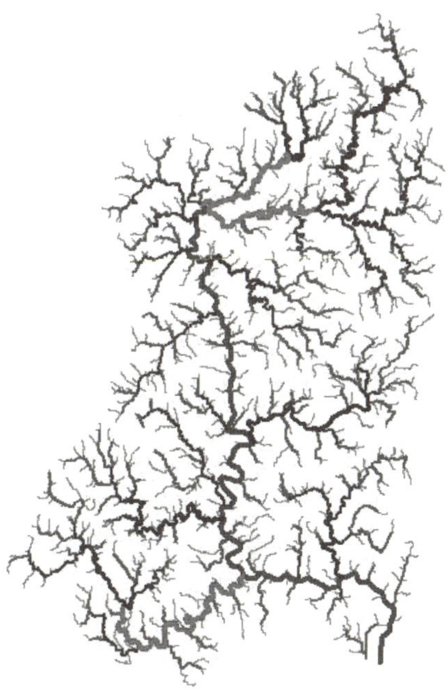

그림 3.4 낙동강 유역의 하천망

표 3.2 주요하천의 하상계수

이름	하상계수	국가
낙동강	260	대한민국
한 강	90	대한민국
금 강	190	대한민국
섬진강	270	대한민국
영산강	130	대한민국
양자강	22	중국
도네강	236	일본
미시시피강	3	미국
테임즈강	8	영국
세느강	34	프랑스

또한 우리나라 하천유역은 산지가 많아 홍수기에는 홍수 직후 1~3일 이내에 상류의 물이 하구에 도달하므로 이수측면에서 보면 강수 특성상 홍수기에 집중되는 강우를 모아 갈수기에 사용할 수 있는 합리적인 방안을 강구할 필요가 있다[2].

앞에서 설명한 바와 같이 우리나라 하천의 유역특성을 감안하여 조기에 바다로 유출되는 하천수를 저류함으로써 용수확보율을 제고하고 아울러 홍수조절효과를 얻자는 것이 우리나라 수자원 개발 정책의 골간이 되어왔으며 이는 그 동안 대규모 다목적댐의 건설에 의해 이루어져 왔다. 다목적댐은 홍수 시에 홍수조절을 통하여 물로 인한 피해를 방지하고, 가뭄 시에는 물을 안정적으로 방류하여 생활용수와 농업용수, 공업용수, 하천유지용수로 공급하며, 수력발전을 통한 에너지를 공급하고 있다. 이처럼 다목점 댐은 주요한 사회간접자본시설이지만 댐 적지의 감소, 환경에 대한 관심의 증가, 수몰지역발생과 재산권 행사 지장으로 인한 반발 등 여러 가지 이유로 댐 건설을 지속적으로 하기가 점차 어려워지고 있다.

2001년 기준으로 현재 건설 중인 시설을 포함한 우리나라 댐 및 저수지의 총 개수는 약 18,000개소이며, 이 중 일정 규모이상의 댐은 약 1,200개소이다. 유효저수량을 기준으로 보면 15개 다목적댐이 전체 저수용량의 약 64%를 차지하고 있다. 저수용량으로 보면 소양강댐이 29억톤으로 가장 규모가 크며, 연간 용수공급능력으로 보면 충주댐이 34억톤으로 가장 많고, 발전용량은 충주댐이 41만 kW로 가장 크다.

2) 윤용남, 공업수문학, 청문각, 2005

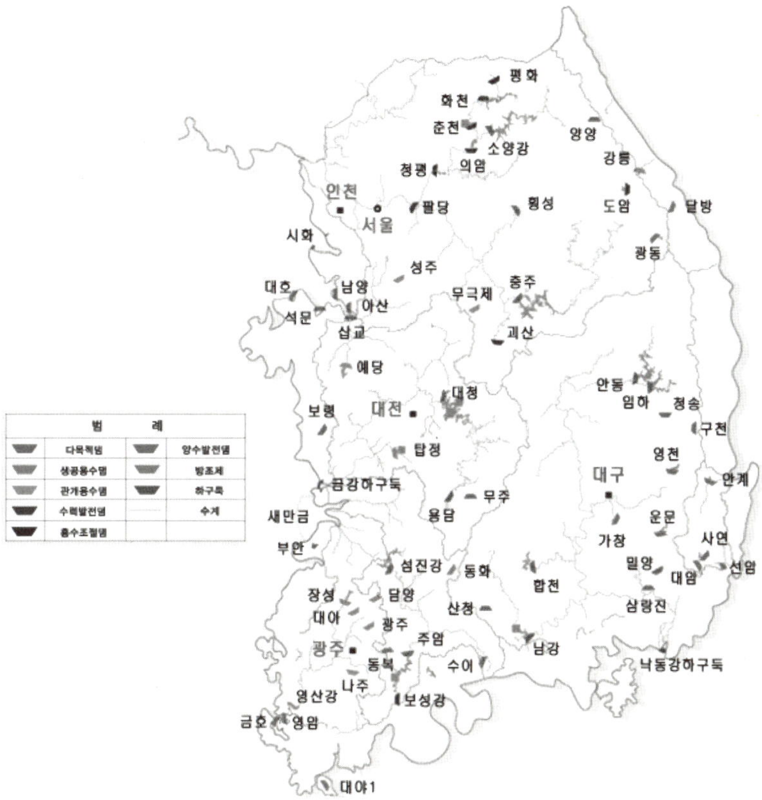

그림 3.5 우리나라의 주요 댐

3.4.2 하천의 정의

1) 사전적 정의

국어 대사전에 의하면 "하천"이란 순수한 우리나라 말로 "내"라는 용어로 서술되며 간략하게 "물이 흘러가는 길"로 정의되어 있다. 백과사전에서는 하천을 "육지표면에서 대체로 일정한 유로(流路)를 가지는 유수(流水)의 계통"이라고 정의하고 있다. 어원적으로 살펴보면 하(河)는 큰 강, 천(川)은 작은 강을 뜻하는데 우리나라에서는 큰 강을 강(江), 작은 강을 천(川) 또는 수(水)라고 부른다.

지표면에 내린 비나 눈 등 강수(降水)의 일부는 증발되고, 일부는 식물의 엽면을 통해 증산(蒸散)되어 대기 중의 수분으로 돌아가고, 일부는 지표면 아래로 침투하여 지하수가 되어 지하에 머무르거나 하천으로 방출되며, 그 나머지는 표류수가 되어 높은 곳에서 낮은 곳으로 중력에 의해 흐르는데 표류수는 사면의 최대 경사를 따라 흐르므로 흐름의 길(道)이 생기게 된다. 이 표류수의 통로가 되는 좁고 긴 요지(凹地)를 하도(河道)라 하고 하도에서의 물의 흐름을 유수(流水)라 하며, 하도와 유수를 합쳐서 하천(河川)이라고 한다. 하천의 수원부인 분수계에서 하구까지의 거리를 하천의 길이라 하고, 하구에서 분수계까지의 길이가 가장 긴 하천을 본류, 본류에 합류하는 하천을 지류라 하며, 반대로 본류에서 갈라져 흐르는 하천을 분류(分流) 혹은 파천(派川)이라 한다.

2) 학술적 정의

물리적으로 보면 지상에 떨어지는 강수는 중력에 의해 낮은 곳으로 흐르게 되며 물이 흐르는 길을 하도, 하도에 흐르는 물을 유수라 하여 하도와 유수를 합하여 하천이라 부른다함은 전술한 바와 같다. 한편, 유수가 접하여 흐르는 지면을 하상(河床)이라하며, 유수의 원인이 되는 비 혹은 눈이 내리는 지역의 범위를 유역(流域)이라 한다. 이러한 정의를 고려하면 하천이란 "지표면에 내린 강수가 흘러가는 길"이라고 정의할 수 있겠다. 다만, 항상 유수가 존재할 필요는 없기 때문에 일정기간동안 물이 흐르지 않는 하도 또는 수로나 새로 개착된 인공하천, 방수로, 운하 등도 하천이라 할 수 있다.

3) 하천법 상의 정의

하천법에서는 물리적 의미의 하천과 관리차원에서의 하천의 의미를 포함하여 하천을 정의하고 있다. 1961년 하천법 제정 당시에는 하천을 "공공의 이해에 밀접한 관계가 있는 하천으로서 대통령령으로 그 명칭과 구간이 지정된 것을 말한다(하천법 제2조 제1항)"라고 규정하였다. 그 후 여러 차례의 하천법 개정을 거쳐 1991년에 개정된 하천법에서의 하천의 정의가 현재까지 적용되고 있다. 하천법 제2조 제1항 제1호 에서는 "하천이라 함은 공공의 이해에 밀접한 관계가 있는 유수의 계통(이하 "수계"라 한다)으로서 그 수계의 하천구역과 하천부속물을 포함하는 것을 말한다."로 정의되어 있으며, 제2호에서는 하천구역, 제3호에서는 하천부속물이 각각 정의되어 있다. 하천법 제2조 제1항 제2호에서의 "하천구역"은 다음 각 목의 구역으로 정의되어 있다.

가. 하천의 물이 계속하여 흐르고 있는 토지 및 지형, 당해 토지에 있어서 식물이 자라는 상황, 기타의 상황이 매년 1회 이상 물이 흐른 흔적을 나타내고 있는 토지(대홍수 기타 자연현상에 의하여 일시적으로 그 상황을 나타내고 있는 토지를 제외한다)의 구역

나. 하천부속물의 부지인 토지의 구역

다. 제방(하천의 관리청이나 관리청으로부터 허가 또는 위탁을 받은 자가 설치한 것에 한한다)이 있는 곳에 있어서는 그 제외지(제방으로부터 하심측의 토지를 말한다)

라. 다음의 1에 해당하는 토지의 구역 중 "가"목에 해당하는 구역과 일체로 하여 관리할 필요가 있는 토지로서 하천법 제12조의 규정에 의한 하천의 관리청(이하 "관리청"이라 한다)이 지정하는 토지의 구역

(1) 제방이 없는 곳에서 홍수가 발생 할 경우 예상되는 홍수량의 소통에 필요한 토지로서 대통령령이 정하는 토지의 구역(하천법 시행령 제2조 제1항에서 "계획홍수량의 소통에 필요한 하천 양안 사이의 토지의 구역"으로 정의됨. 2004.7.20)

(2) 대통령령이 정하는 제외지와 유사한 토지의 구역(하천법 시행령 제2조 제2항에서 다음 각호의 토지의 구역으로 정의됨. 2004.7.20)

1. 제방에 인접한 토지의 구역으로서 지형상 제방이 설치되어 있는 것과 동일한 형상을 이루고 있는 구역중 제방보다 낮은 구역
2. 지형상 제방이 설치되어 있는 것과 동일한 형상을 이루고 있는 토지의 구역으로서 대안의 제방보다 낮은 구역
3. 하천부속물에 의하여 가두어둘 수 있는 물의 최고수위선까지의 토지의 구역
4. 하천구역으로 둘러싸인 토지의 구역

한편, 하천법 제2조 제1항 제3호에서의 "하천부속물"은 다음과 같이 정의되어 있다.

"하천부속물"이라 함은 하천관리에 필요한 댐·하구둑·제방·호안·수재·보·갑문·수문·수로터널·운하·관측시설 기타 이 법에 의하여 설치된 시설 또는 공작물을 말한다. 다만, 관리청 외의 자가 설치한 시설 또는 공작물에 관하여는 관리청이 당해 시설 또는 공작물을 하천부속물로 관리하기 위하여 당해시설 또는 공작물 설치자의 동의를 얻는 것에 한 한다.

이상과 같이 하천법에서는 하천을 유수와 하천의 부지로 구성된 복합체로 정의하고 있다. 즉, 하천의 종적인 구역을 "구간"으로 횡적인 구간을 "하천구역"으로 규정하여 지정 관리하고 있다.

3.4.3 하천의 주요기능

하천은 산, 평야, 해안, 섬 등과 더불어 국토 환경의 주요 구성 요소이다. 상공의 비행기 창문으로 내려다본 국토는 제일 먼저 눈에 뜨이는 것이 높고 낮은 산과 넓고 좁은 들, 그리고는 길고 짧은 하천임을 알 수 있다. 국토가 육역과 해역으로 구성된다고 보았을 때, 하천은 물과 흙으로 구성되어 있기 때문에 흙만으로 구성된 육역이나 물만으로 구성된 해역과 달리 독특한 생태서식처를 구성하게 된다. 유사 이래 인간의 거주 활동은 하천 변에서 시작되었다는 것은 주지의 사실로, 이는 하천이 인류사회에 이익을 주는 이수기능과 재해로부터 사회를 보호하는 치수기능, 그리고 자연적인 기능인 환경기능을 가지고 있기 때문이다. 이 중 이·치수는 공학적 기능이며, 환경은 자연적 기능이다.

위에서 살펴본 바와 같이 하천의 기본적인 기능은 이수기능, 치수기능, 하천환경기능으로 대별할 수 있는데, 이 중 이수기능으로는 생활·공업·농업용수의 공급, 내륙주운, 수력발전, 어업, 골재채취 등을 들 수 있고, 치수기능으로는 홍수의 소통, 하·폐수배제, 내수배제, 토사소통 등을 들 수 있다. 하천환경기능은 다시 생태서식처, 수질자정, 심미적 친수기능 등이 있으나, 뒤의 두 기능은 생태서식처기능이 만족되면 자연히 수반되는 기능이기도 한다. 따라서 하천의 환경 기능의 기본은 생물의 서식처 기능이라고 볼 수 있다[3].

이러한 기능들 중에서 인간의 생존을 위한 가장 기본적인 일차적 기능은 홍수의 소통과 용수의 공급이라 할 수 있다. 특히, 우리나라와 같이 강우량의 2/3가 6~9월 사이에 집중되어 홍수관리와 갈수관리의 필요성이 병존하는 지역에서는 안전한 홍수소통과 안정적 용수공급이 필수적이다. 최근에는 기상이변으로 인한 집중호우로 인해 홍수피해가 빈발하고, 피해규모도 증대되고 있는 추세에 이어서 홍수소통 기능은 우리나라 하천관리의 기본적인 기능이라 할 수 있다. 또한, 기후변화로 인한 가뭄현상의 심각성이 날로 커지고 있어서 안정적인 용수공급이 위협받고 있는 것이 현실로 나타나고 있어 하천의 용수공급기능 또한 하천의 기본적인 기능이라 아니 할 수 없다.

3) 우효섭, 국내하천사업의 진화와 전망, 한국수자원학회지, 37권, pp. 41-46, 2004.

이러한 하천의 제 기능들은 상호 불가분의 관계에 있으며, 시대적인 변화와 필요성에 따라 일부 기능의 중요성들이 높게 대두되기도 한다. 최근 인공재료가 아닌 자연재료를 이용하여 하천을 정비함으로써 하천의 친환경적 기능을 살리기 위한 자연형 하천정비의 필요성이 대두되고 있는데, 이러한 추세는 하천의 수질, 생태계, 하천공간의 다양한 이용 등 하천환경에 대한 국민들의 욕구가 증대되고 있기 때문이다.

이수, 치수, 환경 등이 모두 진정한 의미에서 하천의 자연적 기능이 확보된다면 상충되지 않는다 할 수 있으나, 실제 경우에 이수는 하나의 구체적인 경제적 가치이며, 치수는 관리 대상이며, 환경만이 진정한 의미의 기능, 즉 자연이 물리, 화학, 생물 작용을 통하여 생태계 속에서 고유의 역할을 하는 것이라고 할 수 있다.

3.4.4 우리나라의 하천관리

현재 제기되고 있는 국내 하천관리의 문제점은 지금까지의 대부분의 하천관리에서 하천의 자연적 기능보다는 공학적 기능을 강조하여 왔다는 것이다. 구체적으로 1960~1980년대 산업화와 도시화는 토지이용의 제고와 더불어 하천의 공학적 기능만을 위해 하천을 인공화, 반 인공화 시켰다. 자연적으로 구부러진 하도는 직선으로 만들고, 양안에는 제방을 쌓고, 그 안의 하천수는 인공적으로 저수로에 국한시키고, 나무, 돌, 부유목 등 홍수소통에 지장을 줄 수 있는 것들은 모두 제거되었다. 더욱이 1990년대 들어 도시교통의 수요가 폭발하여 도로 건설이 급해지자 급기야 국유지인 하천에 도로를 건설하는 것이 유행이 될 정도였다. 이러한 인위적인 정비는 특히 도시하천에 집중되었다. 이렇게 정비된 하천에는 생물이 살 수 없게 되었고, 사람들이 가까이 가기 싫어지게 되었으며, 더욱이 하천에 유입되는 수질이 나빠짐에 따라 결국 하천은 단순 배수로로 전락된 것이다. 농촌하천이나 산지하천의 경우 도시하천보다 사정이 낫다고들 하지만 환경기능이 악화된 것은 부인하기 어려울 것이다. 이와 같이 성장우선시대의 하천관리의 결과를 정리하면, 1960년대 이후 급속한 산업화와 도시화는 하천의 이수 기능의 극대화를 가져왔고, 동시에 토지 이용의 고밀도화는 하천의 치수 기능의 확대를 가져옴에 따라 하천의 이·치수 기능은 적극적으로 확대된 반면에, 환경 기능은 상대적으로 위축, 저하되고 나아가 일부 하천에서는 소멸되었다고 볼 수 있다. 이와 같은 치수 위주의 하천 정비는 어찌 보면 우리 사회가 산업화, 도시화, 현대화하는 과정에서 불가피한 것이라는 평가도 존재하며, 제한된 토지에서 최대한 활동을 하기 위해서는 유역의 배수를 한쪽으로 국한시킬 필요가 있었던 것이다.

그림 3.6 하천공원화사업(서울 양재천)

그러나 1980년대 말부터 일부 하천관리자들 사이에 하천의 자연적 기능, 즉 환경기능의 보전과 개선의 필요성에 대한 공감대가 형성되기 시작하였다. 이는 시민들의 경제수준이 어느 정도 높아지자 주변을 돌아볼 수 있는 여유가 생기면서 잃어버린 환경에 대한 보전, 복원의 관심이 높아짐에 따른 사회적 분위기에 의한 것이다. 특히 도시하천을 복개하여 하천을 소멸시키고 다른 용도로 전용하는 그 때까지의 하천관리 관행에 대한 반성과 함께 훼손된 하천을 환경적으로 정비하려는 노력이 시도되었다. 이는 특히 과밀화된 도시에서 열린 공간에 대한 시민들의 욕구에서 시작되었다고 볼 수 있는데, 이러한 사회적 욕구를 충족시켜주기 위해 시작된 사업이 이른바 "하천환경개선사업", 또는 "하천환경정비사업"이다. 하천환경개선사업은 하천의 환경 기능을 보전·개선하는 것을 목적으로 하는 하천사업이라 할 수 있다. 이에 따라 1990년대 들어 하천의 환경적 기능을 고려하는 하천 정비와 관리에 관한 연구가 시작되었고, 나아가 훼손된 하천의 환경기능을 부분적으로 회복시킬 수 있는 공법에 관한 연구도 진행되어, 일부 도시하천에 시험 적용되기도 하였다. 실제 국내 하천관리에서도 1990년대 초부터 하천환경개선에 대한 하천관리자(지자체)의 관심이 커지면서 일부 지자체에서는 '○○하천 살리기' 등의 운동을 비롯하여 나름대로 하천의 환경기능을 개선하려는 노력이 시작되었다. 그러나 이러한 하천환경정비사업들은 자연에 가까운 하천 가꾸기라는 점을 표방하고 있지만 실제적으로 자연성보다는 친수적 또는 조경적 성격이 매우 강한 것이 사실이다. 그에 따라 하천 생태계의 서식처 환경을 되살리기보다는 또

다른 반 인공 하천을 만드는 결과를 가져오고 있다는 우려가 제기되고 있기도 하다.

위에서 살펴본 바와 같이 20세기 후반에 들어서면서 우리나라를 비롯하여 선진국의 하천관리 패러다임에 현격한 변화가 일어나고 있다. 이는 그 동안의 개발주의적 사고 체계에서 효율이라는 최고의 이념을 바탕으로 하천환경을 거의 회복 불가능하게 훼손시켜왔음을 반성하고, 효율보다는 형평, 개발보다는 환경보전, 자동차보다는 인간이라는 삶의 가치에 비중을 두는 새로운 하천관리 패러다임으로 전환을 요구하고 있는 것이라 볼 수 있다. 따라서 악취 나는 하천을 덮어 도로로 이용하는 것이 하천관리에 대한 과거의 개발관행이자 하나의 가치 체계였다면, 21세기적 가치는 깨끗한 하천환경의 복원 및 유지일 것이다.

따라서 하천의 이러한 여러 가지 주요기능들이 상호 유기적으로 연계되어 효율적으로 발휘되도록 하천관리체제를 갖추는 것이 대단히 중요하다. 즉, 하천의 이수기능과 치수기능을 극대화 할 뿐만 아니라 하천의 환경기능을 대폭 제고 할 수 있도록 하천을 효율적으로 관리해 나가야 한다. 하천의 효율적 관리란 결국 하도내의 유수, 즉 수자원의 효율적 관리를 뜻하며 이를 위한 수단인 각종 하천부속물의 효율적 관리도 포함된다 하겠다.

3.4.5 도시화와 유역관리

1990년대는 우리나라에서 물의 중요성이 가장 크게 관심을 일으켰던 시기였다. 1991년 낙동강 페놀 사건을 시작으로 1994년부터 수년간 지속된 연속적인 대가뭄, 돌발홍수, 수돗물 불신 등은 우리 사회에 물은 곧 국민의 생존권이라는 인식을 심어주었고 정부가 적극적인 수질정책을 추진할 수 있는 토대를 제공하였다. 우리나라는 급속한 경제성장을 이룩하기는 하였지만 유역의 수량, 수질 및 생태 측면에서 문제점을 노출하기 시작하였으며, 이에 따라 점점 고갈되어가는 수자원을 유역 수준에서 관리해야만 보호할 수 있다는 사실을 깨닫고 있다. 유역은 지역사회가 기반을 두고 있는 현장이며, 유역의 생산물인 물은 일상생활에서 필수불가결하기 때문에 쾌적하고 풍요로운 생활은 유역과 떨어져서는 생각조차 할 수 없다. 1993년의 '맑은물 공급 종합대책'을 시작으로, 1996년의 '물관리 종합대책', 1998년의 '한강특별대책', 1999년의 '낙동강대책', 그리고 2000년의 '금강·영산강대책'에 이르기까지 일련의 유역환경관리방안이 시행되었다. 이러한 대책을 통하여 하수처리장 건설, 하수관로 정비, 오염하천 정화 등과 같은 주요 환경기초사업들이 추진되었으며, 오염총량관리제, 수변지구 지정, 상수원 보호구역 토지매입 등과 같은 최신의 유역관리제도와 기술이 도입되었다. 그러나 각종 토지이용행위에 대한 유역차원의 대처가 미흡하여 결국에는 난개발로 이어져 유역전체의 건강성에 있어서 커다란 장애를 가져오고 있는 경우가 많다.

그림 3.7은 최근 30년간 부산지역의 토지이용변화를 보여주고 있는데, 시가화지역의 급격한 팽창이 두드러진 변화임을 알 수 있다. 도시개발이 진행됨에 따라 빗물이 지하로 침투하기 어려운 불투수 면적이 증가하여 개발이전에 천천히 하천으로 유출되던 빗물이 일시에 지표면을 통하여 하천으로 유입되게 되었고, 특히 집중호우에 의하여 하천변이나 저지대에서 침수피해가 상습적으로 발생하게 되었다. 강우 시 홍수유출량이 증가하는 것에 반해 불투수율 증가로 인한 토양으로 침투될 수 있는 물의 감소로 인하여 지하수위 저하와 용천수 고갈 등의 현상이 발생하여 하천유량은 급격하게 감소하여 친수공간으로서의 하천이 사라지게 되었다. 더욱이 지하수위의 저하는 갈수 시의 위험을 증대시키고 있을 뿐만 아니라 열섬화의 원인으로도 작용하고 있다. 이와 같이 도시화는 유역의 물순환에 있어서 건전하지 못한 상태로 전환시켜 치수문제, 이수문제, 환경문제를 발생시키고 있다[4]. 특히 시가화 지역의 경우에는 토지이용이 고밀도로 이루어지고 있기 때문에 유역에서 발생되는 오염물질 중 비점오염원의 비율이 매우 높으며, 발생량의 대부분이 공공수역으로 유입되고 있는 것으로 조사되고 있다. 도시하천에서 측정되는 부유물질의 50% 이상이 비점오염원에 의한 것이며, 시가화 지역 하천의 각종 독성물질 및 중금속의 주요 오염원이 비점오염원으로 인한 것으로 밝혀지고 있다. 따라서 유역에 거주하는 주민들을 위한 친수공간확보 및 건전한 수환경유지를 위해서는 토지이용관리를 통한 유역관리방안을 추진하여 비점오염원으로부터 유입되는 오염물질량을 줄이는 것이 절대적으로 필요하다.

홍수저감용 저류지 설치 및 하수처리시설 확충으로 대변되는 기존의 수량 및 수질관리방안으로는 개발 이전의 하천 수량과 수질을 유지한다는 것은 어려우며, 이러한 시설의 설치 및 운영과 동시에 습지 및 하천변 복원 등 토지이용과 연계한 유역관리를 통해서만이 효율적인 관리가 가능하다. 즉, 하천의 질 또는 유역의 건강성을 관리하기 위해서 앞으로는 유역관리 또는 유역의 토지이용관리가 중요한 요소로 부각될 것이다.

---

4) 최지용, 유역관리효율화를 위한 불투수면 지표개발과 적용, 한국환경정책평가연구원, 2003

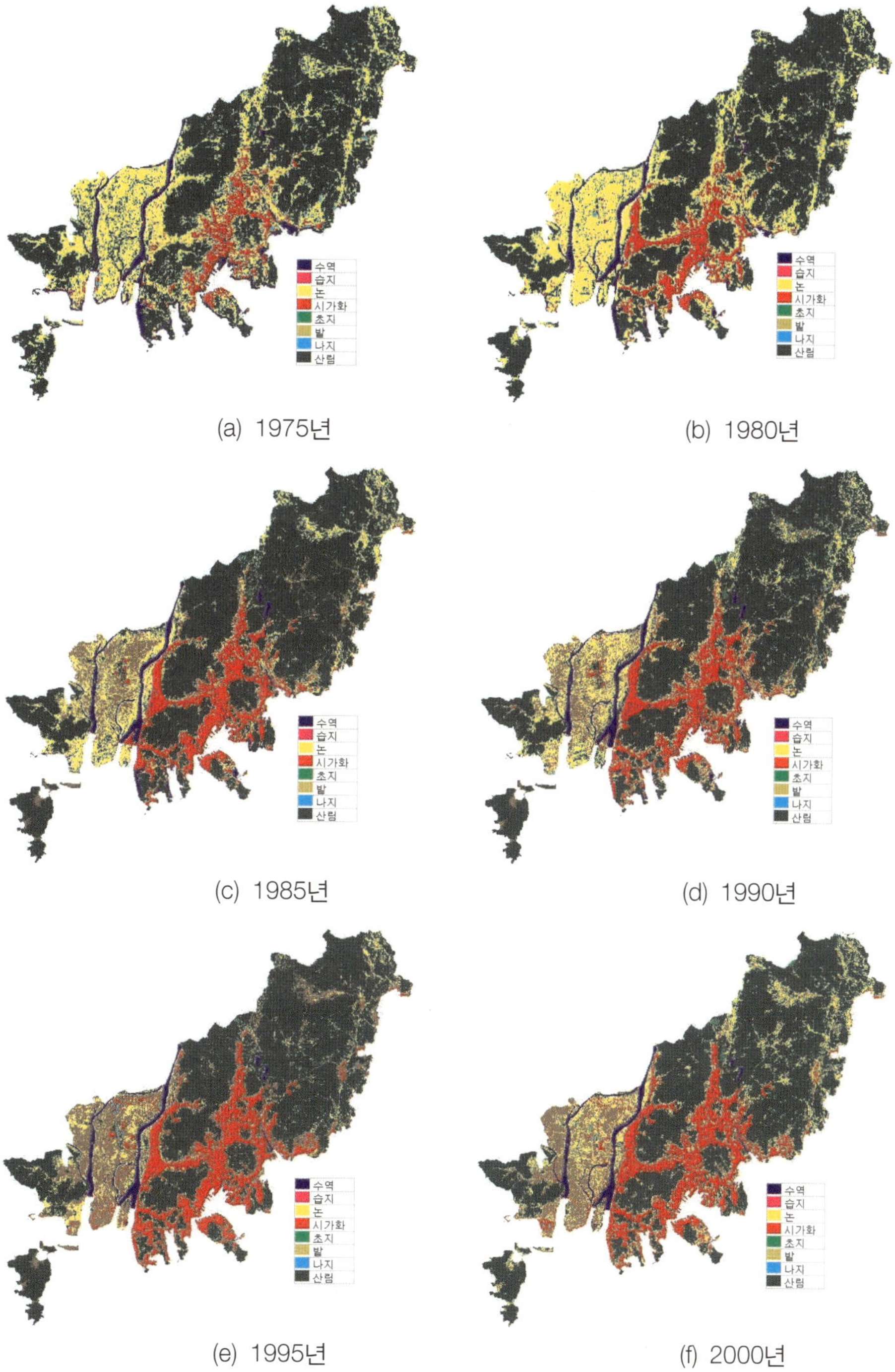

그림 3.7 부산지역의 토지이용변화

3.5 수질오염

3.5.1 수질오염의 정의

수질오염현상을 정의하면 수중에 어떤 물질이 유입되어 수질을 변화시켜 그 결과로 그 물을 이용하는 인간을 포함한 생물에게 유해한 영향을 미쳤을 때 수질이 오염되었다고 하고, 이 때 유입된 물질을 수질오염물질(Water Pollutants)이라고 한다.
이렇게 환경과학의 입장에서 수질오염현상은 순수(Pure Water)에 대한 뜻이 아니고 물 이외에 다른 물질이 혼입되어 있어도 본래 그 물을 이용하고 있던 생물에 유해한 영향을 미치지 않으면 수질이 오염되었다고 말하지 않는다.

해수의 경우 35,000 ppm이나 되는 소금을 포함한 각종 염류들이 함유되어 있어도 외양해수를 오염되었다고 말하지 않는다. 해양생물들은 이런 정도의 염분이 함유된 해수에 적응해서 잘 살아가고 있기 때문이다. 그러나 하천이나 호수와 같은 담수역에 소금의 구성성분인 염화이온이 250 ppm만 들어 있어도 상수원수나 농업, 공업용수로 사용할 수 없게 되고 담수 생물이 살 수 없게 됨으로 수질이 오염되었다고 한다. 그래서 수질오염현상은 수질오염물질의 종류나 농도보다는 본래 그 물을 사용하는 사람을 포함한 생물에 기준을 두고 생물에 유해한 영향을 미치는 여부에 따라 결정되는 것이다. 그래서 환경과학은 생물과 환경과의 관계를 연구하는 생태학의 한 분야라고 할 수 있다.

3.5.2 수질관리의 기본원리

하천, 호수, 해양 등 수체의 수질현상을 조사하고 수체의 수질을 변화시키는 인자를 파악해서 수이용 목적에 적합한 수질을 유지하기 위하여 어떤 인자를 얼마만큼 조절할 것인가를 계산하여 가장 효율적인 대책을 구명하는 것이 수질관리이다.
일반적으로 수질을 지배하는 주요인자로는 부하발생기구를 통하여 수체에 오염물질을 공급하는 오염원이 있고, 자연정화기구를 통하여 물질이 이화학적으로 변화되는 자정작용의 인자가 있고, 유출기구를 통하여 수체 외부로 오염물질이 흘러나가는 수문인자가 있다. 이들 세 인자의 상호관계를 그림으로 나타내면 그림 3.8과 같다.

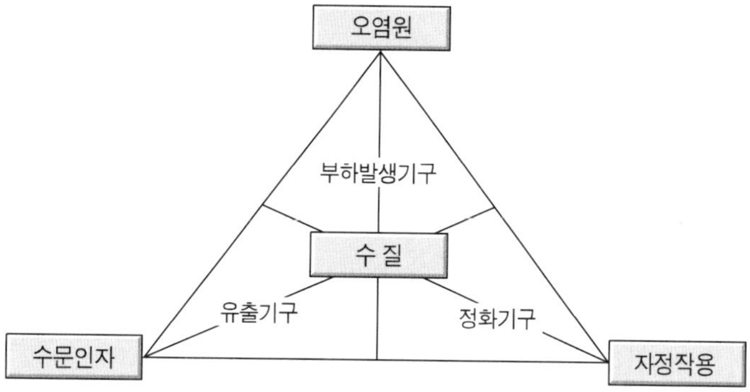

그림 3.8 수질변화 요인의 모식도

1) 오염원

강우, 암석과 토양의 침식과 용출 등 자연적인 오염원과 광업, 공업, 농업 등 산업활동과 도시활동에 의해서 배출되는 인위적인 오염원이 있다. 오염물질이 배출되는 형태로 구분하면 공장, 가정, 가축 등 오염원이 잘 알려진 점오염원과, 토양과 암석의 침식, 농지에서의 비료나 농약 살포로 인하여 광범위한 면적에 분포하고 있던 오염물질들이 강우에 의해 유출되는 비점오염원이 있다.

이들 오염원으로부터 배출된 오염물질들이 소하천이나 하수관거를 통하여 수체로 유입될 때 오염물질의 농도에 유량을 곱하여 단위시간당 오염물질의 질량으로 나타낸 것을 부하량(kg/day)이라고 한다.

2) 자정작용

수체 내로 유입된 오염물질들은 이류, 확산, 침강, 증발 등 물리적인 이동과 생물에 의한 섭취, 분해, 침전, 용해 등 화학적 반응을 통하여 농도가 감소하는 자정작용을 받게 된다.

이때 염분이나 부유물질과 같은 보존성 성분은 주로 물리적인 이동과 희석작용을 받게 되고 BOD와 영양염류 등 비보존성 성분은 이동과 희석작용에 더해서 화학적인 반응을 받아 농도가 감소하게 된다.

3) 수문인자

수체의 수질은 유량에 의해 크게 영향을 받는다. 수체에 유입되는 유량이 증가하면 희석배율이 증가하고 유출량이 증가해서 수체 내 물의 교환이 빠르게 일어남으로 자정능력을 향상시킬 수 있다. 그러나 소규모의 수체에는 유량의 인위적인 조절이 가능하지만 대규모의 하천이나 호수에서는 유역의 강수량에 의존하는 것이 대부분이다.

어떤 호수의 수질을 상수원수로 유지하기 위해서 수질을 지배하는 3가지 인자 중 유량을 증가시키는 방법과 자정능력을 향상시키는 방법과 오염원으로부터 유입되는 오염부하량을 감소시키는 방법이 있다.
이 호수의 수질관리를 책임지고 있는 환경공학 기술자는 이들 3가지 인자와 수질과의 관계를 수학적 방정식으로 표현된 수학적 모델을 이용해서 가장 효율적이고 실현 가능한 방안을 마련하는 것이다.

소규모 어류 양식수조의 경우는 수문인자, 즉 물을 수시로 갈아주는 것이 가장 효율적인 방법이 될 것이지만 대규모 호수의 경우 유량조절이나 자정능력의 조절은 사실상 실현이 불가능하기 때문에, 결국 오염부하량을 어느 정도 삭감시켰을 때 수질이 용수목적에 적당한 상태로 유지되는지를 수치모델을 통하여 계산한 후 가장 효율적인 수질관리 방안을 제시할 수 있다.

3.5.3 수질오염물질의 종류

수질을 오염시키는 수질오염물질의 종류를 분류할 때 분류를 하는 자의 관점에 따라 여러 가지로 분류할 수 있다.

일반인이나 사람의 건강과 위생에 관심이 많은 의료 보건 관계자나 먹는물을 생산하고 취급하는 사람들의 관점에서 보면, 인체에 직접 유해한 수질유해물질, 즉 병원균이나 잔류농약성분, 유해금속 그리고 페놀과 같은 유해물질들을 주로 열거할 것이다. 그러나 환경공학을 전공하여 수질관리를 해야 하는 사람들의 관점에서 보면 인구가 집중된 도시에서 사람들이 생활을 함으로써 가장 많이 배출하는 수질오염물질, 즉 부유물질, 산소를 소모하는 유기물질, 그리고 질소와 인과 같은 영양염류 등이 3대 수질오염물질들이다. 이들 오염물질들은 인체에 직접 유해한 영향을 주는 유해물질은 아니지만 일상생활에서 필수적으로 배출되는 분뇨 등 생활하수와 사람이 생활하는 데 필요한 식품의 생산과 제조과정에서 배출되는 축산폐수, 식품공장폐수 등에 대량 함유되어 있고, 이들이 하・폐수를 통하여 공공수역으로 배출되었을 때 하천, 호수, 연안 해역을 오염시켜 음용수, 공업용수, 수산용수 등 각종 용수로 사용할 수 없도록 만들뿐 아니라 수중에 살고 있는 생물이 살 수 없는 환경을 만들 수 있는 수질오염물질들이다. 하수처리공정에서는 이들 3대 수질오염물질이 주처리 대상 수질오염물질들이다.

Stoker와 Seager(1976)[5)]에 의해 수질관리자의 측면에서 본 수질오염물질을 분류하면 다음과 같다.

① 산소를 소모하는 유기물질
② 식물 영양염류
③ 인공 합성 유기물질
④ 석유
⑤ 유해금속
⑥ 부유물질
⑦ 방사성 물질
⑧ 병원균
⑨ 온배수

3.5.4 수질오염 영향

수질오염물질의 종류별로 환경에 미치는 영향을 살펴보면 다음과 같다.

1) 산소를 소모하는 유기물질

용존산소(DO)는 수중생물의 생육에 가장 중요한 환경인자이다. 물고기는 용존산소 농도가 5 ppm 이하가 되면 호흡곤란으로 살 수가 없다. 그런데 수중에 최고로 녹을 수 있는 용존산소 포화농도가 20℃에서 9.1 ppm에 불과하기 때문에 수질관리를 조금만 소홀히 하면 용존산소 부족현상을 일으킬 수 있다.

수중에서 용존산소를 소모하는 요인으로는 수중생물의 호흡에 의한 소모와 수중의 유기물질들이 미생물에 의해 산화 분해될 때 소모되는 것이 있다. 수중의 산소를 소모하는 유기물질의 농도가 증가하면 용존산소가 급히 소모되어 산소부족현상을 일으킨다.

---

5) Stoker, H. Stephen and Spencer L. Seager, Environmental Chemistry, 2nd edition, Scott, Foresman and Company, 1976.

이렇게 되면 수중생물은 호흡장애를 일으켜서 사멸하게 되고, 더 나아가 무산소상태가 되면 혐기성 박테리아에 의한 유기물 분해가 일어나서 <표 3.3>에서와 같이 메탄, 암모니아, 황화수소와 같은 악취가스가 발생하여 썩은 물로 변하고 만다.

표 3.3 호기적상태와 혐기적상태 하에서 유기물질 분해시 최종 분해 생성물 비교

호기적 상태	혐기적 상태
C → CO_2	C → CH_4
N → HNO_3	N → NH_3
S → H_2SO_4	S → H_2S
P → H_3PO_4	P → PH_3

① 용존산소를 소모하는 유기물질의 오염원은 가정하수, 식품공장 폐수, 축산폐수, 펄프·피혁공장 폐수 등이다.

유기물질들이 산화분해될 때 소모되는 산소량은 다음 화학식으로부터 계산하면

$$C_6H_{12}O_6 + 6O_2 \rightarrow 6CO_2 + 6H_2O$$

180 g의 포도당이 산화 분해되는 데 192 g의 산소가 필요하다. 즉, 이론적으로 1 g의 유기물질이 산화 분해되는 데 1.07 g의 산소가 요구되는 셈이다.

한 방울의 식용유가 수중에 들어가서 산화 분해될 때 약 4 L 정도의 물 속에 있던 용존산소를 모두 소모해서 무산소 상태로 만들 수 있다.

② 용존산소를 소모하는 유기물질의 농도 측정법

· BOD(생물화학적 산소요구량)

수중의 유기물질이 미생물에 의하여 호기적인 조건 하에서 분해되는 데 소비되는 산소량으로 정의한다. BOD 측정법은 시수를 유리병에 넣고 마개를 막은 후 20℃로 맞추어 놓은 배양기에서 5일간 보관 전후의 용존산소 농도 차이를 측정하여 나타낸다.

· COD(화학적 산소요구량)

일정한 강산화제를 사용해서 일정한 조건으로 시수를 처리했을 때 소비되는 산화제의 양을 구하여 이에 대응하는 산소량으로 환산해서 나타낸 것이라고 정의한다. COD 측정법은 시수에 일정한 과망간산칼륨을 넣고 산성으로 만든 후 100℃에서 30분간 가열처리 한 후 소비된 과망간산칼륨량을 구하여 이에 대응하는 산소량으

로 환산해서 나타낸다.

2) 식물 영양염류

식물이 성장하는 데 필요한 원소는 20여 가지 있는데 거기에는 C, N, P, K, S와 여러 가지 미량금속 종류가 있다. 이 중에서 N과 P를 제외하고는 수중에 충분한 양이 있기 때문에 N과 P는 수중식물의 성장에 제한인자가 된다. N과 P가 함유된 무기염류를 식물영양염류(비료성분)라고 하며, 여기에는 NH_4^+, NO_2^-, NO_3^-, PO_4^{3-} 등이 있다.

수중에 영양염류의 농도가 증가하여 식물플랑크톤의 번식량이 많아져 물 빛깔이 초록색 또는 적갈색으로 변해가는 현상을 부영양화 현상이라고 한다. 수역이 부영양화가 진행되면 식물플랑크톤의 양이 너무 많아지고 이렇게 된 물은 상수도 원수로 사용할 수가 없게 된다. 그리고 무성한 식물플랑크톤이 물 밑으로 가라앉아서 산화 분해가 일어나면 수중 산소를 소모해 버리기 때문에 무산소 상태가 되어 수질환경을 악화시키는 원인이 된다. 이렇게 광합성에 의해 생성된 유기물질을 자생-BOD라고 한다.

Richard의 생화학적 산화 모델

$$(CH_2O)_{106}(NH_3)_{16}H_3PO_4 + 138O_2 \rightleftarrows 106CO_2 + 16HNO_3 + H_3PO_4 + 122H_2O$$

① 영양염류의 오염원

가정 정화조 유출수, 도시하수, 축산폐수, 분뇨와 하수처리장 유출수, 농경지 유출수

② 수질에 미치는 영향

부영양화로 조류가 대량 번식한 물을 사용해서 수돗물을 만들게 되면 수돗물에 이끼냄새를 남김으로 상수원수로 사용이 어렵게 된다. 남조류 중 Microcystis와 같은 조류는 유독성물질을 함유하고 있기 때문에 이런 조류가 함유된 수돗물을 마시면 인체에 유해한 영향을 미치게 된다. 연안해역에 편모조류와 같은 식물플랑크톤이 우점적으로 대량 번식해서 해수의 빛깔이 적갈색으로 변한 것을 적조라 한다. 적조가 발생하면 어·패류를 폐사시킴으로써 수산업에 피해를 준다.

3) 인공합성유기물질

많은 종류의 인공합성유기물질의 생산량이 증가하고 있다. 이들 물질들은 살충제, 합성세제, 플라스틱, 섬유, 용제, 연료, 페인트 등으로 사용되고 있다. 이들 물질들이 환경오염에 문제가 되는 것은 다음 3가지 특성 때문이다.

① 이들 물질 중의 대부분은 천연수나 하수처리장에 있는 수중 미생물에 의해서 생화학적인 분해가 잘 되지 않아서 수중에 장기간 남게 된다.

② 극미량의 농도에서도 수중 생물에게 유독한 물질이 많다.

③ 수산물에 나쁜 냄새와 맛과 빛깔을 남기게 된다.

(1) 합성 유기살충제

① 유기염소제

② 유기인제

③ Chlorophenoxy acids

④ Carbamates

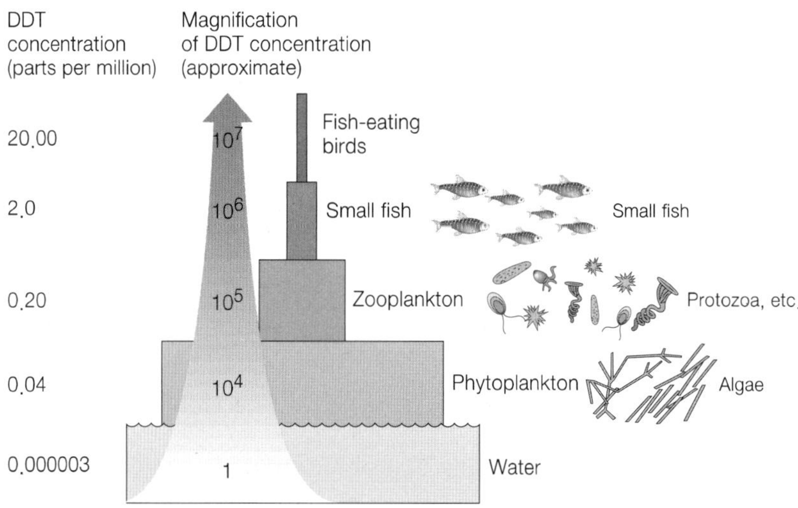

그림 3.9 먹이사슬을 통한 DDT의 농축

① 유기염소제

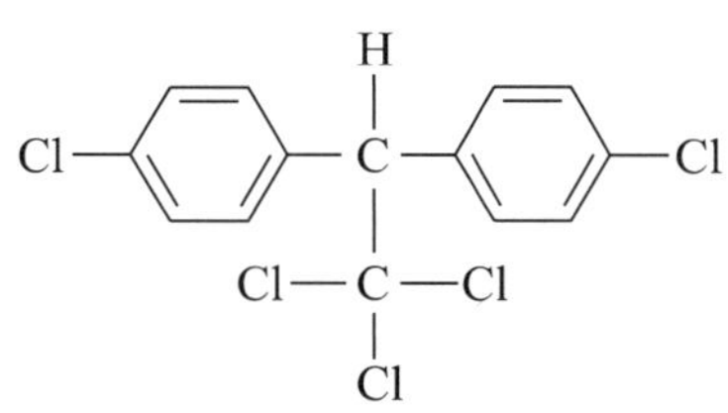

DDT(dichlorodiphenyltrichloroethane)

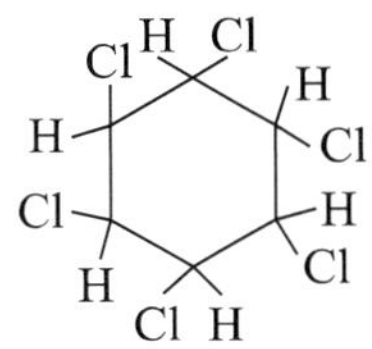

Lindane or BHC(benzenehexachloride)

잔류성이 2~4년으로 매우 길다.

② 유기인제

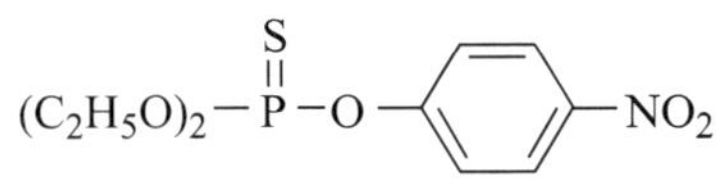

Parathion(O,O-diethyl-O-*p*-nitrophenyl phosphorothionate)

독성은 강하지만 쉽게 분해되어 잔류성이 적다.

③ Chlorophenoxy acid

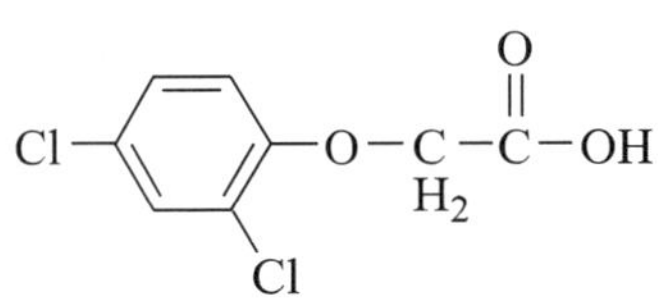

2,4-D(2,4-dichlorophenoxyacetic acid)

제초제로 사용됨

④ Carbamates

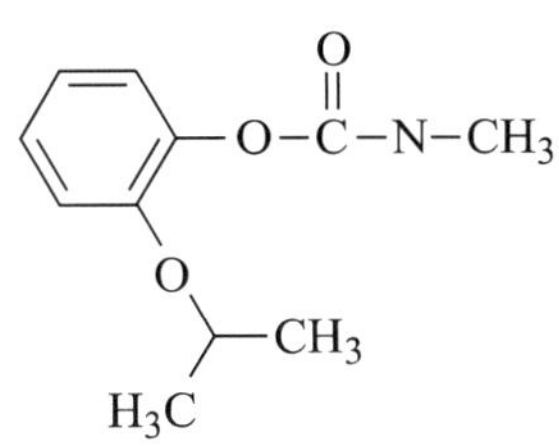

Baygon(2-isopropoxyphenyl N-methylcarbamate)

독성이 가장 적고 잔류성이 가장 짧다.

(2) 합성세제

합성제의 주성분인 계면활성제가 생물에 독성영향을 주고 하수에 거품을 일으킨다.

LAS(linear alkylbenzene sulfonate) : 직쇄형(불안정) - 연성세제

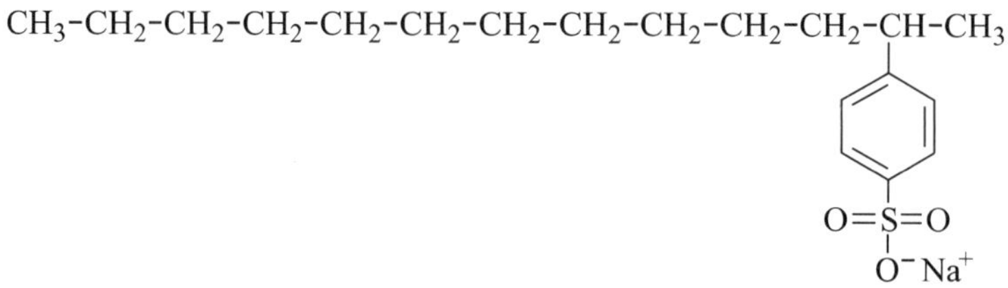

ABS(alkylbenzene sulfonate) : 측쇄형(안정) - 경성세제

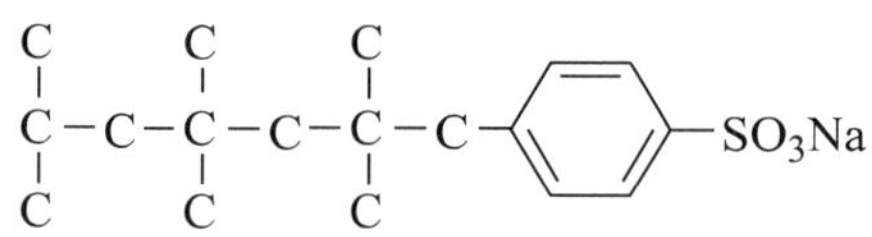

비누효과를 높이기 위하여 연화제로 tripolyphosphate와 같은 중합인산염을 첨가한다.

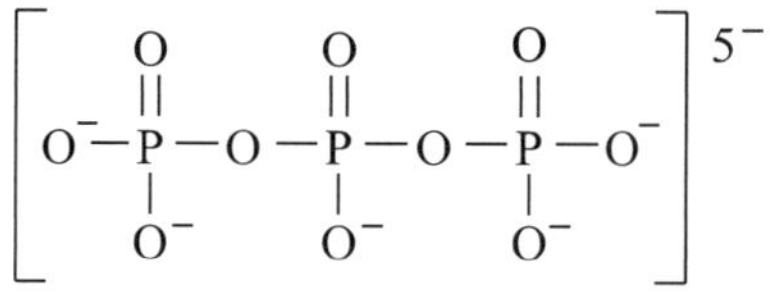

중합인산이 가수분해되어 정인산으로 되면 부영양화의 원인이 된다.

(3) PCB

PCB(polychlorinated biphenyls)는 염화탄화수소 화합물질로서 열교환기의 열전달 유체, 변압기의 절연체, 유압기의 유체, 필름의 가소제, 페인트 등에 사용되는 물질로 구조적으로 살충제인 DDT와 유사하여 생물에 미치는 영향이 DDT와 유사한 점이 많아서 환경오염물질로 취급되고 있다.

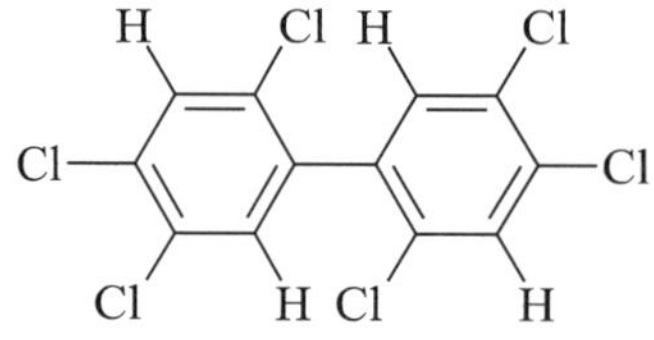

PCB (polychlorinated biphenyls)

(4) 다이옥신

Dioxins(polychlorinated dibenzo-p-dioxins)는 특정한 목적으로 제조된 화학물질이 아니고 제초제인 2,4,5-trichlorophenoxyacetic acid 제조 과정에서 부산물로 생성된다. 그리고 비닐 등 염화유기물질이 함유된 쓰레기를 소각할 때 부산물로 생성되는 물질이다. 미량 농도에서도 발암성을 지니고 있을 뿐 아니라 면역 유전 등 폭넓은 분야에 강한 독성을 타나내고, 잔류성이 크다.

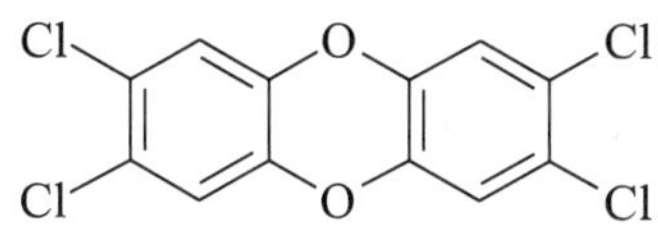

Dioxin (2,3,7,8-tetrachlorodibenzo-*p*-dioxin)

4) 석유

(1) 석유 오염원

① 유조선 ballast water

② 선박 운항시 선저 폐수

③ 연안 석유 채굴

④ 유조선 사고

⑤ 기타

(2) 유출된 석유의 운명

증발, 표면확산, 에멀전형성, 산화, 생물에 섭취, 시설물이나 연안의 바위, 모래에 흡착 등의 과정을 거친다.

(3) 영향

■ 단기적인 영향

① 수중으로의 광투과 감소

② 용존산소 소모, 용존산소 용해 방해

③ 물새 깃털에 영향

④ 조간대 해조류를 뒤덮어 질식시킴

⑤ 수산물에 기름 냄새를 남김

⑥ 어류의 마취, 질식 등 급성 중독

■ 장기적인 영향

해양생물은 먹이를 찾아내는 일, 적으로부터 도망가는 일, 서식처를 찾아내는 일, 암수를 유인하는 일 등 생리적으로 중요한 과정을 ppb 정도의 극미량의 유기화학물질에 의해서 인식한다. 기름 오염은 이러한 생물의 감지기능을 마비시켜 생존에 악영향을 주게 된다. 다만 원유에 포함된 끓는점이 높은 방향족 탄화수소들 중의 어떤 부분은 발암물질인 3,4-benzopyren과 유사한 영향을 준다.

5) 유해금속

106가지의 원소 중에서 84가지 원소가 금속에 분류되어 있다.
이 중에서 유해한 금속은 수은, 카드뮴, 구리, 납, 아연, 베릴륨, 바륨, 망간, 니켈, 주석, 바나듐 등이다.

(1) 수은

① 수은 오염원

- 염소-알칼리 제조업 : 해수 전기분해시 수은 전극 사용
- 펄프 공업 : 펄프 저장시 해충의 번식을 막기 위해 phenylmercuryacetate(PMA) 살충제 사용
- 종자 살균 : 유기수은 사용
- 전기용품 : 수은등, 수은 전지
- 석탄, 석유와 같은 화석연료 연소
- 페인트, 의약품, 촉매체, 온도계

② 영향

- 먹이사슬을 통해서 식품에 축적된 1970년 참치 0.5 ppm(FDA한계 농도) 초과
- 수은화합물은 환경 중에서 유기수은으로 전환된다.
- 유기수은 형태가 가장 유독하고 생체에 쉽게 섭취된다.
- 수은은 생체 내에 있는 황 함유 아미노산과 결합해서 생체 중요 기능 장애를 일으킨다.
- 미나마타병 : 1953년경 일본의 미나마타 만에서 잡힌 고기를 먹고 백여 명이 수은 중독에 걸리고 그 중 44명이 사망한 사건. 만 부근의 합성수지 제조공장에서 촉매로 무기수은화합물을 사용한 것이 원인임. 합성수지 공장 주변 저질에 수은이 2000

ppm 검출되고 주변 해수 중에 1.6~3.6 ppb가 검출(해수 중 정상농도 0.1 ppb)되고, 그 곳에서 잡힌 어류에 5~20 ppm의 수은이 검출되었다.

(2) 납

① 오염원

· 납이 첨가된 휘발유 연소 : anti-knocking인 tetraethyl lead $Pb(C_2H_5)_4$
  1940년도 이후 그린랜드 어름 중의 납의 농도 급격히 증가
· 옛날 납을 사용한 수도관
· 도자기 토기 유약 : PbO 첨가
· 페인트 : 흰색과 노랑색

② 영향

· 납이 헤모글로빈 생성에 중요한 역할을 하는 효소를 구성하는 황함유 아미노산과 결합해서 변성시켜 빈혈을 일으킴.
· 체내에 흡수된 납의 90% 이상이 골격에 축적됨

6) 부유물질

농지나 공사장의 나대지로부터 토양침식작용에 의해 부유물질이 발생하고 매립이나 준설공사장에서 토사유출에 의해 발생하는 부유물질은 물을 흐리게 하므로 각종 수이용 목적에 부적합하게 하는 수질오염물질이다. 부유물질의 종류로는 토사에 의한 부유물질과 식물플랑크톤 번식에 의한 휘발성 부유물질이 있다.
부유물질의 영향으로는 정수비용을 증가시키고 수중으로의 광의 투과를 감소시켜 수중식물의 광합성을 저해하며, 저층에 퇴적됨으로 저서생물 생육에 지장을 주며, 항만과 저수지의 수심을 감소시킨다.

7) 병원성 미생물

물은 수인성 전염 병원균의 매체가 되기 때문에 병원성 미생물로 오염된 물을 마시게 되면 장티푸스, 파라티푸스, 이질, 콜레라 등의 질병을 일으키게 된다. 역사적으로 수처리를 하게 된 동기가 수인성 전염 병원균을 살균하기 위한 것이었다.

병원성 미생물에 의한 수질오염 여부를 판단하기 위해서는 병원성 미생물을 직접

조사해야함이 마땅하지만 일상적인 채수과정에서는 병원성 미생물이 발견되지 않을 경우가 많고 설령 발견되었다하더라도 확인 동정을 하는 데는 24시간 이상의 배양시간이 걸리기 때문에 수돗물의 경우는 병원성 미생물에 오염된 수돗물이 이미 가정에 급수된 이후가 된다.

그래서 간접법으로 대장균을 지표미생물로 사용하고 있다. 대장균이 검출되면 분변이 유입되었음을 나타내고 환자의 분변으로 배출되는 병원성 미생물로 오염되었을 가능성이 있음을 나타내게 된다.

8) 방사성 물질

우라늄과 같이 방사성 핵을 가진 원소들은 자발적으로 핵붕괴가 일어나면서 방사선을 방출한다. 이 때 방출되는 방사선은 생물에게 매우 위해한 영향을 미친다.

방사성 물질들의 오염원은 방사성 물질이 함유된 광석을 채광하고 재련하는 과정에서, 핵무기를 사용할 때 그리고 핵발전소에서 유출될 가능성이 있다.

우리나라에서는 방사성 물질의 오염에 관한 사항은 원자력법에 의해 따로 취급하고 있다.

9) 온배수

화력 또는 원자력 발전소에서 냉각수로 사용된 후 대량으로 배출되는 온배수는 유입되는 수체의 생물에 여러 가지 악영향을 미친다.

수온상승으로 용존산소의 용해도가 감소하고, 표층 수온상승으로 성층현상이 일어나서 상하류층 간의 물의 교환이 억제되어 저층산소의 결핍현상이 일어나게 된다. 수온이 상승되면 화학반응 속도가 빨라지는데, 10℃ 수온상승으로 반응속도가 두 배 빨라진다. 따라서 수중 생물의 호흡율 증가로 수중 산소소모가 촉진되고 수중의 유기물질의 분해속도가 증가하여 산소소모 속도도 빨라져서 용존산소 부족현상을 초래한다.

한편 수중생물의 산란과 성장 등 생리작용은 수온에 따라 민감하게 반응한다. 연어알은 수온이 3℃때 165일만에 부화를 하지만, 수온이 12℃가 되면 32일만에 부화를 하고 15℃ 이상이 되면 부화를 하지 못한다. 수중생물들은 자연상태에서 서서히 수온이 변화하는 데는 적응이 되어 있지만, 갑작스러운 인위적인 수온변화는 3℃ 정도만 변화해도 적응을 하지 못한다.

Chapter

4

상 하 수 도

4.1 수원의 종류

상수도시스템의 목적은 가정용 사용을 위해 안전하게 마실 수 있는 물, 소방을 위하여 충분한 수압을 가진 적정한 양의 물과 공업용수를 공급하는 것이다.
급수를 위한 수원은 크게 다음과 같이 분류할 수 있다.
① 천수 : 강우, 강설
② 지표수 : 하천수, 호소수, 저수지수
③ 지하수 : 용천수, 복류수
④ 해수

1) 천수

① 연수(soft water)로서 가장 순수한 물에 가깝다.
② 수증기가 공중에서 응결되어 땅에 떨어진 물이다.
③ 지상에 도달할 때까지 여러 가지 가스, 세균 또는 미생물, 매연, 먼지 등과 혼합되어 내려온 빗물은 음용수로 바로 이용하기에는 부적합하다.
④ 최근에 지표수가 오염됨에 따라 비교적 수질이 좋은 천수를 지하 탱크에 저장하였다가 간단히 정화하여 식수 및 생활용수로 직접 이용하는 사례가 늘고 있다.

2) 지표수

① 수온의 계절적 변화와 강우 등에 의한 탁도와 pH의 변화가 심하다.
② 암석 및 토양의 풍화물인 Na, Ca, Mg, K 등의 무기염류를 함유한다.
③ 지하수에 비해 알칼리도, Mg, Ca이 적고 경도가 낮다.
④ 동·식물의 분해에 의한 유기물을 함유하여 유기물의 농도가 대체로 높다.
⑤ 농촌에서는 농약, 도시에서는 공장폐수와 가정하수의 유입으로 인하여 오염이 일어나기 쉽다.

3) 지하수

① 수온의 변동이 적고, 심층수의 경우 연중 일정한 온도를 가진다.
② 지하수의 수질 특성은 지표수에 비해 매우 깨끗하지만, 지층의 영향으로 경도와 Fe, Mn의 농도가 비교적 높다.

③ 미생물, 세균류는 극히 적고 지상으로부터의 오염도 적다.
④ 지층 및 지역적인 수질의 차이는 크다.
⑤ 대량 취수시 수위저하로 인한 지반 침하의 문제가 일어나는 경우가 있다.
⑥ 자정속도가 느려 한 번 오염된 지하수는 정화되기까지 오랜 시간이 소요된다.

수원 선정 시 고려사항

① 수원으로서 구비요건을 갖추어야 한다.
② 수리권 확보가 가능한 곳이어야 한다.
③ 상수도 시설의 건설비 및 유지 관리가 용이, 안전, 확실해야 한다.
④ 상수도 시설의 건설비 및 유지관리가 가능한 저렴해야 한다.
⑤ 장래의 확장을 고려할 때 유리한 곳이어야 한다.
⑥ 상수도 보호수역의 지정, 수질오염 방지 및 관리에 무리가 없는 지점이어야 한다.

4.2 상수도

근대적인 상수도가 갖추어야 할 기본 조건
① 충분한 수량 ② 사용목적에 적합한 수질
③ 적당한 수압 ④ 사용상 편리성
⑤ 염가이어야 한다.

상수도 시설

하천이나 호수에서 물을 취수하여 정수장에서 수돗물이 만들어지고 이것을 다시 각 가정까지 도달하기까지는 많은 단계를 거치게 된다. 이러한 상수도의 구성은 그림 4.1과 같이 취수, 도수, 정수, 송수, 배수, 급수로 이루어져 있다.

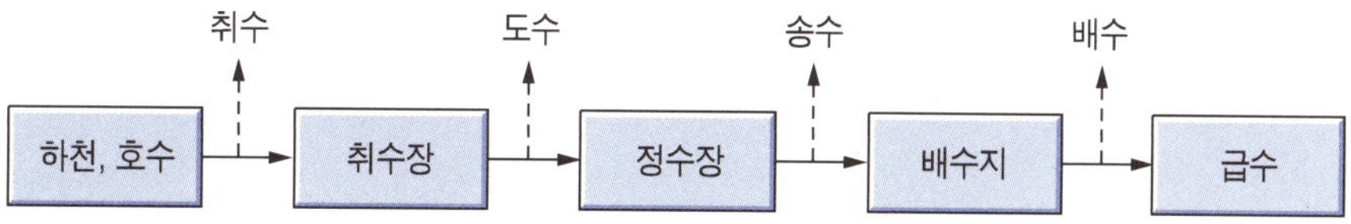

그림 4.1 상수도의 구성

① 집수 및 취수시설 : 적당한 수질을 가진 수원에서 현재나 장래의 수요량에 대해서 충분한 양만큼 집수하고 취수하는 시설
② 도수 : 수원에서 취수한 물을 정수장까지 공급하는 시설
③ 정수 : 수원에서 취수한 물을 정수장에서 요구되는 정도로 정화시키는 시설
④ 송수 : 정수되어진 물을 배수지까지 보내는데 필요한 시설
⑤ 배수 : 배수지로부터 배수관까지의 시설
⑥ 급수 : 배수관에서 분지하여 각 소비자의 급수전 사이에 존재하는 시설

4.3 정수처리공정

정수처리의 목적은 사람들이 소비하는데 있어서 화학적, 생물학적으로 안전한 수돗물을 공급하는 것이다. 가정용 용도를 위해서는 처리된 물은 심미적으로도 인정될 수 있어야 한다. 즉 탁도, 색도, 냄새 및 불쾌한 맛이 없어야 한다. 정수처리공정은 처리하고자 하는 상수원수의 수질특성에 따라 다양한 처리공정을 적용할 수 있으며, 일반적으로 물리·화학적 방법을 많이 이용한다. 이러한 물리·화학적 방법으로는 침사지, 응집지, 침전지, 모래여과지 등이 있으며, 최근에 수질오염과 강화된 수돗물 수질기준 등으로 인해 오존처리, 활성탄처리, 막분리처리 등과 같은 고도처리공정도 적용하고 있다. 이러한 재래식처리나 고도처리로 생산된 수돗물은 표 4.1에 나와 있는 수돗물 수질기준을 엄격하게 맞추어야 한다.

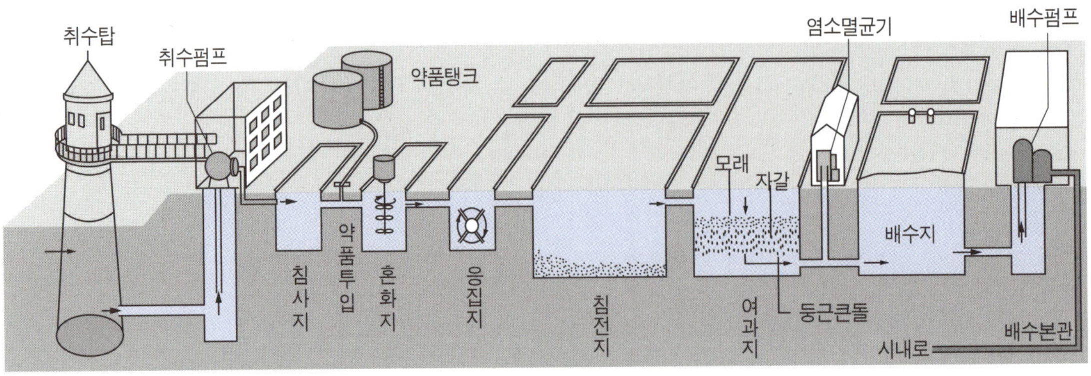

그림 4.2 정수처리공정도

표 4.1 먹는물 수질기준(수돗물)

구분		항목	기준
미생물		일반세균	100CFU/mL
		총대장균군	ND/100mL
		대장균/분원성대장균군	ND/100mL
		분원성 연쇄상구균·녹농균·살모넬라 및 쉬겔라	ND/250mL
		아황산환원혐기성포자형성균	ND/50mL
		여시니아균	ND/2L
유해영향무기물질		납	0.01mg/L
		불소	1.5mg/L
		비소	0.01mg/L
		셀레늄	0.01mg/L
		수은	0.001mg/L
		시안	0.01mg/L
		6가크롬	0.05mg/L
		암모니아성 질소	0.5mg/L
		질산성 질소	10mg/L
		카드뮴	0.005mg/L
		보론(붕소)	0.3mg/L
		브론산염	0.01mg/L
		스트론튬	4mg/L
유해영향유기물질	휘발성유기물질	페놀	0.005mg/L
		1,1,1-트리클로로에탄	0.1mg/L
		테트라클로로에틸렌	0.01mg/L
		트리클로로 에틸렌	0.03mg/L
		디클로로 메탄	0.02mg/L
		벤젠	0.01mg/L
		톨루엔	0.7mg/L
		에틸벤젠	0.3mg/L
		크실렌	0.5mg/L
		1,1-디클로로에틸렌	0.03mg/L
		사염화탄소	0.002mg/L

구분		항목	기준
유해영향유기물질	농약	다이아지논	0.02mg/L
		파라티온	0.06mg/L
		1,4-다이옥산	0.05mg/L
		페니트로티온	0.04mg/L
		카바릴	0.07mg/L
		1,2-디브로모-3-클로로프로판	0.003mg/L
	소독부산물	유리잔류염소	4.0mg/L
		총트리할로메탄	0.1mg/L
		클로로포름	0.08mg/L
		클로랄하이드레이트	0.03mg/L
		디브로모아세토니트릴	0.1mg/L
		디클로로아세토니트릴	0.09mg/L
		트리클로로아세토니트릴	0.004mg/L
		할로아세틱에시드	0.1mg/L
		디브로모 클로로메탄	0.1mg/L
		브로모디 클로로메탄	0.3mg/L
심미적영향물질		경도	300mg/L
		과망간산칼륨소비량	10mg/L
		냄새	ND
		맛	ND
		동	1mg/L
		색도	5도
		세제	0.5mg/L
		수소이온농도	5.8~8.5
		아연	3mg/L
		염소이온	250mg/L
		증발잔류물	500mg/L
		철	0.3mg/L
		망간	0.3mg/L
		탁도	0.5NTU
		황산이온	200mg/L
		알루미늄	0.2mg/L
정수처리기준		바이러스	99.99% 제거
		지아디아 포낭	99.9% 제거

4.3.1 침사지

원수에는 자갈, 모래, 기타 뼈나 금속부속품 등의 무거운 입자들이 포함되어 있는데, 이들은 정수처리장의 기계나 펌프를 손상시키고 관이 막히는 현상을 초래하게 된다. 따라서 정수처리 본 공정에 유입되기 전에 침사지를 두어 중력침강으로 이러한 물질들을 제거시킨다.

4.3.2 응집 (Coagulation)

수중에 존재하는 입자성 부유물질, 콜로이드물질 및 용존물질 등은 표면전하(surface charge)가 음(−) 전하를 띠고 있어 자석의 원리와 같이 동일한 음전하를 띠고 있는 입자들 사이에서는 반발력이 생겨 전기적으로 안정된 상태를 이루고 있다. 따라서 음의 전하로 대전되어 있는 이러한 물질을 제거하기 위해서는 전하와 반대되는 전하물질을 투여하거나 pH의 변화를 일으켜서 전하를 감소시킴에 따라 콜로이드간의 반발력을 감소시켜야 하는데, 이것을 응집이라 하며 이때 사용되는 화학약품을 응집제라고 한다. 대표적인 응집제로는 황산알루미늄($Al_2(SO_4)_3 \cdot 18H_2O$), 황산 제2철($Fe_2(SO_4)_3$) 등이 있다.

오염된 물로부터 콜로이드를 제거하기 위해서는 오염정도와 pH 등에 따라 필요한 응집제 주입량을 정하여야 하는데, 실험실에서 약품교반시험(Jar test)을 통하여 구할 수가 있다. 실험실에서 실시하는 약품교반시험은 적당한 응집제와 응집보조제의 결정과 이들 응집제의 적정 주입량을 결정하는 데 사용된다. 약품교반 시험시 주의해야 할 사항은 floc 형성시간, floc 크기, floc의 침전특성, 탁도와 색도의 제거정도에 따라

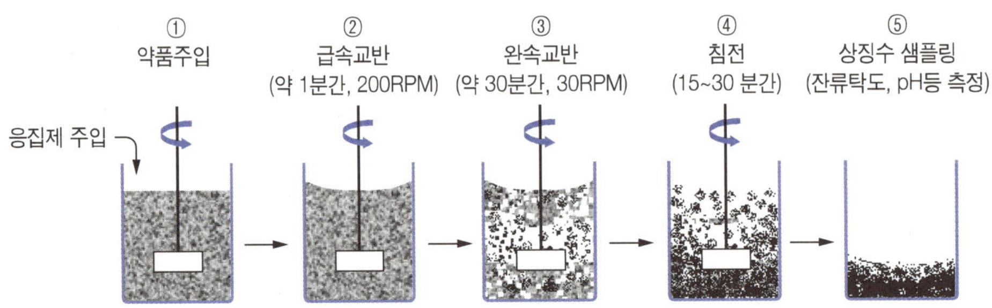

그림 4.3 약품교반시험(Jar-test)의 순서

적절한 약품주입량을 결정하여야 한다. 이러한 약품교반시험의 과정을 간략하게 그림 4.3에 나타내었다.

4.3.3 침전(Sedimentation)

침전은 물보다 무거운 입자가 정체된 물 또는 극히 흐름이 느린 물에서 가라앉아 물과 분리되는 것을 말한다. 이러한 원리를 이용하여 유속을 아주 느리게 한 구조물에 물을 통과시켜 수중의 입자를 분리하는 것이 침전지이다. 그러나 입자가 작으면 작을수록 자연적 침강은 어려워진다(표 4.2). 따라서 침강이 어려운 작은 크기의 입자들은 약품(응집제)을 이용하여 응집시켜 입자의 크기를 증대시켜 빠른 시간 내 침강이 이루어지게 하는 것을 약품침전법이라고 한다.

표 4.2 입자의 지름과 침전시간

입자의 지름 (mm)	입자명	지름 10mm 구체 내에 포함되는 입자수	입자의 총면적	비중 2.65일 때 20.5cm 침전하는데 걸리는 시간
10	사리	1	3.14 cm^2	0.3초
1	사조	1×10^3	31.4 cm^2	3초
0.1	세사	1×10^6	314 cm^2	38초
0.01	실트	1×10^9	3140 cm^2	33분
0.001	세균	1×10^{12}	3.14 m^2	55시간
0.001		1×10^{15}	31.4 m^2	230일
0.00001	콜로이드입자	1×10^{18}	314 m^2	6.3년
0.000001		1×10^{21}	3140 m^2	673년

일반적으로 침전법은 두 가지로 나누어지며, 침사지와 같이 수중의 부유물질을 자연적인 중력의 작용에 의해 제거하는 보통침전법과 약품을 주입하여 입자의 크기를 증가시켜 빠른 시간 내 침강시키는 약품침전법이 있다.

1) 보통침전법

① 유속을 느리게 하거나, 침전지 내의 물을 정지상태로 둔다.

② 물보다 비중이 무거운 부유물은 모두 침전된다.

③ 세균, 탁도 등이 감소된다.

④ 침전시간이 많이 소요된다.

2) 약품침전법

① 응집제를 주입한 물에서 부유물이 플럭(floc)을 형성하므로 침전에 효과가 있다.

② 응집제로서 황산알루미늄(황산반토), 황산제1철, 황산제2철 및 염화제2철 등이 있으나 주 응집제로서는 황산알루미늄이 널리 사용되고 있다.

③ 약품의 주입량은 5~35 mg/L이며, 침전시간은 슬러지 제거장치가 있을 경우 4~5시간 처리하고, 슬러지 제거장치가 없을 경우 6~9시간 처리한다.

침전지는 형태에 따라 직사각형 모양의 횡류식 침전지(그림 4.4)가 있으며, 원형모양의 원형침전지(그림 4.5)가 있다.

4.3.4 여과 (Filtration)

여과는 원수를 다공질층을 통해 현탁액을 유입시켜 부유물질과 침전으로 제거되지 않은 미세한 입자의 제거에 가장 효과적인 정수방법으로 완속여과법과 급속여과법이 있다. 일반적으로 여과법은 대량의 수돗물과 용수를 얻는 데 매우 값이 저렴하고 조작도 비교적 간단하기 때문에 상수도의 정수처리방법으로 가장 널리 이용되고 있다.

1) 완속 여과 방식

18세기 말경, 도시에 살고 있는 사람이 점점 많아지고 콜레라나 장티푸스 등의 유행성 전염병이 만연하고 있었다. 이때 여과한 물을 마시는 사람들의 사망률이 그렇지 아니한 지역의 사람들과 비교하여 매우 낮다는 것을 알고 여과의 유효성이 점차 이해되기 시작했다. 당시의 여과는 여과지의 중심에서 수평방향으로 마치 지하수와 같이 사층을 통해서 물을 유출시키는 방식의 여과도 여러 곳에서 사용하였다.

현재 사용되고 있는 여과방식은 1820년대 런던의 첼시 정수장에서 이 방식을 대규모로 채용하면서 시작되었으며 이와 같은 여과방식을 완속여과라 한다. 완속여과에서는 두께 60~90 cm의 모래층을 1일 3~5 m 정도의 속도로 천천히 통수한다. 여과지에 유입된 물은 미리 침전지에서 비중이 큰 입자의 제거가 일어난 상태이므로 여과지를 통과할 때 모래층 표면에서 불순물이나 미생물이 제거되어진다. 이러한 불순물의 제거는 체거름, 흡착, 생물학적 분해가 복합적으로 이루어진다.

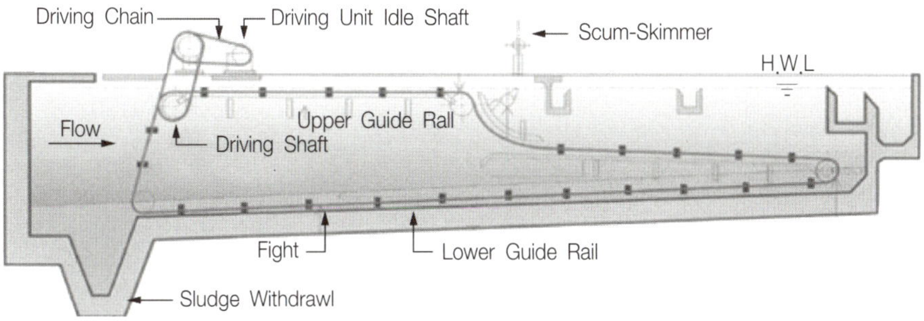

그림 4.4 횡류식 침전지의 구성

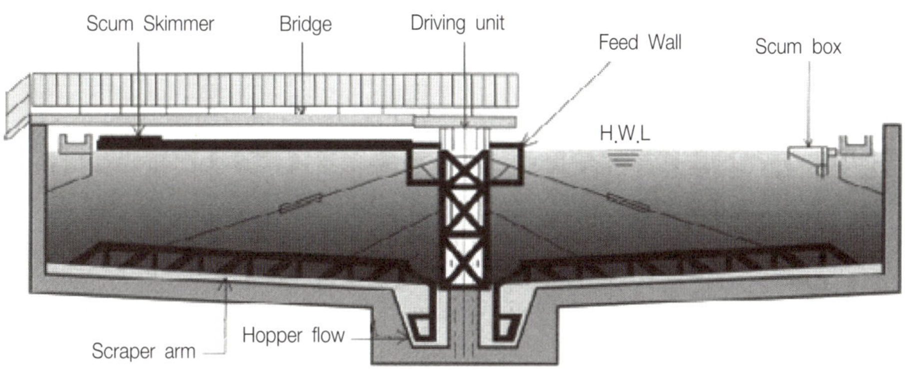

그림 4.5 원형침전지의 구성

특히 생물학적 분해는 모래층 표면에서 증식하는 호기성 미생물 작용에 의하여 이루어진다. 이것은 산소가 존재하는 호기성 상태에서 광합성 작용을 하는 조류(algae)나 유기물을 분해하거나 암모니아를 산화시키는 미생물 군집으로 구성되어 있다. 이렇게 모래층 상부에 형성된 미생물막은 유입하는 오염물을 생물학적으로 제거한다. 이러한 완속여과 방식은 유지관리가 간단하고 고도의 기술을 요구하지 않으면서 안정된 양질의 처리수를 얻을 수 있는 장점은 있으나 여과속도가 느려서 넓은 부지면적과 모래의 확보 등을 위한 노력이 많이 필요하다. 그리고 원수수질에 의한 보통침전지를 설치하는 경우와 생략하는 경우가 있으며 필요에 따라서는 침전지에 약품처리가 가능한 설비를 갖춘다. 여과작용이 지속된 후 여과상의 표면에 축적되어 성장한 미생물과 불순물질을 제거하기 위하여 5~10 cm의 상부모래층을 주기적으로 긁어낸다.
완속 여과방식의 특징은 다음과 같다.

① 영국식 여과법으로 영국에서 1829년에 최초로 실시하였다.
② 여과지 제일 윗층에 모래(직경 : 0.25~0.3 mm)를 60~90 cm 깔고, 굵은 모래, 작은 자갈, 큰 자갈을 각각 10~15 cm 두께로 깔며, 최하층에는 둥근 돌을 20 ~30 cm로 빈틈없이 깐다.
③ 여과속도는 3~6 m/day이며, 1회 사용일수는 1~2개월이다.
④ 세균제거율은 98~99%이다.
⑤ 원수를 여과하면 부유물이 세사층 상부에 남게 되어 colloid상의 막이 되는데, 이를 생물막이라 한다. 세균, 조류, 부유물 등의 여과작용을 하기 때문에 여과막이라고도 한다.

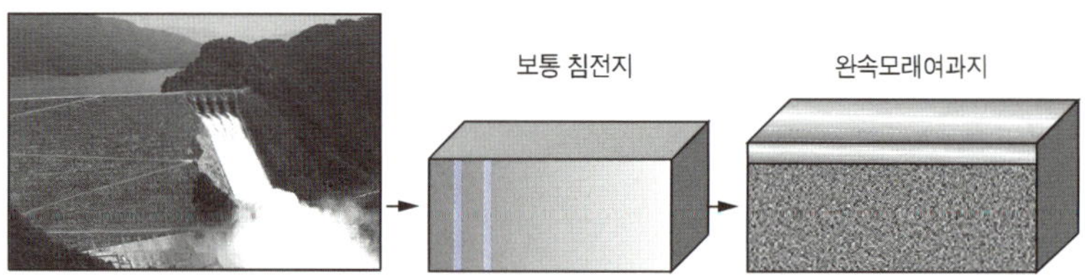

그림 4.6 완속 여과 공정

2) 급속 여과 방식

비교적 고농도의 현탁물을 처리할 목적으로 미국에서 개발된 급속여과법은 1880년대부터 약 1세기를 경과하는 동안 진보된 공정으로 광범위하게 이용되고 있다. 급속여과법은 원수에 황산알루미늄 등의 응집제를 가해서 약품의 작용으로 침전을 시키고 침전후 잔류하는 비침전성 미세플럭을 모래 여과하여 물을 정화하는 방법이다. 급속모래여과의 여과 메커니즘은 음전하를 가지는 모래표면에 응집처리에 의하며 미세플럭간의 전기적 반발력이 감소된 입자가 인력으로 인해 모래의 표면에 부착하여 수중으로부터 제거된다. 이러한 의미에서 급속여과는 응집작용에 의해 특성이 변화된 입자를 제거하는 공정이라 할 수 있다.
이 방식은 약품침전지와 급속여과지로 구성되어 있으며 현탁물질을 먼저 약품처리에 의해 응집시켜 플록을 침전지에서 효율적으로 침전 제거하고 다음에 급속여과지에서 여과 제거하는 방식이다. 그러나 용해성물질의 제거능력은 적으므로 문제가 되는 용해성 물질의 종류 및 농도에 따라서는 고도 정수시설을 추가할 필요가 있다.

그림 4.7은 급속모래여과 공정을 나타낸 것으로 사용목적과 용도에 따라서 중력식과 가압식이 있다. 전형적인 중력식 여과지는 약 2.5 cm 깊이의 콘크리트 구조물로 되어있다. 약 50~60 cm 깊이의 여과층(모래층)은 하부집수장치위의 자갈층으로 지지된다. 여과동안 물은 중력에 의하여 여과층을 통하여 밑으로 통과한다. 여과조는 대개 24~48시간 마다 여과상을 통과하는 상향류의 물과 공기에 의하여 세척된다. 압력식 여과조는 강철탱크 안에 여재와 하부집수 장치를 갖추고 있다. 물은 압력하에 여과상을 통과하며, 흐름의 반대방향으로 역세척되어 불순물을 씻어낸다. 압력식 여과조는 소규모 정수장이나 공업용으로 물을 처리하는 곳에 광범위하게 이용되고 있다.
급속여과방식의 특징은 다음과 같다.

① 약품침전법을 사용하며, 응집제로 황산알루미늄 등을 사용한다.
② 여과속도가 120 m/day이므로 완속사 여과법의 40배의 양을 여과시킨다.
③ 세균제거율은 95~98%이다.
④ 많은 양의 물을 여과함에 따라 여과지가 빨리 막히게 되어 역세척이 요구되는데, 일반적으로 1~2일에 한 번씩 깨끗한 물 또는 물과 공기로 역세척을 실시하여야 한다.

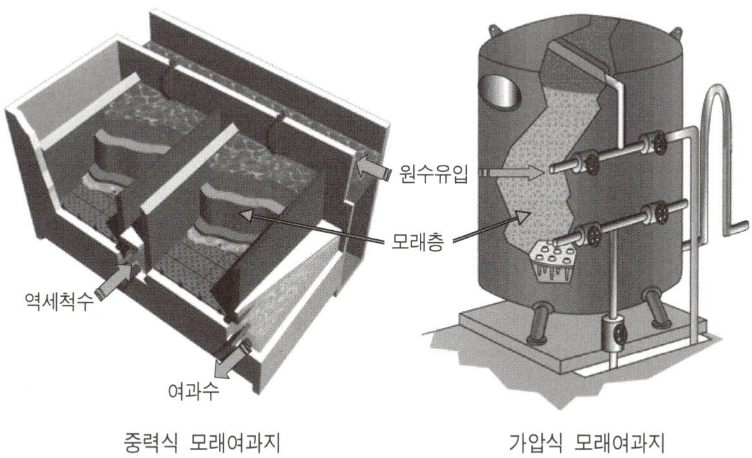

그림 4.7 급속 모래여과 공정

Mills-Reincke phenomenon

Mills는 1893년 메사추세츠에서 물을 여과 급수하여 수인성 전염병, 기생충 질환 및 일반사망률을 감소시켰으며, Reincke도 Elbe강의 물을 여과 급수하여 함부르크 시민에게 공급한 결과 동일한 결과를 얻어, 이를 Sedwick와 Mac Nutt는 Mills-Reincke의 현상이라 불렀다.

이러한 완속 여과방식과 급속 여과방식의 특징을 비교하여 표 4.3에 나타내었다.

표 4.3 완속 모래여과법과 급속 모래여과법의 비교

구 분	완속 모래여과법	급속 모래여과법
침전법	보통침전법	약품침전법
세척방법	상부 모래층 교체	역류세척
여과 속도	3~6 m/day	100~200 m/day
1회 사용일수	20~60일(1~2개월)	12시간~2일(1일)
탁도, 색도가 높을 때	불리함	좋음
이끼류가 발생되기 쉬운 장소	불리함	좋음
수면이 동결되기 쉬운 장소	불리함	좋음
면적	넓은 면적이 필요함	좁은 면적도 가능함
비용	건설비가 많이 소요	건설비가 적게 소요
	유지비가 적게 소요	유지비가 많이 소요
세균제거율	98~99%	95~98%

4.3.5 소독(Disinfection)

정수처리에서 소독이라 함은 수중의 병원성 미생물로부터 감염력을 상실시켜 수요자를 병원성 미생물에 의한 질병으로부터 보호하는 것을 의미한다. 즉, 미생물 실험실이나 병실의 병원성 미생물에 의한 오염을 막기 위해 행하는 피복, 기구류 등의 멸균과는 구별된다. 정수처리과정에서 미생물의 제거는 응집, 여과과정에서 상당량 제거되지만 소수의 병원성 미생물은 제거되지 않고 남아 급·배수관으로 유입될 수 있다. 따라서 이와 같이 병원성 미생물을 사멸시키는 것이 필요하며 이러한 공정을 소독공정이라 하며, 처리방법으로는 염소소독법, 열처리법, 자외선 소독법, 오존 소독법 등이 있지만, 일반적으로 정수의 소독에는 소독효과가 오래 지속되는 염소소독을 가장 많이 이용하고 있다.

1) 염소(Cl_2)

정수공정에는 주로 액체염소(Cl_2)를 사용하는데, 수중에 암모니아나 유기질소가 존재하지 않을 때, 염소를 주입하게 되면 차아염소산(HOCl) 또는 차아염소산 이온(OCl^-)과 같은 유리 잔류염소 형태로 형성된다. 유리 잔류염소 중에서 차아염소산은 차아염소산이온에 비해서 살균력이 수십 배로 강하게 작용한다.

$$Cl_2 + H_2O \rightarrow HCl + HOCl$$
$$HOCl \rightarrow H^+ + OCl^-$$

수중에서의 염소 존재 형태

pH 5.0 이하에서	대부분이 HOCl로 존재
pH 7.5 부근에서	HOCl과 OCl^-이 각각 50% 존재
pH 10.0 이상에서	대부분이 OCl^-로 존재

염소 소독력은 Cl_2 〉 HOCl 〉 OCl^- 순이며, pH가 낮고, 수온이 높으며, 염소 농도의 반응시간이 길수록 소독효과가 강해진다.

또한 수중에 암모니아가 존재하게 되면 염소와 반응하여 화합물을 형성하게 되는데, 이러한 화합물중 살균효과를 지니고 있는 중요한 화합물이 클로라민(chloramine)이다. 클로라민의 종류는 암모니아의 수소하나가 염소로 치환된 모노클로라민, 2개가 치환된 것을 디클로라민, 3개가 치환된 것을 트리클로라민이라 하며 이를 결합잔류염소라 한다.

결합잔류염소는 차아염소산 같은 유리잔류염소에 비하여 살균력은 약하지만 소독지속시간이 오랫동안 유지되는 장점이 있다.

$$NH_3 + HOCl \rightarrow H_2O + NH_2Cl \text{ (monochloramine)} \quad \text{pH 8.5 이상}$$
$$NH_2Cl + HOCl \rightarrow H_2O + NHCl_2 \text{ (dichloramine)} \quad \text{pH 8.5~4.5}$$
$$NHCl_2 + HOCl \rightarrow H_2O + NCl_3 \text{ (trichloramine)} \quad \text{pH 4.4 이하}$$

이러한 염소소독의 장·단점은 다음과 같다.

– 장점 ① 소독력이 강하다.
② 잔류효과가 크다.
③ 경제적이며 조작이 간편하다.

– 단점 ① 수돗물에 이·취미를 남긴다.
② THMs(trihalomethanes) 및 HAAs(haloacetic acids) 등과 같은 인체에 유해한 소독부산물을 형성시킨다.

염소는 소독약품으로 세계적으로 가장 광범위하게 이용되고 있지만 염소가 수중의 자연유기물(NOM)과 반응할 때 다양한 소독부산물(DBPs)이 발생한다. 그림 4.8에 나타난 바와 같이 정수처리에 사용되는 각종 소독약품과 수중에 존재하는 유기물질 및 무기물질이 반응하면 소독부산물이라는 반응 부산물이 생성되며, 이러한 반응 부산물 중 인체에 발암성을 가지는 산화된 NOM과 트리할로메탄(THMs), 할로초산(HAAs)이 문제시되고 있으며 우리나라의 수돗물 수질기준에도 기준치가 엄격히 제한되어 있다.

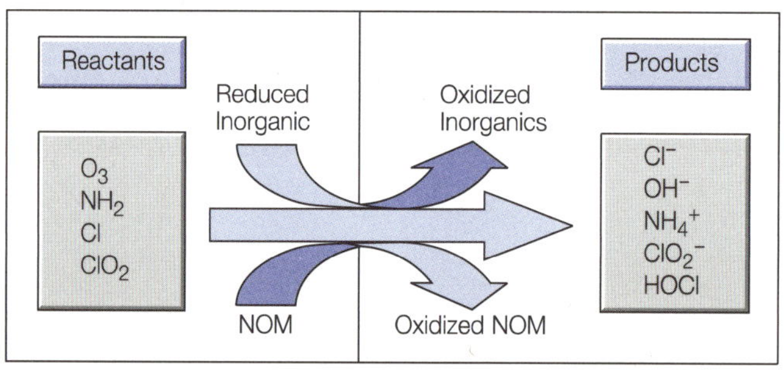

$$\text{NOM} + \text{Br}^- + \text{NH}_3 + \text{Cl}_2 \Leftrightarrow \text{CO}_2 + \text{New Organics} + \text{smaller NOM} + \text{N}_2 + \text{Cl}^-$$
$$\downarrow$$
$$\{\text{THMs} + \text{TOX} + \text{HAAs} + \text{Aldehydes} + \text{Aromatics} + \text{etc}\}$$

그림 4.8 유기물의 산화와 소독부산물의 생성반응

2) 오존(O_3)

오존은 19세기 말경에 유럽을 중심으로 사용되기 시작되었으며, 염소에 비하여 산화력이 수백 배 강한 것으로 알려졌다. 이러한 강력한 산화력을 지닌 오존은 염소에 비하여 탈색, 탈취, 탈미 등이 매우 빠르게 일어나며 pH의 변화에 대한 살균의 영향은 작다. 수중에서의 오존의 분해는 다음과 같이 분해된다.

$$O_3 + H_2O \rightarrow HO_3^+ + OH^-$$
$$HO_3^+ + OH^- \rightarrow 2HO_2$$
$$O_3 + HO_2 \rightarrow HO + 2O_2$$
$$HO + HO_2 \rightarrow H_2O + O_2$$

다른 소독약품과 비교하여 오존의 장·단점은 다음과 같다.

- 장점 ① 산화력이 강하여 소독효과가 크다.
  ② 물에 염소와 같은 이·취미를 남기지 않는다.
  ③ 유해성 소독부산물을 적게 발생시킨다.
- 단점 ① 가격이 고가이며, 복잡한 오존발생장치가 필요하다.
  ② 수중에서의 오존의 잔류성이 매우 짧아 소독의 잔류효과가 염소에 비해 매우 낮다.

3) 자외선(UV)

자외선은 가시광선보다 짧은 빛의 파장을 가지는 광선으로 파장에 따라 UV-A, UV-B, UV-C로 구분된다. 이 중 소독력이 가장 강한 UV-C(200~280 nm)가 세균과 바이러스와 같은 미생물 내에 존재하는 DNA와 단백질에 잘 흡수되기 때문에 이 파장의 범위를 소독에 이용하고 있다. 특히 염소소독에 비해 발암물질인 THMs을 발생시키지 않으며, 운전에 따른 안전성 때문에 음용수의 소독처리로 적용가능성이 크다.

- 장점 ① 설치 및 유지보수가 간단하다.
  ② 소독부산물이 발생되지 않는다.
  ③ 소요부지 면적이 작다.
- 단점 ① 염소에 비해 가격이 고가이다.
  ② 물의 탁도, 색도가 높으면 광선의 투과효율이 나빠 소독효율이 저하된다.
  ③ 소독의 잔류효과가 없다.

4.3.6 고도정수처리(Advanced water treatment)

고도정수처리는 재래식 정수처리 방법으로는 효과적으로 처리할 수 없는 맛과 냄새 유발물질, 소독부산물 및 소독부산물 원인물질, 색도, 미량유해물질 등의 처리를 목적으로 도입하는 활성탄 흡착, 오존처리 및 생물학적처리, 막분리공정 등을 말한다. 여기서 언급된 재래식 처리란 응집, 침전, 모래여과, 소독으로 구성되는 공정을 말한다.

1) 오존처리(Ozonation)

오존처리는 오존의 강력한 산화력을 이용하여 원수 중에 있는 미량 유기물질을 분해·제거하며, THMs 원인 유기물질이나 맛과 냄새물질의 제거에 효과적이다. 또한 오존은 살균효과가 우수하여 소량의 접촉에 의해서도 대부분의 세균을 사멸시키며, 염소살균과는 다르게 THMs 등의 유기염소계 화합물을 생성시키지 않는다.
오존은 1785년에 처음 Van Marum에 의하여 전기방전시에 특별한 냄새를 내는 기체로 발견되었으며, 수처리에서 오존의 사용은 1886년 de Meritens에 의한 최초의 살균실험 이후에 독일의 지멘스사가 독일의 Martinikenfelde정수장에 파일롯 플랜트를 설치하여 박테리아에 대한 살균력을 검증하였다. 이 결과를 바탕으로 1893년 네덜란드 Oudshoorn정수처리장에 최초로 오존처리가 도입되었으며, 뒤이어 전세계적으로 광범위하게 오존 처리시설이 도입되었다. 초기의 오존처리시설들은 살균을 목적으로 설치되었으나, 부수적으로 맛과 냄새 물질, 색도, 철 및 망간의 제거도 가능하다는 것이 보고되면서 그 사용 범위도 넓어졌다.

(1) 오존의 발생방법

오존의 발생방법으로는 여러 가지가 시도되고 있지만 무성방전법, 전해법, 광화학법, 고주파전해법, 방사선조사법에 의한 오존 발생장치가 개발되어 있다. 그러나 이 중에서 무성방전법에 의한 오존 발생장치가 폭넓게 사용되고 있다. 그 원리는 아래와 같이 전극의 한쪽방향에 고체절연물을 두고 전극간에 고압의 전압을 가하면 공간에 연속적인 방전이 발생하며 방전에 의한 가속전자 e가 산소분자 O_2에 충돌하여 반응이 일어난다.

오존의 생성 $O_2 + e \rightarrow 2O + e$

$O + O_2 \rightarrow O_3$

오존의 분해 $O_3 + O \rightarrow 2O_2$

$O_3 + e \rightarrow O + O_2 + e$

(2) 오존공정에 의한 수처리효과

정수처리의 목적으로 사용되는 오존의 이용분야는 살균 및 조류의 제거, 무기물의 산화, 미량 유기물의 산화, 응집효과의 개선 및 생물활성탄 공정의 전처리 등이 있다. 이들은 유입 원수의 특성과 정수장의 환경에 따라 지역마다 오존처리공정을 다양하게 도입하고 있다. 다음은 오존의 효과를 요약한 것이다.

① 살균　　② 철·망간처리
③ 시안제거　　④ 맛·냄새의 처리
⑤ 응집보조효과　　⑥ 유기물의 생물분해도 증진

(3) 장·단점

① 오존은 공기(또는 산소)와 전력이 있으면 필요량을 쉽게 만들 수 있다.
② 오존 발생기의 전압 발생량을 조절할 수 있기 때문에 주입량 제어 및 자동화, 에너지 절약이 용이하다. 그러나 산화성이 높아 내오존성의 재질을 가진 시설을 갖추어야 한다.
③ 수중에서 오존의 산화전위는 다른 산화제가 처리할 수 없는 물질을 살균, 분해할 수 있으며 처리시간이 짧다. 그러나, 잔류성이 없다.
④ 용존 오존은 짧은 시간(상온, 중성에서 15~30분)에 산소로 분해되므로 수중 용존산소를 증가시키고, 처리후의 pH에 거의 영향을 주지 않는다.
⑤ 오존 처리후의 수중 유기물은 저분자로 되기 때문에 후속공정에서의 생물학적 처리가 쉽고, 활성탄과 조합된 처리공정에 의해 생물활성탄의 기능을 상승시킬 수 있다.
⑥ 처리 후의 무기염 농도의 상승, 오니발생, THM 등 유기염소계 화합물이 생성되지 않으나 산화부산물질에 대한 적정 관리방안을 마련하여야 한다.
⑦ 응집, 침전과 활성탄흡착의 전처리에 오존을 적절하게 사용하면 응집제의 절감과 활성탄의 지속시간을 연장시킬 수 있다. 그러나 오존에 의해 산화되지 않는 물질로는 암모니아, 염류, 불화물, 염화물 등이 있다.

2) 활성탄 흡착(Adsorption on activated carbon)

종래의 급속여과를 중심으로 한 정수처리 설비는 응집, 침전, 여과라는 과정을 거쳐서 물리·화학작용에 의하여 주로 현탁성 성분을 제거하는 것이다. 이것에 비하면 활성탄 처리설비는 코코넛 껍질이나 석탄, 나무 등을 고온에서 탄화시켜 만든 활성탄의 내부에 무수한 세공들을 이용하여 흡착 가능한 유해물질들을 제거하는 것으로서, 용해성 유기물질, THMs 전구물질, 맛·냄새물질, 농약성분 등의 미량 유해물질을 제거할 목적으로 도입하는 것이다. 주로 용해성 성분을 제거하는 기능을 가지고 있는 점이 다른데, 저농도의 용해성 성분의 제거수단으로서 사용되고 있다.

(1) 활성탄의 종류

활성탄은 다공질구조가 발달한 탄소재료로서 그 원료, 탄화 및 재생방법에 따라 여러 가지 특성을 나타내며 그 흡착성능은 공극률, 비표면적, 세공용적, 세공분포 등에 따른다. 특히 활성탄 흡착제는 비표면적이 1000~1500 m^2/g으로 매우 커서 흡착에 유용한 넓은 표면적을 가지고 있다.

(2) 흡착의 원리

흡착은 물리적 화학적 요인에 의하여 일어난다. 활성탄과 같은 다공성 흡착제가 물속에 용존 하고 있는 오염물질과 접촉 될 경우에 흡착제의 고체표면과 물 사이에 고-액 계면이 형성되게 된다. 이때 고-액 계면에는 van der Waal's force, 정전기적 인력 및 반발력 등의 힘이 작용하게 되어 물에 용존 된 성분이 물보다도 고체계면에 친화성이 큰 경우에 물속에서 고체표면으로 이동하게 된다. 이를 물리적 흡착이라고 한다. 이에 반해 화학적 흡착은 용존 성분과 고체표면의 화학적 성분사이의 화학적인 결합에 의해서 일어난다. 이것은 강력한 힘으로 결합되고 탈착은 쉽게 일어나지 않는다. 흡착된 분자는 흡착제의 원자와 결합된 상태인 복합물을 구성하게 된다. 이러한 물리적, 화학적 현상을 나타내는 것을 일반적으로 흡착(adsorption)이라 한다.

(3) 활성탄처리공정

정수처리공정에 활성탄 흡착설비를 도입하는 경우, 활성탄 흡착설비에서 제거하는 대상물질을 명확히 하는 것이 중요하다. 원수의 성상에 따라 활성탄 흡착처리의 내용과 구성이 다르고 그것이 활성탄의 종류 및 양, 통수속도, 재생빈도 등과 깊은 연관이 있는 것에 유의하여 가장 적절한 처리공정을 선정해야 한다.

① 분말활성탄

분말활성탄은 입자크기가 20~80μm로 아주 작으며 정수처리장에서는 필요시마다 간헐적으로 사용하며 용존 물질이 흡착된 분말활성탄은 침전이나 여과공정에 의하여 제거되어져야 한다. 일반적으로 지표수를 수원으로 하여 음용수를 처리하는 공정은 응집, 침전 및 여과과정을 거쳐 처리하고 있으며, 이때 수중의 오염물질을 제거하기 위하여 분말활성탄을 A 혹은 B지점에서 주입한다.

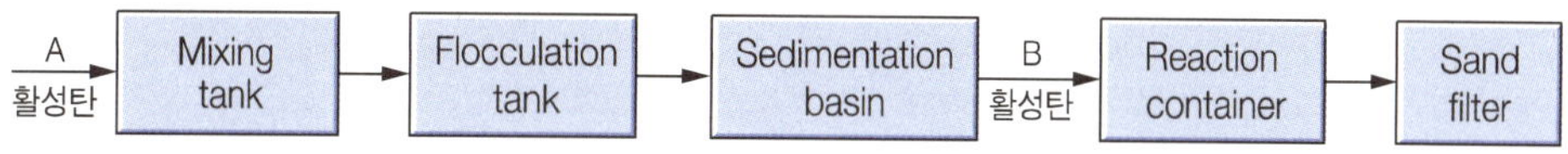

그림 4.9 분말활성탄에 의한 정수공정

② 입상활성탄

입상활성탄은 입자크기가 1.2~1.6 mm로서 여과조에 여재로 충전되어 연속적으로 사용된다. 입상활성탄을 이용한 정수방법은 고정층식과 유동층식으로 구분할 수 있는데 고정층식은 보통 하향류의 가압식이나 중력식 개방형이 일반적이다. 여기서 중력식은 대규모 설비에 적합하며 가압식은 소규모 설비에 사용하는 것이 바람직하다.

3) 막분리기술(Membrane technology)

막분리기술은 1960년경부터 미국에서 공업용수의 탈염을 위한 역삼투법(Reverse Osmosis, RO)을 중심으로 개발되어 많은 분야에서 발전되어 왔다. 일본과 구미에서도 현재 RO를 시작으로 한외여과법(Ultrafiltration, UF), 정밀여과법(Micro filtration, MF) 등의 막분리기술이 공업용수제조와 공업제품분야에 널리 이용되고 있다. 정수처리에 이용되고 있는 막분리법으로는 RO, 나노여과(NF), UF, MF 등이 있다. 특히 저압 RO와 NF 등이 UF와 MF보다는 용존성 유기물질의 제거에 효과적인 것으로 보고되어 있다. 그러나 적용압력이 1,000 kPa (10기압) 정도 되는 RO와 NF보다는 적용압력이 100 kPa (1기압) 정도인 UF와 MF를 이용하는 것이 경제적이어서 이를 이용하는 정수공정이 증가하고 있다.

(1) 막분리의 특성

넓은 의미에서 막은 어떤 용매에 부유상, 콜로이드상, 용존상의 흐름에 대한 어떤 경계층이라고 정의될 수 있다. 막분리공정은 역삼투(RO), 전기투석법(ED), 한외여과(UF), 정밀여과(MF) 그리고 투석법 등이 있으며 RO와 UF의 특성을 가지고 있는 나노여과(NF)가 새롭게 개발되었다. 그러나, 음용수 처리에 적용할 수 있는 막분리공정은 RO, ED, NF, UF 그리고 MF 등이며, 투석법은 공업폐수처리나 신장 투석공정에 적용되는 공정이다. 막분리공정의 기본적인 메커니즘은 확산, 이온 반발작용 그리고 크기배제 등이다.

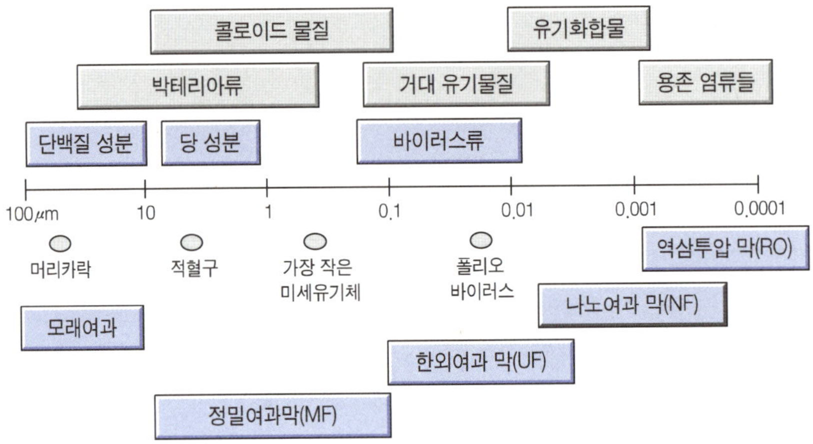

그림 4.10 막의 종류에 따른 제거 가능한 물질의 크기

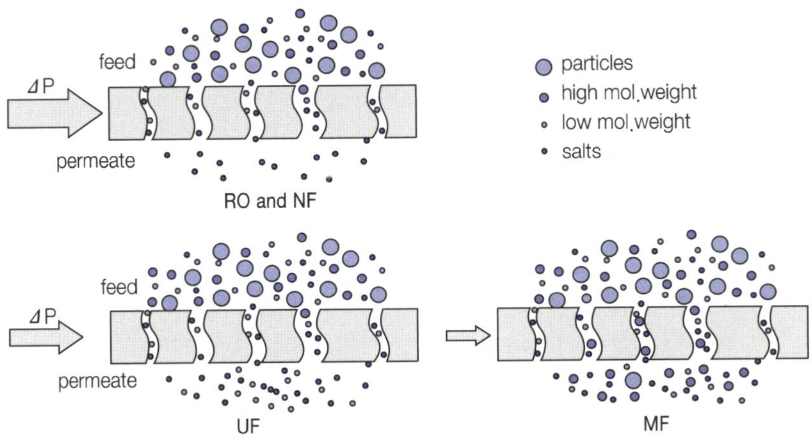

그림 4.11 막 종류에 따른 운전압력과 제거 범위

일반적으로 막분리공정은 막 공경(pore)의 크기 혹은 분획분자량(MWCO, Molecular Weight Cut-Off)의 기준에 따라 분류된다. 막의 공경이 작을수록 수중의 더 작은 오염물질까지 제거 가능하나 더 큰 압력이 요구된다. MF 및 UF 막은 보통 공경의 크기로 분류되며, MF 막은 수중의 미세물질(0.1 μm)을 제거할 수 있으며, UF 막은 나노미터 크기의 더 작은 물질까지 제거 가능하다. NF 및 RO 막은 나트륨, 염화물, 칼슘, 황화물 등과 같은 이온 크기의 물질까지 제거 가능하여 해수의 담수화 및 반도체 제조공정에 사용되는 초순수의 제조에 많이 이용되고 있으며, 매우 높은 압력이 필요하다.

(2) 막분리기술의 장 · 단점

막분리기술을 정수처리에 적용하는 데 있어서 다음의 항목을 만족시킬 필요가 있다. 첫째로 응집, 침전, 모래여과 등의 공정을 전처리로 활용가능하면 좋다. 둘째, 투과수의 수질이 양호할 것. 셋째, 대용량 처리에도 대응할 수 있을 것(정수장은 5~10만m^3/일 이상의 것이 많다). 넷째, 운전이 안전하고 안정되며 조작은 자동화가 용이할 것. 다섯째, 기존 정수처리방법의 문제점을 해결 또는 경감할 수 있을 것. 여섯째, 비용을 낮추고 공간을 최소화 할 것 등이다.

– 장점

① 자동화, 무인화가 용이하다.
② 정수장 면적이 작아진다.
③ 유지관리비가 적어진다.
④ 기존 수처리 공정과의 결합이 용이하다.
⑤ 부산물을 생성하지 않는다.

– 단점

① 막의 수명 문제
② 지속적 원수의 수질감시가 필요
③ 농축수의 별도처리
④ 신기술로 전환에 따른 불안

4) 고도산화(Advanced Oxidation Process, AOP)

오존은 강한 산화력을 가진 불소와 OH라디칼 다음으로 높은 전위차(2.07volt)를 가지고 있다. 이론적으로 오존은 모든 유기물을 CO_2와 H_2O로 완전분해 하여야 하지만, 실제 대다수의 유기물과 반응이 느리거나(예 : 맛·냄새의 유발물질인 Geosmin, MIB와 THM과 같은 포화 탄화수소 등), 혹은 전혀 반응을 하지 않는 것이 일반적이라고 할 수 있다. 이와 같은 오존의 단점을 보완하기 위하여 오존과 다른 산화제 등을 동시에 반응시켜 OH라디칼 생성을 가속화하여 유기물질들을 처리하는 방법을 고도산화공정이라 하며, 정수처리에서 응용될 수 있는 AOP의 종류는 Ozone/high pH, Ozone/H_2O_2(PEROXONE), Ozone/UV, TiO_2/UV, H_2O_2/UV, Fe/H_2O_2, O_3/TiO_2, O_3/Electron Beam, O_3/Metallic Oxides 등의 방법들이 있다.

4.4 하수

하수는 인간의 생활과정에서 나오는 생활하수와 여러 산업체에서 배출되는 공장폐수 그리고 우수(빗물) 및 지하수 등을 포함한다. 하수도는 하수를 배제 또는 처리하기 위하여 설치되는 하수관거, 하수종말처리시설, 기타의 하수 관련시설을 전부 포함하여 말하는 것이다. 이러한 하수도를 시설하는 목적은 하수의 적절한 배제 및 처리를 통하여 침수 등의 재해를 방지하고, 공중위생 향상에 기여하고, 공공수역의 수질을 보전하여 쾌적한 생활환경을 조성하는 데 있다.

우리나라의 하수도는 조선시대에 한양 도성내의 청계천 개수정비를 하였는데, 1410~1430년(태종11년~세종16년)에 자연하천에 제방을 쌓고, 폭을 넓히는 공사와 홍수 피해를 막기 위해 1760년(영조 36년)에 대대적인 청계천 개수 준설작업이 있었다. 근대적인 하수도는 1918~1940년 사이에 약 225 km의 간선과 지선의 하수관거가 설치되었고, 1954년 전쟁복구사업과 함께 하수관거 개수사업이 진행되었으며, 1976년 우리나라에서는 최초로 150,000 m^3/d의 청계천 하수처리장이 준공되었으며, 1978년에는 210,000 m^3/d의 중랑 하수종말처리장이 운전되기 시작하였다.

하수도의 계획은 구상, 조사, 예측 및 시설계획이 서로 관련을 가지고 있기 때문에 그림 4.12와 같은 흐름으로 서로 연결되어 있다.

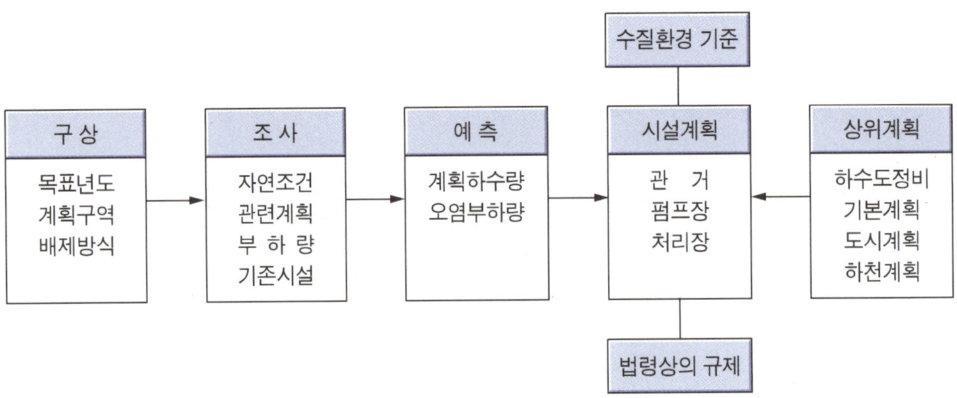

그림 4.12 하수도계획의 절차

하수도계획의 목표년도는 원칙적으로 20년 정도로 하며, 계획구역은 원칙적으로 계획목표년도까지 시가화 될 것이 예상되는 구역으로 한다.

4.5 하수관거

4.5.1 계획하수량

계획하수량은 전술한 바와 같이 오수와 우수로 나누어 생각할 수 있다. 우선 계획오수량은 생활오수량, 공장폐수량 및 지하수량으로 구분할 수 있다. 이 중 생활오수량의 1인1일최대오수량은 계획목표년도에서 계획지역 내 상수도계획상의 1인1일 최대급수량을 감안하여 결정하며, 용도지역별로 가정오수량과 영업오수량의 비율을 고려하여 결정한다.

공장용수 및 지하수 등을 사용하는 공장 및 사업소 중 폐수량이 많은 업체에 대해서는 개개의 폐수량 조사를 기초로 장래의 확장이나 신설을 고려하고, 그 밖의 업체에 대해서는 출하액당 용수량 또는 부지면적당 용수량을 기초로 결정한다. 그리고 지하수량은 1인1일 최대오수량의 10~20%로 한다.

분류식과 합류식에 사용되는 계획1일 최대오수량은 1인1일 최대오수량에 계획인구를 곱한 후, 여기에 공장폐수량, 지하수량 및 기타 배수량을 더하여 결정하며, 계획1일 평균오수량은 계획1일 최대오수량의 70~80%를 표준으로 한다. 계획시간 최대오수량은 계획1일 최대오수량의 1시간당 수량의 1.3~1.8배를 표준으로 한다.

계획우수량은 주로 식 (4.1)과 같이 홍수량 산정시와 같은 합리식을 이용한다.

$$Q = \frac{1}{360} CIA \tag{4.1}$$

여기서, Q : 우수량(m^3/sec)
C : 유출계수
A : 유역면적(ha)
I : 강우강도(mm/h)

단, 우수관거에 필요한 계획우수량의 산정시에는 식 (4.2), 식 (4.3), 식 (4.4)와 같은 강우 강도식에서, 강우강도와 지속시간의 식에 강우지속시간 t를 도달시간으로 대입하는데, 여기서 도달시간이란 우수관거의 배수구역의 경계선에서 관거의 입구까지 물이 흘러오는데 걸리는 시간인 유입시간과 관거 유입시점에서 배수구역의 하단까지 흘러 내려오는데 걸리는 시간인 유하시간을 합산한 시간을 의미한다.

$$\text{Talbot형} \quad : \; I = \frac{a}{t+b} \tag{4.2}$$

$$\text{Sherman형} \quad : \; I = \frac{a}{t^m} \tag{4.3}$$

$$\text{Japanese형} \quad : \; I = \frac{a}{\sqrt{t}+b} \tag{4.4}$$

여기서, I : 강우강도(mm/h)
t : 강우지속시간(min)
a, b, m : 확률기간 및 지역에 따라 다른 상수

4.5.2 하수관거의 종류 및 설치

하수의 배제에 사용되는 하수관거는 오수는 오수관거로 우수는 우수관거로 뷰류하여 배제하는 분류식 하수관거와 오수와 우수를 한 관에서 함께 배제시키는 합류식 하수관거가 있다. 하수관거는 지역의 특성, 방류수역의 여건 등을 고려하여 방식을 정하는데, 하수관거의 특성을 비교하면 표 4.4와 같다.

관거별 계획하수량은, 오수관거는 계획시간최대오수량을 기준으로, 우수관거는 계획 우수량으로, 합류식관거에서는 계획시간최대오수량에 계획우수량을 합한 것으로, 차집관거는 우천시 계획오수량(시간최대오수량의 3배)을 기준으로 계획한다.
또한 분류식과 합류식이 공존하는 경우에는 양 지역의 관거는 분리하여 계획하는 것이 원칙이다. 부득이 합류시킬 경우에는 분류식지역의 오수관거는 합류식지역의 우수토실보다 하류의 차집관거에 접속하여 합류관거에 접속하는 것은 피한다. 관거는 원칙적으로 암거로 하며, 수밀한 구조로 하여야 한다.

또한 관거단면, 형상 및 경사는 관거 내에 침전물이 퇴적하지 않도록 오수관거에서는 최소 0.5 m/s, 최대 3.0 m/s이고, 우수관거 및 합류관거는 최소 0.8 m/s, 최대 3.0 m/s로 한다. 일반적으로 오수관거, 우수관거 및 합류관거에서의 이상적인 유속은 1.0~1.8 m/s이다.

표 4.4 하수관거의 비교

검토사항		분류식	합류식
건설면	관로계획	우수와 오수를 별개의 관거에 배제하기 때문에 오수배제계획이 합리적이다.	우수를 신속하게 배수하기 위해서 지형조건에 적합한 관거망이 된다.
	시공	오수관거와 우수관거와의 2계통을 동일 도로에 매설하는 것은 매우 곤란하다. 오수관거에서는 소구경관거를 매설하므로 시공이 용이하지만, 관거의 경사가 급하면 매설깊이가 크게 된다.	대구경관거가 되면 좁은 도로에서의 매설에 어려움이 있다.
	건설비	오수관거와 우수관거의 2계통을 건설하는 경우는 비싸지만 오수관거만을 건설하는 경우는 가장 저렴하다.	대구경 관거가 되면 1계통으로 건설되어 오수관거와 우수관거의 2계통을 건설하는 것보다는 저렴하지만 오수관거만을 건설하는 것보다는 비싸다.
유지 관리면	관거오접	철저한 감시가 필요하다.	없음
	관거내 퇴적	관거내의 퇴적이 적다. 수세효과는 기대할 수 없다.	청천시에 수위가 낮고 유속이 적어 오물이 침전하기 쉽다. 그러나 우천시에 수세효과가 있기 때문에 관거내의 청소빈도가 적을 수 있다.
	처리장으로의 토사유입	토사의 유입이 있지만 합류식 정도는 아니다.	우천시에 처리장으로 다량의 토사가 유입하여 장기간에 걸쳐 수로바닥, 침전지 및 슬러지 소화조 등에 퇴적한다.
	관거내의 보수	오수관거에서는 소구경관거에 의한 폐쇄의 우려가 있으나 청소는 비교적 용이하다. 측구가 있는 경우는 관리에 시간이 걸리고 불충분한 경우가 많다.	폐쇄의 염려가 없다. 검사 및 수리가 비교적 용이하다. 청소에 시간이 걸린다.
	기존수로의 관리	기존의 측구를 존속할 경우는 관리자를 명확하게 할 필요가 있다. 수로부의 관리 및 미관상에 문제가 있다.	관리자가 불명확한 수로를 통폐합하고 우수배제계통을 하수도관리자가 총괄하여 관리할 수 있다.
수질 보전면	우천시의 월류	없음	일정량 이상이 되면 우천시 오수가 월류한다.
	청전시의 월류	없음	없음
	강우초기의 노면 세정수	노면의 오염물질이 포함된 세정수가 직접 하천으로 유입된다	시설의 일부를 개선 또는 개량
환경면	쓰레기등의 투기	측구가 있는 경우나 우수 관거에 개거가 있을 때는 쓰레기 등이 불법 투기되는 일이 있다.	없음
	토지이용	기존의 측구를 존속할 경우는 뚜껑의 보수가 필요하다.	기존의 측구를 폐지할 경우는 도로 폭을 유효하게 이용할 수 있다.

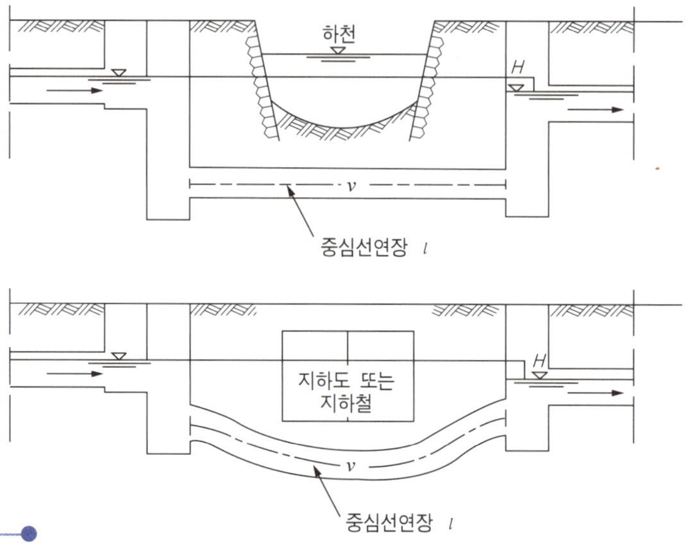

그림 4.13 역사이폰

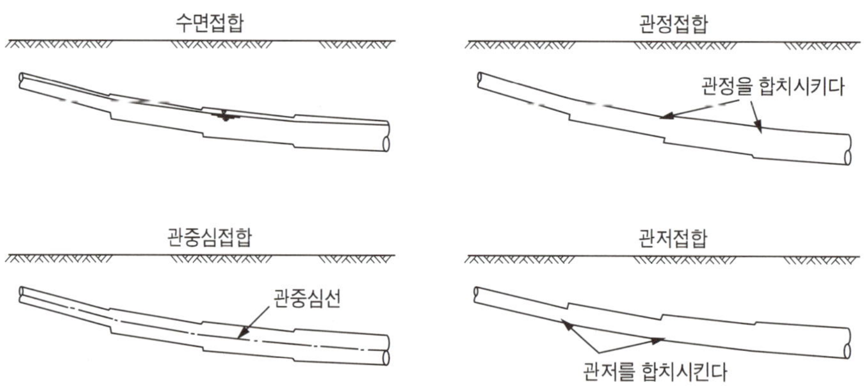

그림 4.14 하수관거의 접합

하천이나 지하철 등을 하수관거가 지나가야 할 때는, 그림 4.13과 같은 역사이폰 관거의 퇴적이 용이하므로 가능한 한 피하도록 계획한다. 오수관거와 우수관거가 교차하여 역사이펀을 피할 수 없는 경우에는 오수관거를 역사이펀으로 하는 것이 바람직하다.

관거의 관경이 변화하는 경우 또는 2개의 관거가 합류하는 경우의 접합방법은 원칙적으로 수면접합 또는 관정접합으로 하며 현재는 그림 4.14와 같이 분류한다.

4.6 하수펌프장

펌프장은 지형적인 자연경사에 의해 하수를 유하시키기가 곤란한 경우, 관거의 매설깊이가 현저히 깊어져 우수를 공공수역으로 자연방류가 곤란한 경우 또는 처리장에서 자연유하에 의해 처리할 수 없는 경우에 설치하는 양수시설이며, 가능한 한 간이시설로 한다. 펌프장은 용도에 따라 빗물펌프장, 중계펌프장과 처리장내 펌프장으로 구분된다.

여기서, 빗물펌프장은 우천시에 지반이 낮은 지역에서는 자연유하에 의해 우수를 배제할 수 없으므로 배수구역 내의 우수를 방류지역으로 배제할 수 있도록 설치하는 펌프장이며, 중계펌프장은 관로가 길 경우 관거의 매설깊이가 깊어져 비경제적으로 되는 경우 유입구역의 오수를 다음의 펌프장 또는 처리장으로 수송하는 목적을 가진 펌프장이며, 처리장내 펌프장은 유입하수를 자연유하로 처리하여 항상 하천이나 해역으로 방류시킬 수 있도록 설치한 펌프장이다.

각각의 펌프장 시설의 계획하수량은 표 4.5와 같다.

표 4.5 펌프장 시설의 계획하수량

하수배제방식	펌프장의 종류	계획 하수량
분 류 식	중계펌프장 처리장내 펌프장	계획시간최대오수량
	빗물펌프장	계획우수량
합 류 식	중계펌프장 처리장내 펌프장	우천시 계획오수량
	빗물펌프장	계획하수량－우천시 계획오수량

4.7 하수처리

4.7.1 하수처리 개요

하수처리장의 주요시설의 계획하수량은 1차처리, 2차처리 및 고도처리의 각 시설에 대하여 표 4.6을 표준으로 한다. 유입되는 하수의 수량과 수질변동에 대처하기 위해서 필요에 따라 유량조정조를 설치한다. 일반적인 하수처리장의 계통도는 그림 4.15와 같다.

표 4.6 각 시설의 계획하수량

구 분		계획하수량	
		분류식 하수도	합류식 하수도
1차침전지	처리시설(소독시설포함)	계획1일 최대오수량	계획1일 최대오수량
	처리장내 연결관거	계획시간 최대오수량	우천시 계획오수량
2차처리	처리시설	계획1일 최대오수량	계획1일 최대오수량
	처리장내 연결관거	계획시간 최대오수량	계획시간 최대오수량
고도처리	처리시설	계획1일 최대오수량	계획 1일 최대오수량
	처리장내 연결관거	계획시간 최대오수량	계획시간 최대오수량

각 처리조의 역할을 보면 다음과 같다. 스크린은 폐수 내의 큰 물체를 스크린으로 거르고, 침사지는 모래와 더러운 덩어리의 혼합체인 그릿을 침전 제거시킨다. 일차침전지는 폐수 내의 침전 가능한 고형물질을 침전 제거시키고, 이 때 고형물질 내에 포함된 BOD는 함께 제거된다. 따라서 BOD와 SS가 각각 제거된다.

포기조에서는 일차침전지에서 침전되지 않는 유기물질을 미생물의 세포로 합성하며 합성된 미생물이 잘 침전될 수 있도록 한다. 이차침전지 혹은 최종침전지는 포기조에서 합성된 미생물을 침전 제거시킨다. 소독과정은 주로 염소에 의해서 행해진다.

일차슬러지는 일차침전지에서 침전된 슬러지를 말하며 대체로 2~7%의 고형물질을 포함하고 있으며 평균 4%이다. 따라서 농축조에서 농축시킬 필요성이 없으므로 소화조로 유입된다. 반송슬러지는 이차침전지 내에 침전된 슬러지의 양을 내호흡에 의하여 감소시키고, 포기조에서 충분한 미생물을 확보시키기 위하여 포기조로 반송된다. 이차침전지에 침전된 슬러지를 이차슬러지라고 부르며 침전된 농도는 10,000 mg/L 즉 1%의 고형물질이다. 따라서 반송되지 않는 슬러지는 농축시키게 된다. 농축조에서는 포기조에서 폐기되는 이차슬러지같은 저농도의 슬러지를 농축시켜서 약 3%의 농도로 만들어 폐기시킬 슬러지의 양을 감소시키기 위해 설치되며 또한 소화조의 용적을 감소시켜 주기 위함이다. 소규모처리장에서는 소화시키지 않고 농축된 슬러지를 직접 건조상으로 보내는 경우도 있으며 또한 연소방법에 의하여 처리하는 경우에는 농축된 슬러지를 직접 연소시키기도 한다.

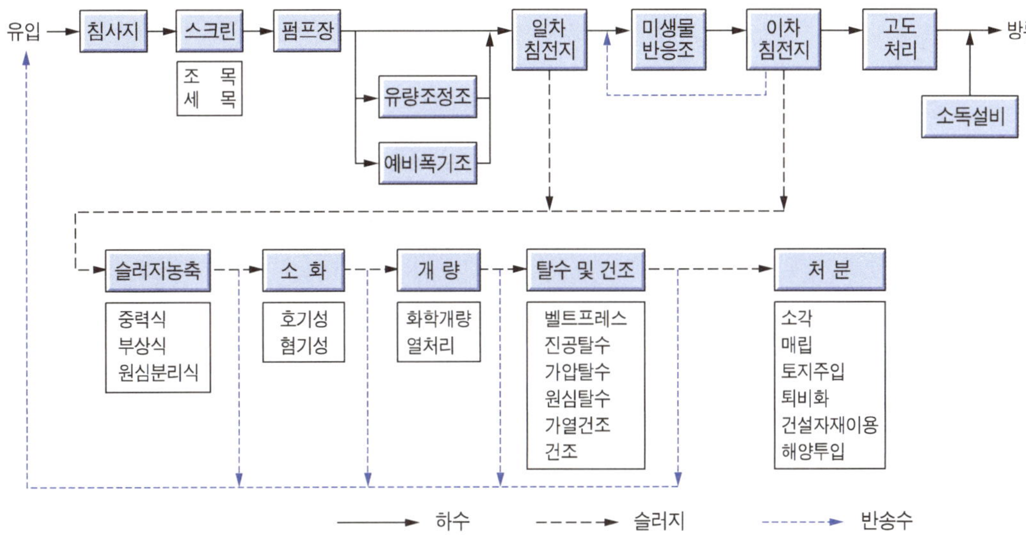

그림 4.15 일반적인 하수처리의 계통도

안정화공정 중 소화조는 슬러지를 분해시켜 폐기시킬 슬러지 양을 감소시킴을 목적으로 한다. 농축조의 상징액과 소화조의 상징액은 BOD가 높기 때문에 다시 폐수처리시설로 반송시켜서 재처리되고 소화조에서 생산된 슬러지만 처리된다.

슬러지 개량은, 소화조에서 생산된 슬러지 내에는 고형물질이 약 12%, 평균 10%로 그대로 탈수시키기는 매우 힘들다. 따라서 $FeCl_3$라든가 혹은 기타 응집제를 가하여 탈수가 잘 되도록 슬러지의 성질을 개량시킨다. 탈수공정은 개량된 슬러지를 탈수시켜서 최종처분되는 슬러지 양을 감소시킨다. 탈수 케잌의 고형물질 농도는 약 15~40%이다. 건조공정은 탈수된 슬러지를 최종 처리 전에 건조시킨다.

4.7.2 예비처리

침사지는 일반적으로 하수중의 직경 0.2 mm 이상의 비부패성 무기물 및 입자가 큰 부유물을 제거하여 방류수역의 오염 및 토사의 침전을 방지하고 또한 펌프 및 처리시설의 파손이나 폐쇄를 방지하여 처리작업을 원활히 하도록 펌프 및 처리시설의 앞에 설치한다. 침사지는 중력에 의하여 토사가 제거되는 중력식 침사지와 포기에 의하여 토사에 붙은 유기물질을 제거하는 포기식 침사지가 있다.

일반적으로 중력식 침사지의 형상은 직사각형이나 정사각형 등으로 하고, 수리 및 청소 등을 고려하여 지수는 2지 이상으로 하는 것을 원칙으로 하며, 그림 4.16과 같다. 침사지의 수평부분의 평균유속은 0.3 m/초를 표준으로 하는데, 이는 침전이 된 토사가 다시 부유되지 않게 하기 위한 소류속도 이하의 수평유속이 필요하기 때문이다. 체류시간은 30~60초를 표준으로 한다. 침사지의 표면부하율은 오수침사지의 경우 1,800 m^3/m^2·일 정도로 하고, 우수침사지의 경우 3,600 m^3/m^2·일 정도로 한다.

하수에 포함된 헝겊, 나뭇잎 등이 펌프를 막거나 후속 하수처리시설에 사영역(dead zone) 등을 형성시켜 효율을 감소시키는 것을 방지하기 위하여 그림 4.17과 같이 스크린(screen)을 설치한다. 침사지 앞에는 조목스크린, 침사지 뒤에는 세목스크린을 설치하는 것을 원칙으로 하며, 스컴이 다량 발생하는 경우는 미세목스크린을 추가로 설치한다.

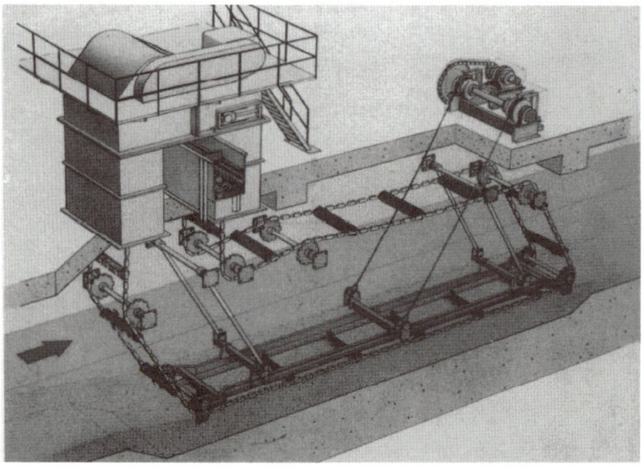

그림 4.16 침사지

그림 4.17 스크린

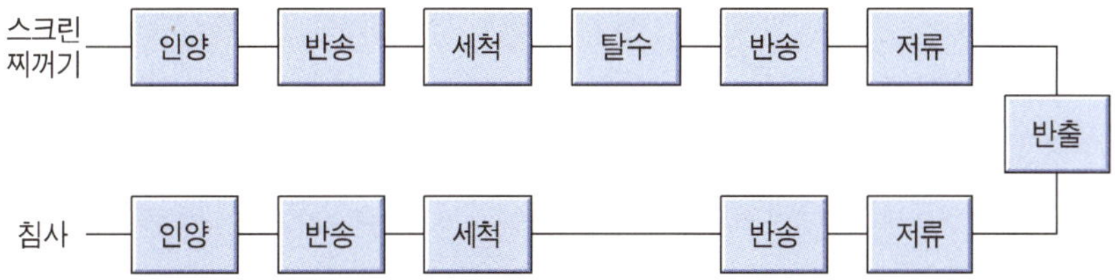

그림 4.18 침사 및 스크린 찌꺼기의 처리 흐름도

찌꺼기 제거장치는 오수용 및 우수용으로 구분하며, 찌꺼기의 양 및 성상 등에 따라 적절한 방식을 사용한다. 침사지에서 발생하는 그릿이나 스크린 찌꺼기의 처리의 흐름도는 그림 4.18과 같다.

파쇄장치는 고형물을 세단해서 유하시키는 장치로서 일차적으로 스크린에서 걸러진 하수 중의 부유 고형물질을 5~10 mm 크기로 분쇄하는 장치이다. 파쇄장치의 계획하수량은 계획시간최대오수량으로 하며, 파쇄장치의 위치는 그림 4.19와 같이 침사지 하류측 및 펌프설비 상류측에 설치하는 것을 원칙으로 한다. 또한 파쇄장치는 고장 및 수선에 대비하여 반드시 스크린이 설치된 측관(bypass line)을 설치하여야 한다.

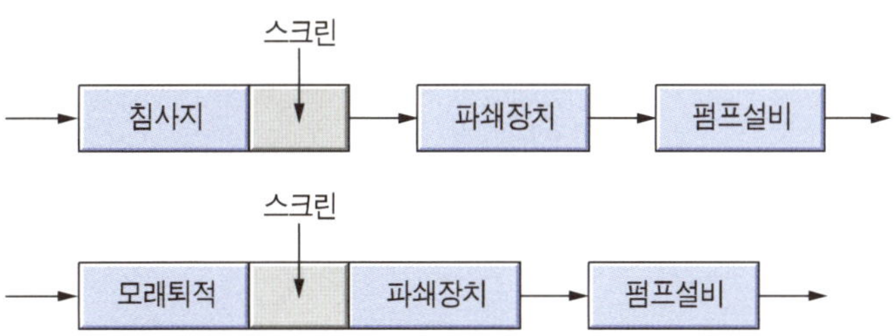

그림 4.19 파쇄장치의 배치도

4.7.3 일차침전지

일차침전지는 침전 가능한 유기물질을 제거하여 후속되는 생물학적처리의 오염물질 부하를 줄이기 위하여 둔다. 일차침전지의 형상은 원형, 직사각형 또는 정사각형으로 한다. 직사각형의 경우는 길이와 폭의 비는 3 : 1~5 : 1 정도로 하고, 폭과 깊이의 비는 1 : 1~2.25 : 1 정도로 하며, 침전지 지수는 최소한 2지 이상으로 한다.

슬러지 제거기를 설치하는 경우의 침전지 바닥 기울기는 직사각형에서는 1/100~1/50으로, 원형 및 정사각형에서는 1/20~1/10으로 한다. 표면부하율은 계획1일최대오수량에 대하여 분류식은 35~70 m^3/m^2·일, 합류식은 25~50 m^3/m^2·일로 하며, 유효수심은 2.5~4 m가 표준이다. 침전시간은 계획1일최대오수량에 대하여 표면부하율과 유효수심을 고려하여 정하며, 일반적으로 2~4시간으로 한다. 침전지 수면의 여유고는 40~60 cm 정도로 하고, 유출수 내에 포함되는 부유물질과 스컴 제거를 제거하기 위하여, 월류웨어(overflow weir)와 스컴저류판(scum baffle)을 설치한다.
침전지에서 발생되는 스컴과 슬러지 배출설비는 그림 4.20과 같다.

그림 4.21과 같은 이차침전지는 생물학적 처리장치중 활성슬러지공정의 포기조의 미생물을 침전시켜 깨끗한 상징액을 얻기 위하여 설치되며 표면부하율은 계획1일최대오수량에 대하여 20~30 m^3/m^2·일로 하고 고형물부하율은 45~125 kg/m^3·일로 하며, 침전시간은 계획1일최대오수량에 따라 정하며, 일반적으로 3~5시간으로 한다. 기타 사항은 일차 침전지에 준한다.

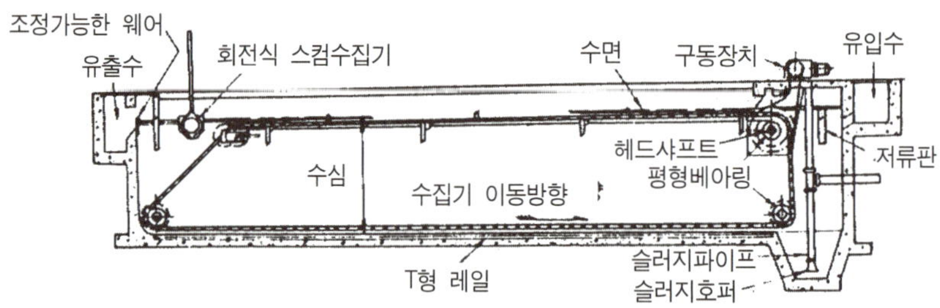

그림 4.20 스컴제거장치가 포함된 콘베이어 슬러지제거기

그림 4.21 최종 침전지

4.7.4 활성슬러지

하수처리에 많이 사용되는 호기성 생물학적 처리공정의 대표공정인 활성슬러지공법은 1914년 영국의 Arden과 Lockett에 의해 개발된 방법으로서 하수 내의 유기물질 제거에 대표적인 공정이며 최근에는 여러 가지 변법들이 영양소제거공정으로 사용되고 있다.

활성슬러지에 의한 유기물 제거 메커니즘은 3단계로 구분된다. 첫째는 하수와 활성슬러지가 접촉하여 생물흡착에 의한 제거이다. 유기물질은 박테리아의 표면에 흡착된다. 흡착된 유기물 중 용해성 저분자 유기물질은 박테리아의 체내로 섭취되지만 부유성인 고분자유기물질은 균의 체외효소에 의해 저분자화 된 후 균체로 섭취된다. 균체 내에 섭취된 유기물의 일부는 가수분해효소에 의해 산화 분해하여 무기물로 되는데, 이 반응식은 다음과 같다.

$$C_xH_yO_z + \left(x + \frac{y}{4} - \frac{z}{2}\right)O_2 \rightarrow xCO_2 + \frac{y}{2}H_2O + \Delta\text{energy} \tag{4.5}$$

이 반응에 의해 생성된 에너지는 미생물이 활동하기 위한 에너지와 세포 합성을 위한 에너지로 사용된다.

두 번째는 활성슬러지의 증식에 따른 제거이다. 일부 유기물질은 새로운 세포를 합성하기 위하여 식 (4.6)과 같이 사용된다.

$$\begin{aligned} n(C_xH_yO_z) + nNH_3 + n\left(x + \frac{y}{4} - \frac{z}{2} - 5\right)O_2 + \Delta\text{energy} \rightarrow \\ n(C_5H_7O_2N) + n(x-5)CO_2 + \frac{n}{2}(y-4)H_2O \end{aligned} \tag{4.6}$$

세포합성 반응에 의하여 유입된 유기물의 대부분은 제거되나 폭기조의 체류시간 내에 미생물의 표면에 흡착되지 않은 유기물은 그대로 방류수 중에 남게 된다.

세 번째는 미생물의 내호흡에 의한 세포물질 산화에 따른 제거이다. 미생물은 증식하면서도 일부는 자기산화에 의해 산화분해 되는데, 이 반응을 식으로 나타내면 식 (4.7)과 같다.

$$n(C_5H_7O_2N) + 5nO_2 \rightarrow 5nCO_2 + 2nH_2O + nNH_3 + \Delta\text{energy} \tag{4.7}$$

이와 같은 처리과정의 대사를 활성슬러지법의 처리원리에 의하여 나타내면 그림 4.22와 같다.

그림 4.23은 활성슬러지 포기조의 모습이다.

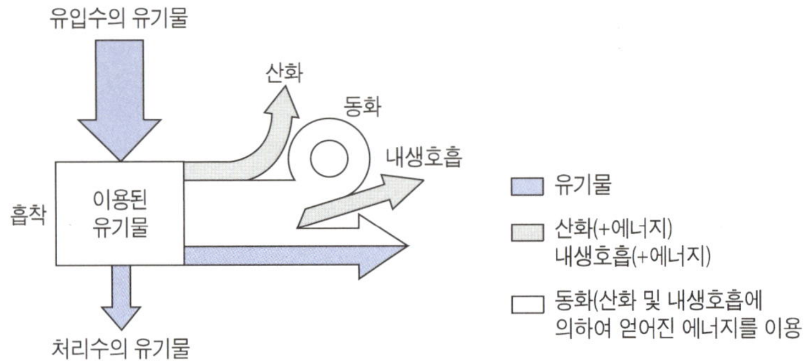

그림 4.22 활성슬러지에 의한 호기성처리에서의 물질수지

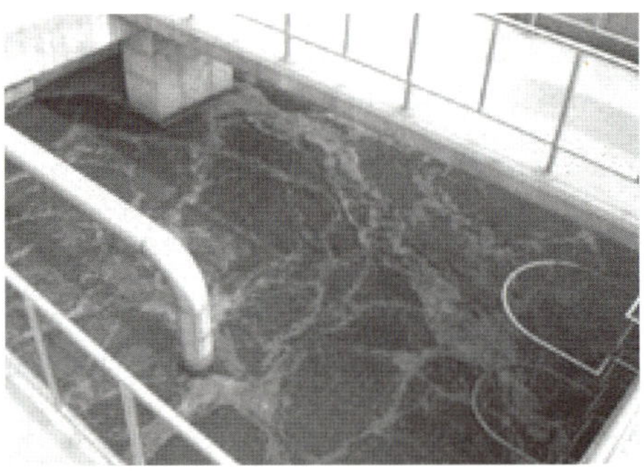

그림 4.23 활성슬러지 포기조

4.8 하수처리의 재이용

최근에 물의 재이용에 대한 관심이 늘어나면서 하수처리장의 처리수를 수자원의 관점에서 취급하는 경향이 늘어나고 있다. 최근에는 물의 효율적인 이용을 위하여 일정 규모 이상의 시설물을 신설이나 개축할 경우 물 사용수량의 10% 이상을 재이용할 수 있는 중수도를 설치하게 되어 있다. 하수처리수의 재이용 계획시에는 물의 수급 및 처리수의 사용대상 등을 충분히 고려하여야 하며 그림 4.24와 같이 이용계획을 세울

수도 있다. 또한 하수처리장의 처리수를 중수로서 사용할 때의 용도별 목표수질특성은 표 4.7과 같다.

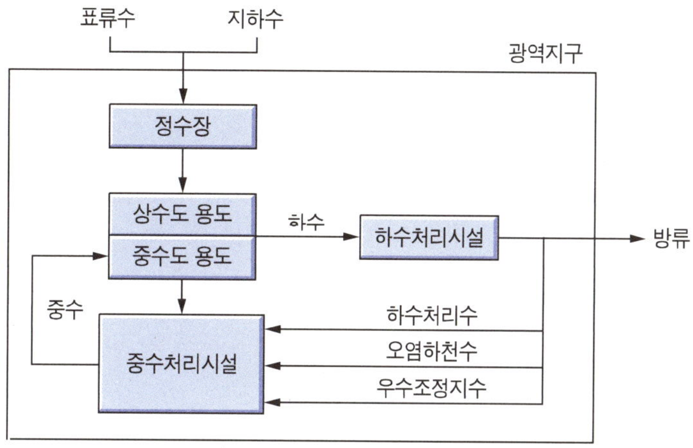

그림 4.24 하수처리수의 중수로서의 이용방식의 예(공공이용방식)

표 4.7 처리수를 중수로서 사용할 때의 용도별 목표수질

항 목	수세식화장실 용수	살수용수	조경용수	세차 · 청소용수
대장균군수	불검출/100mL	불검출/100mL	불검출/100mL	불검출/100mL
잔류염소(결합)	0.2mg/L 이상일 것	0.2mg/L 이상일 것	-	0.2mg/L 이상일 것
외관	이용자가 불쾌감을 느끼지 아니할 것	이용자가 불쾌감을 느끼지 아니할 것	이용자가 불쾌감을 느끼지 아니할 것	이용자가 불쾌감을 느끼지 아니할 것
탁도	2NTU를 넘지 아니할 것	2NTU를 넘지 아니할 것	2NTU를 넘지 아니할 것	2NTU를 넘지 아니할 것
생물화학적산소요구량(BOD)	10mg/L를 넘지 아니할 것	10mg/L를 넘지 아니할 것	10mg/L를 넘지 아니할 것	10mg/L를 넘지 아니할 것
냄새	불쾌한 냄새가 나지 아니할 것	불쾌한 냄새가 나지 아니할 것	불쾌한 냄새가 나지 아니할 것	불쾌한 냄새가 나지 아니할 것
pH	5.8～8.5	5.8～8.5	5.8～8.5	5.8～8.5
색도	20도를 넘지 아니할 것			20도를 넘지 아니할 것
화학적산소요구량(CODMN)	20mg/L를 넘지 아니할 것	20mg/L를 넘지 아니할 것	20mg/L를 넘지 아니할 것	20mg/L를 넘지 아니할 것

(자료 : 하수처리장재이용가이드북, 환경부, 2009.10)

4.9 슬러지처리, 처분 및 재이용

슬러지처리의 목적은 슬러지를 생화학적으로 안정화시키고, 위생적으로 안정화 시키며, 부피를 감량화하고, 처분을 명확하게 하기 위한 것이다. 슬러지처리 공정으로는 농축, 소화, 탈수, 건조, 소각, 발효 등이 있다.

슬러지의 처분은 슬러지의 최종적인 처리방안을 말하며 매립, 퇴비화, 해양투기, 토지주입, 소각탄의 재이용 등이 있으며, 그림 4.25와 같은 흐름도에 의하여 시행된다. 슬러지의 재이용 방안으로는 산림이나 농지에 퇴비화와 비료화를 통해 이용하는 방안과 매립복토재, 토양개량제, 경량골재, 벽돌, 타일 등의 건설자재로 이용하는 방안이 있으며, 슬러지 처리과정에서 나오는 에너지원을 이용하여 발전, 가온용연료, 지역난방 등으로 재활용하기도 한다.

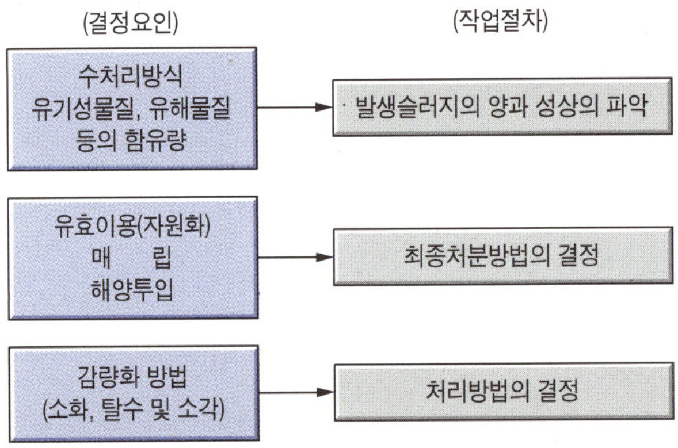

그림 4.25 슬러지처리 및 처분의 흐름도

4.10 합류식하수도의 우천시 방류부하량 저감

최근에 하수관거 정비사업과 함께 관심을 끌고 있는 것이 우수기에 합류식 하수관거 월류수의 처리이다. 우천시 하수처리장으로 보내지는 유량은 계획1일 최대오수량의 3배만을 보내고 나머지는 하천으로 방류하기 때문이다. 공공용수역의 수질보전을 위하여 우천시 방류 부하량은 최소한 분류식 하수도로 바꾼 경우에 배출시키는 년간 BOD방류부하량 이하로 저감시켜야 한다.

우천시 방류부하량의 저감계획으로는 첫 번째는 차집관거의 용량을 청천시 계획시간 최대 오수량에 차집우수량(2 mm/시간)을 더한 양으로 증대시키는 방안이 있다. 두 번째는 우수체수지를 우수토실, 펌프장 및 처리장주변에 설치하여, 청천시 처리하여 우수토실 등에서 배출하는 방법이 있다. 이 경우는 침수되지 않도록 설계되어야 한다. 세 번째는 비교적 소규모에 적합하지만 스월조절조 등을 오수유입 지점과 방류지점과의 충분한 수위차를 확보할 수 있는 지점에 설치하여 저류, 유량조정, 침전성물질의 농축, 수면 부상성물질의 제거 등의 기능을 통하여 방류부하량을 감소시키고, 우수토실의 유출량을 컴퓨터를 이용하여 실시간 제어하는 방안 등이 검토될 수 있다.

4.11 에너지 자립형 하수처리장

하수처리장 처리 개념에서 에너지 및 자원을 생산하는 플랜트의 개념으로 전환한다. 차세대 하수처리장은 하수와 슬러지가 가진 유·무기성 성분들을 이용하여 에너지 생산, 재생가능 자원 순환, 처리수 재이용, 에너지 사용량 저감 등 포함된 통합 에너지 플랜트 시스템화 하는 것이다. 에너지 생산형 하·폐수처리장 실용화는 슬러지 및 유기성 폐기물(음식물쓰레기, 정화조폐액, 축산폐수 등)을 이용한 바이오가스(H_2, CH_4) 플랜트 시스템 개발(수소/메탄 동시생산의 Hytane 공정 포함), 바이오가스를 이용한 연료전지(Fuel Cell) 발전 플랜트 시스템과 슬러지 탈수케이크(Biomass)의 연료화 펠렛 생산 기술 상용화 시스템 개발, 하수에 전기활성 박테리아 융합공정(EFP, electrical active bacteria fusion process)을 적용한 전기에너지 생산 및 슬러지 발생량 저감 플랜트 시스템 개발, 하수처리시설의 부지를 이용하여 태양광 발전 플랜트 시스템 개발, 하수처리시설 방류수를 이용한 소수력발전 시스템 개발 등이 있다.

Chapter

5

대기오염

대기오염이란 대기 중에 인위적으로 배출된 오염물질이 여러 사람에게 불쾌감을 조성하거나 해당지역에 공중보건상 위해를 끼치고, 인간이나 동·식물에 악영향을 미치어 생활뿐만 아니라 재산상의 피해를 볼 때를 말한다(대기환경보전법). 오늘날의 대기오염은 우리에게 문명의 혜택을 제공하는 필수시설들 즉, 정유공장, 보일러, 발전소, 자동차 등 모든 부분에서 발생하며, 이들 시설에서 사용하는 연료와 직접적으로 관계가 있다. 대기오염에 의한 피해는 수세기 전부터 있었으나 산업혁명 이전까지만 해도 단지 지역적인 관심사에 지나지 않았다. 그러나 산업혁명 이후 산업의 발달로 에너지 사용량이 급격하게 증가함에 따라 인위적으로 배출되는 대기오염물질의 양이 많아졌을 뿐만 아니라 종류도 다양해졌다. 이로 인해 대기오염은 심각한 사회문제로 대두되었으며, 20세기에 들어서면서 고도의 산업화와 과학발전으로 지구의 대기환경은 커다란 변화를 보이고 있다. 이러한 대기환경의 변화는 지구 온난화, 오존층 파괴, 산성비 등 전 지구적 규모로 많은 문제와 부작용을 일으키고 있다. 1800년 대 초반 이후 세계 인구는 양적으로 10배 정도 증가하였으나, 에너지 소비량은 100배 정도 증가했다. 특히 세계 곳곳의 산업화된 도시에서는 평균 이상의 증가가 이루어지고 있다. 따라서 최근에 대기오염이 국제적 관심사가 되었다는 점은 지극히 당연한 것이다.

우리나라에서는 대기환경보전법을 제정한 목적에서 「이 법은 대기오염으로 인한 국민 건강 및 환경상의 위해를 예방하고 대기환경을 적정하게 관리, 보전함으로써 모든 국민이 건강하고 쾌적한 환경에서 생활할 수 있게 함을 목적으로 한다.」라고 명시하고 있어 대기오염이 국민 건강이나 환경상에 위해를 줄 수 있기 때문에, 인간이 건강하고 쾌적한 환경에서 생활할 수 있게 하기 위해서는 대기오염을 예방하고 대기환경을 관리, 보전할 필요가 있음을 나타내고 있다.

본 장에서는 다양한 대기환경 문제에 관한 기초적인 이해를 위해 대기의 조성 및 구조, 역사적 대기오염 사건, 대기오염 물질의 종류, 영향 및 지구 환경 규모의 대기오염 등에 관해 설명하고자 한다.

5.1 대기

5.1.1 대기권의 분류

대기권은 고도에 따른 온도분포에 따라 대류권, 성층권, 중간권, 열권 등으로 구분한다(그림 5.1).

1) 대류권(Troposphere) : 생명체와 날씨가 존재하는 층

지구 대기의 약 75%는 대기권의 가장 아래층인 대류권(troposphere)에 밀집되어 있다. 대류권의 높이는 평균 12 km로 적도지방에서는 16~17 km, 중위도 지방 10~12 km, 극지방 6~7 km 정도로 더운 지방, 더운 때일수록 높아진다. 기온감률은 0.65℃/100m로 상부가 하부보다 기온이 낮아 밀도가 크기 때문에 대류현상이 나타난다. 또한 공기의 대류과정에서 수증기의 운반으로 구름이 생성되고 여러 가지 기상 현상이 나타난다.

2) 성층권(Stratosphere) : 지구의 둥근 햇볕가리개

대류권계면은 대류권의 끝과 지구표면에서부터 약 17~48 km에 걸쳐져 있는 대기의 두 번째 층인 성층권(stratosphere)의 시작점에 위치하고 있다. 성층권은 대류권보다 물질량이 적기는 하지만 그 구성성분은 두 가지 예외를 제외하고는 유사하다. 즉, 수증기의 부피가 약 1,000배 가량 적고, 오존(O_3)은 약 1,000배 가량 많다.
성층권 오존은 산소분자가 태양에서 방출되는 자외선과 반응하여 생성된다. 오존은 끊임없이 생성되고 파괴되지만, 그 비율이 같아서 성층권에서 오존의 평균농도는 일정하게 유지된다(농도는 고도와 지역에 따라 변하기는 하지만). 성층권 오존은 지표면에 도달하기 전 태양의 유해한 자외선 복사(특히 UV-B)의 약 99%를 흡수한다. 이러한 여과작용으로 태양광선에 의한 인간의 피부와 눈의 암, 백내장 그리고 면역체계의 피해 등을 막아주며, 식물, 수생 유기물 그리고 다른 육지 동물의 피해도 예방한다. 더욱이 자외선 복사가 대류권에 도달하기 전에 막아줌으로써, 성층권의 오존은 대류권의 산소가 오존으로 전환되지 않도록 한다.

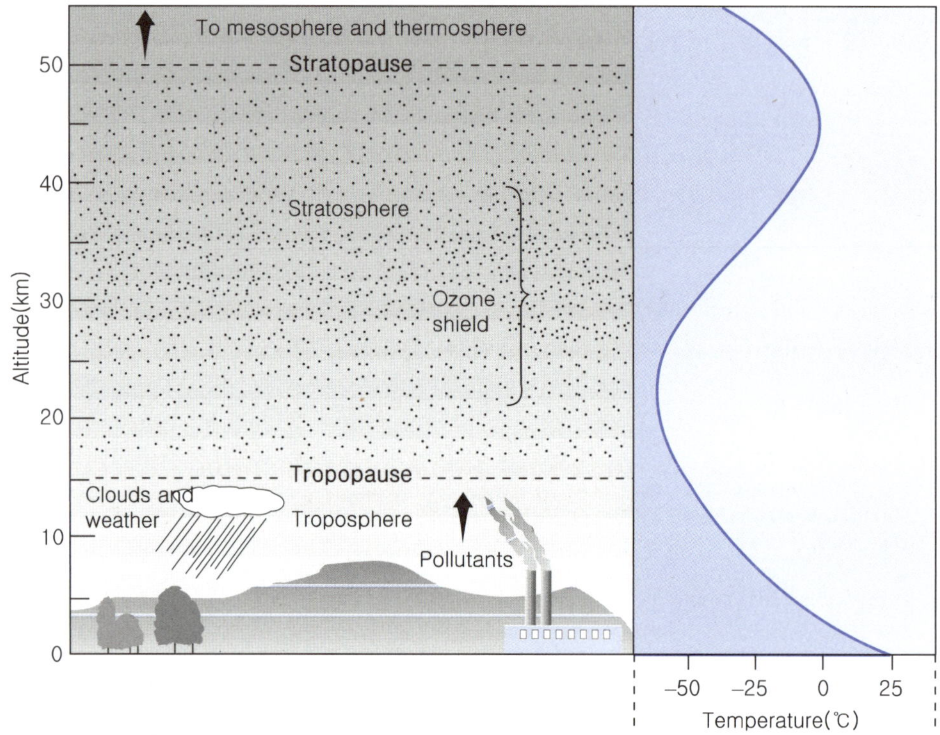

그림 5.1 대기권의 층상구조

3) 중간권(Mesosphere)

고도 50~80 km의 층으로 높이 올라갈수록 온도가 감소하여 고도 80 km 부근의 대기권 중에서 최저온도가 나타나며 이때 기온은 약 −100℃이다. 상부의 기온이 낮으므로 대류 현상이 나타나지만 수분이 거의 없어 기상현상은 나타나지 않는다.

4) 열권(Thermosphere)

중간권계면 이상의 고층 대기권으로 고도 80 km 이상을 열권이라고 하며 고도에 따라 온도는 다시 상승한다. 온도가 상승하는 이유는 질소나 산소가 빛을 받아 전리될 때 파장 0.1 μm 이하의 자외선을 흡수하기 때문이며, 흡수되는 에너지는 많지 않지만 대기의 밀도가 매우 낮아서 열용량이 작기 때문에 온도는 매우 높게 나타나며, 밤과 낮의 기온차가 현저하다. 강한 자외선에 의해 공기 분자가 이온화되어 있으며, 이온과 자유 전자들이 분포하고 있어 전리층(ionsphere)이 존재한다. 또한 극광(오로라) 현상이나 유성이 발생한다.

5.1.2 대류권의 기체 조성

대류권을 구성하고 있는 기체는 질소, 산소 등의 혼합가스로 되어 있는 공기층으로 대기라 말한다. 대기는 일반적으로 78%의 질소(N_2)와 21%의 산소(O_2), 0.9%의 아르곤과 약 0.1%의 미량성분(이산화탄소, 수증기 등)으로 구성되어 있다. 우리가 살고 있는 지표면 부근의 청정공기는 표 5.1과 같은 공기조성을 갖는다.

표 5.1 대기의 구성성분

성 분	부피농도	성 분	부피농도
N_2	78.09%	Xe	0.08 ppm
O_2	20.94%	H_2	0.55 ppm
Ar	0.93%	CH_4	1.5 ppm
CO_2	0.035%	CO	0.06~0.2 ppm
Ne	18.1 ppm	N_2O	0.33 ppm
He	5.2 ppm	H_2O	0~4 ppm
Kr	1.1 ppm	O_3	0~0.07 ppm (지표면)
			0.1~0.2 ppm (오존층)

* 평균분자량 : 28.84, 밀도 : 1.293 g/L(0℃, 1기압), 건조공기의 총량 : 51.17×10^{20} g

대기의 대부분은 중력 작용에 의해 지구 가까이에 위치하고 있으며, 지구에서 멀어지면 밀도는 점점 낮아지는데 16 km 이내에 전체 대기의 90%가, 30 km 이내에 99%가 모여 있다. 또한 대기는 조성에 따라 균질권(homosphere)과 비균질권(heterosphere)으로 나누어지며 지면으로부터 80~90 km의 고도까지, 즉 대류권, 성층권, 중간권을 포함한 영역을 '균질권'이라 하며, 이 영역은 공기의 밀도가 높아 충돌과 혼합작용으로 균질하게 잘 섞여 있어 구성 성분의 비율이 거의 일정하다. 균일(기)권, 등질권이라고도 한다. 이 영역에서는 대기 주성분의 조성이 거의 일정하기 때문에 이와 같이 불리고 있다.

공기의 밀도는 상층으로 갈수록 줄어들지만 구성비는 일정하게 유지되므로 평균분자량이 28.97로 거의 비슷하게 나타나게 된다. 이 층을 이루는 기체는 질소와 산소가 99%를 차지하며, 미량의 아르곤과 이산화탄소가 있다. 그러나 이산화탄소와 그 외의 미량 원소인 수증기, 오존은 지역과 시간에 따라 상당한 변동이 있다.

5.1.3 대류권에서의 기온역전 현상

공장 굴뚝이나 자동차에서 발생된 대기오염물질은 기상이나 지형조건에 의해 다른 지역으로 이동, 확산되거나 한 지역에 농축된다. 대기권 중 가장 아래층인 대류권은 기상현상이 존재하며 위로 올라갈수록 온도가 낮아지는 것이 특징인데, 대략 100 m 올라갈 때마다 기온은 약 0.65℃낮아진다. 이러한 대류권 안에서는 찬 공기에 비해 상대적으로 가벼운 따뜻한 공기는 위로 상승하고 차가운 공기는 아래로 이동하는 대류운동이 일어나게 되는데, 이 대류 운동에 의해 대기오염물질이 대류권에 확산된다. 그러나 반대로 아래층 대기온도보다 위층의 대기 온도가 높다면 아래층 대기는 위로 상승하지 못하고 정체되게 된다. 이러한 대기 상태는 공기의 안정도에 의해 검토되어지는데, 전자의 경우를 불안정대기층(unstable air layer)라 부르며 후자의 경우를 안정대기층(stable airy layer)라 부른다. 대류권에서 대기의 안정도가 매우 커서 공기가 잘 섞이지 않는 상태를 '기온역전(air temperature inversion) 현상'이라 하며, 기온역전상태로 되어 있는 대기층을 기온 역전층이라 한다.

기온역전현상은 한낮에 지표면온도가 대기온도보다 높아졌다가 밤이 되면 지표면은 빨리 식어서 대기온도가 낮아지게 되어 발생하는데, 이 현상은 새벽까지 계속되다가 지표면이 햇빛을 받아 더워지기 시작하면 해소된다. 이러한 기온역전현상은 일교차가 큰 계절이나, 지표가 눈으로 덮이는 겨울, 호수나 댐 주변 등에서 많이 발생한다. 또한 역전층 상황에서는 지표의 기온이 낮기 때문에 공기 중의 수증기가 응결하여 안개가 형성되는데, 여기에 오염물질이 많이 포함되어 있으면 스모그가 된다. 안개는 해가 뜨면 태양의 복사열로 지표가 데워지면서 곧 사라지지만, 스모그는 오염물질이 포함되어 있어 오래 지속되기도 한다.

기온역전현상에 의한 대기오염의 위험성은 계곡이나 분지에 자리 잡은 도시에서 많이 나타나는데 이러한 현상이 오래 지속되면 오염물질의 농도가 치명적인 수준으로 축적되어 매우 위험하게 된다. 대표적인 기온역전현상에 의해 발생한 대기오염사고는 런던스모그인데, 1952년 12월 4일 아침기온은 영상 4℃정도로 안개가 낀 전형적인 겨울 날씨였다. 오후가 되자 기상변화가 일어나기 시작하여 템즈강변을 따라 차가운 대기가 지표면을 덮고 움직이지 않았다. 이때 기온역전현상이 발생하였으며 추워지는 날씨를 극복하기 위하여 모든 가정에서 난방용으로 사용한 석탄의 연소가스에는 일산화탄소와 아황산가스가 포함되어 있었기 때문에 매우 유독한 물질의 스모그였다. 그 당시 런던 전 지역은 스모그 속에 묻혀 버렸으며 한치 앞을 볼 수 없을 정도의 시정거리에서 교통은 아수라장이 되었고, 급기야는 차를 방치한 채 걸어서 집으로 갈 수 밖에 없었다. 밤이 되자 기온은 차츰 영하로 떨어지기 시작했고, 습도는 100%에 도달했다. 가정에서는 계속해서 난방용 석탄을 연소시켰으며 이러한 사태가 5일 동안 계속되었다가 8일 밤에 남풍이 불기 시작하여 9일 아침에야 스모그가 걷히고 모처럼 쾌청한 아침을 맞을 수 있었다. 5일 동안의 스모그 피해는 엄청나서 4,000여명이 목숨을 잃었으며, 다음 달까지 스모그 후유증으로 사망한 인명피해는 8,000여명이었다.

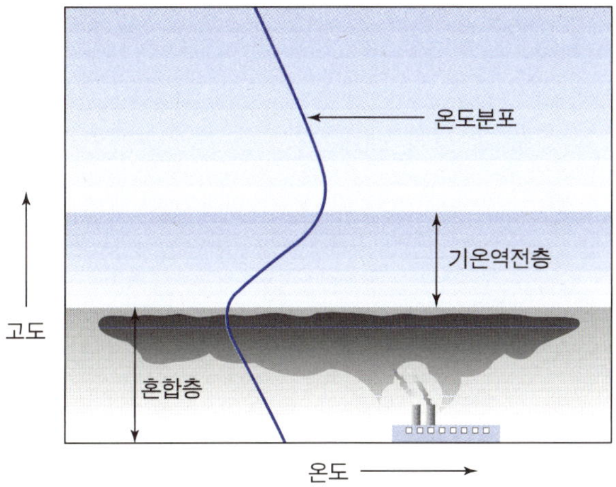

그림 5.2 기온역전과 연기분산형태

5.2 대기오염

5.2.1 대기오염물질의 종류 및 영향

대기오염물질이라 함은 대기오염의 원인이 되는 가스상, 입자상 물질 또는 악취 물질로서 크게 자연오염 물질과 인공오염 물질로 분류할 수 있다. 자연오염 물질이란 황사, 화산 폭발로 발생되는 물질, 사막의 모래 등이 대기 중에 부유하는 것을 말하며, 이것은 인간에 피해도 적고 인간이 관리하기도 불가능하므로 일반적으로 대기오염물질에서 제외한다. 인공오염 물질은 크게 1차 오염 물질과 2차 오염 물질로 분류하는

데, 2차 오염 물질은 대기 중에 배출된 오염 물질이 태양 에너지에 의한 광화학적 반응 등에 의하여 생성되는 것을 말한다. 대기오염은 인간 동·식물, 그리고 물질과 구조물에 영향을 주고 가시도 감소, 광화학 스모그 발생, 최근에 논란이 되고 있는 오존층 파괴, 지구 온난화 현상 등을 야기한다. 이런 오염물질의 종류와 영향을 살펴보면 다음과 같다.

1) 입자상 물질 및 중금속

① 입자상 물질

대기오염 물질인 입자상 물질은 부유물질, 고체, 액체 등의 단일입자(직경 약 0.0002μm)보다 크고 500μm보다는 작은 입경의 물질로 표현될 수 있다. 입자상 물질은 입자 크기와 화학적 조성이 매우 중요한 특성이다. 가장 대표적인 형태가 에어로졸로서 이것은 대기 중에 부유하는 액체 또는 고체상의 작은 입자로 일컬어지며, 고체 입자인 분진(dust)은 분쇄나 물질이 붕괴할 때 발생하고 훈연(fume)은 기체가 응축할 때 형성된다. 액체상 물질은 연무(mist) 또는 안개(fog)이고 매연(smoke)과 검댕(soot)은 불완전 연소시 생성된 1차 탄소입자이다. 스모그(smog)는 매연과 안개의 합성된 형태이며 입자상 물질로 분류된다.

입자들은 매우 불규칙적인 형태를 하고 있으나 그 크기를 완전한 구형 입자와 같은 침강 속도를 가지는 것으로 가정했을 때 결정되는 동역학적 입경으로 나타낼 수 있으며, 대부분의 입자는 0.1~10μm의 범위의 동역학적 입경을 가진다. 브라운 운동과 응집에 의해 작은 입자들은 0.1μm보다 큰 크기로 성장하고 10μm보다 큰 입자들은 매우 빠르게 침전한다. 예를 들면, 10μm 입자는 약 20cm/min의 침강 속도를 가지고 있다. 이러한 입자상물질의 입자 분포 특성은 그림 5.3에 나타내었다.

분진이 인체에 미치는 영향을 살펴보면, 부유 분진이 자극성 가스를 흡착하여 폐심부까지 침입해서 자극성 가스의 유해성을 나타낸다. 미립자가 폐까지 도달하는 조건으로서 입자의 밀도(농도), 크기와 모양 그리고 개개인의 호흡기 구조나 물리적인 상태, 즉 호흡기 계통을 통과하는 공기의 속도와 유량에 관계하여 실제로 폐에 침착되는 과정은 복잡하다. 대기오염물질에 의한 피해는 대부분이 호흡으로 인해서 일어나는데, 기도의 구조와 호흡기 질환의 관계를 그림 5.4에 나타내었다.

분진의 큰 입자는 상기도에 침착하여 쉽게 제거되나, 3μm 이하의 입자는 하기도까지 침입해서 폐 내에 침착하기 쉽기 때문에 유독성도 증가한다. 부유 분진이 폐포

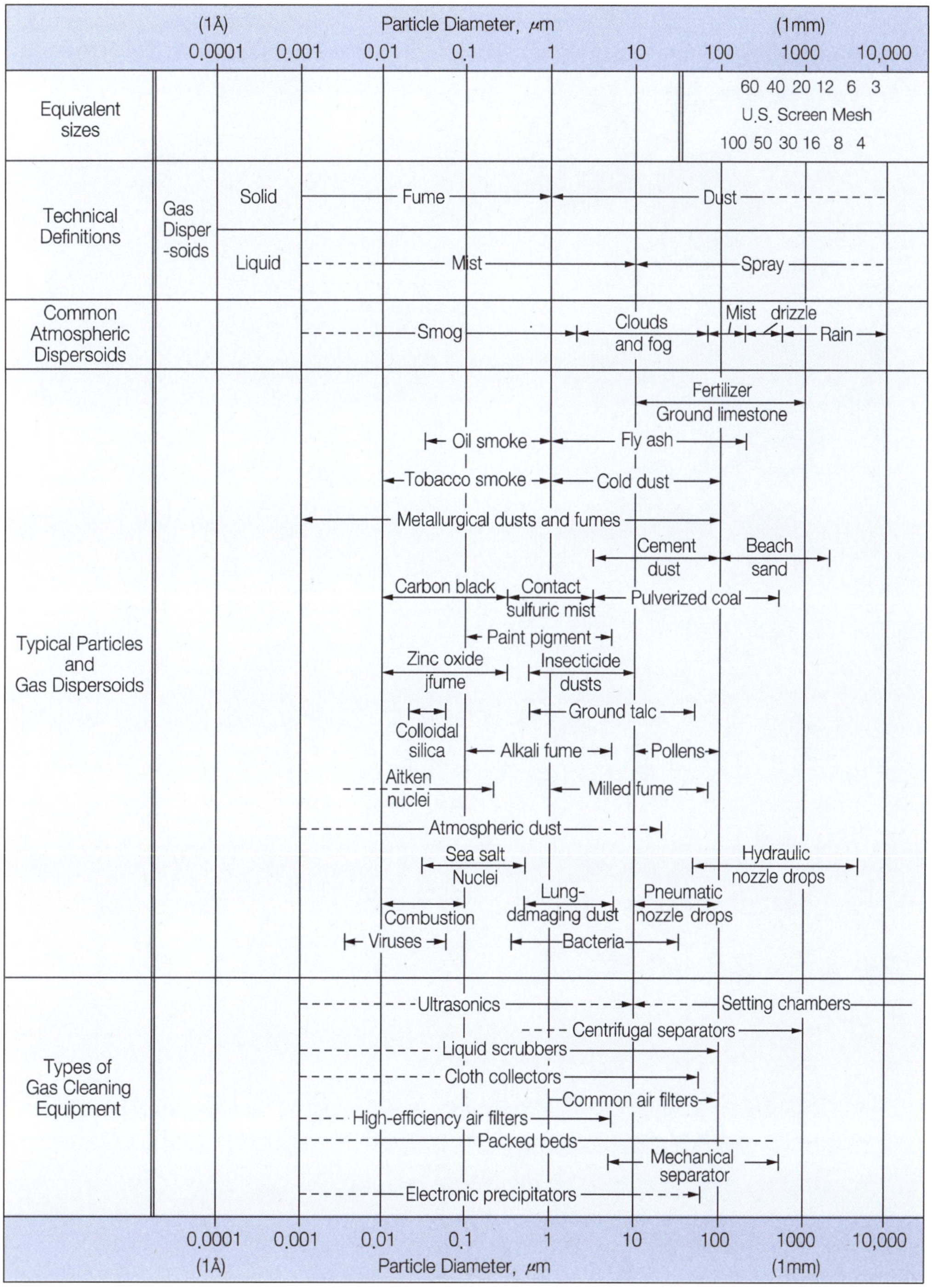
(1Å)
Particle Diameter, μm
(1mm)
0.0001 0.001 0.01 0.1 1 10 100 1000 10,000
Equivalent sizes
60 40 20 12 6 3
U.S. Screen Mesh
100 50 30 16 8 4
Technical Definitions
Gas Disper -soids
Solid
Fume
Dust
Liquid
Mist
Spray
Common Atmospheric Dispersoids
Smog
Clouds and fog
Mist
drizzle
Rain
Typical Particles and Gas Dispersoids
Fertilizer
Ground limestone
Oil smoke
Fly ash
Tobacco smoke
Cold dust
Metallurgical dusts and fumes
Cement dust
Beach sand
Carbon black
Contact sulfuric mist
Pulverized coal
Paint pigment
Zinc oxide jfume
Insecticide dusts
Ground talc
Colloidal silica
Alkali fume
Pollens
Aitken nuclei
Milled fume
Atmospheric dust
Sea salt Nuclei
Hydraulic nozzle drops
Lung-damaging dust
Pneumatic nozzle drops
Combustion
Viruses
Bacteria
Types of Gas Cleaning Equipment
Ultrasonics
Setting chambers
Centrifugal separators
Liquid scrubbers
Cloth collectors
Common air filters
High-efficiency air filters
Packed beds
Mechanical separator
Electronic precipitators
0.0001 0.001 0.01 0.1 1 10 100 1000 10,000
(1Å)
Particle Diameter, μm
(1mm)

그림 5.3 입자 분포 특성

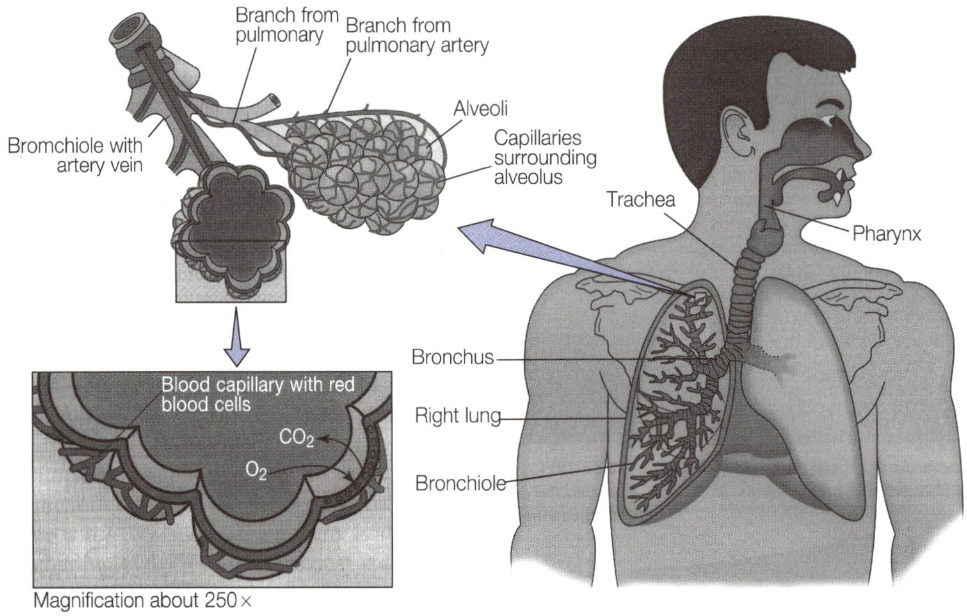

그림 5.4 인간 호흡기 계통도

까지 도달하는 것은 10μm 이하이며 침착율은 감소하여 0.5μm 정도에서 최소가 되고 더 작으면 침착율은 다시 증가한다. 분진에 장기간 폭로되면 진폐증을 일으키는데 그 원인이 되는 분진의 종류는 유리규산, 활석, 석면에서부터 단순한 탄소에 이르기까지 다양하다. 진폐증은 흡입된 먼지의 종류에 따라 호칭이 달라져 규폐증, 석면폐증, 석탄광부폐증, 알루미늄폐증, 면폐증 등이 있다.

② 중금속

a) 납(Pb)

납은 분진 증기, 용액 등의 형태로 소화기, 호흡기, 피부 등을 통하여 체 내에 침입하며, 대부분이 골 조직에 축적되어 다발성 신경염, 단발성 신경염, 사지의 신경마비, 안면 창백 현상 등을 일으키며, 유연 가솔린에서 발생하는 4-알킬납은 간장이나 신장에 축적되어 두통, 현기증, 불면증, 근육통, 빈혈, 체온 저하, 혈압 저하 등을 나타낸다.

b) 크롬(Cr)

크롬 화합물 중 특히 6가 크롬이 인체에 해로우며, 호흡기나 피부를 통해 흡수된 크롬은 간장, 부갑상선, 골수, 위장에 축적된다. 크롬 중독에 따른 급성 피해로는 비점막 자극, 비염, 폐출혈, 충혈, 기관지염 등이 있으며, 만성 피해로는 만성 기관지염, 폐기종 등이 있다.

c) 카드뮴(Cd)

카드뮴은 체내에 축적성이 있고, SH 효소를 불활성화해서 세포 독으로서 작용한다. 카드뮴의 급성 피해로는 호흡기에서 폐기종, 폐수종, 기관지염, 심장에서 고혈압, 동맥경화, 순환부전, 위장장애 현상이 발생한다.

d) 수은(Hg)

수은은 방부제, 살균제 및 살충제에 사용되며, 수은화합물 제조 및 취급과정, 수은광산에서 발생되며, 주로 증기 또는 분진의 형태로 대기 중에 배출되며 미량이기는 하지만 폐수 중에 함유된 수은도 미생물의 작용에 의하여 전환되어 유리수은 혹은 유기수은으로 증기의 형태로 대기 중으로 증발하게 된다. 이러한 수은은 피부와 접촉하면 국소적으로 피부염을 유발시키고 호흡기 및 소화기 경로로 인체에 침입하면 80% 정도가 신장 및 간 등에 축적되어 소뇌의 기능을 마비시킨다. 만성 피해의 전형적인 증상은 구내염, 다발성 신경염, 단백뇨, 설사, 피부염 등이며, 유기수은의 급성 중독은 직접 피부에 부착하여 피부염을 일으킨다. 침입 경로에 따라 호흡기 또는 소화기 장애를 일으키며 기본적인 증상은 난청, 언어장해, 지각장해 등이 나타나며, 일본의 미나마타에서 발생한 미나마타병은 유기수은으로 인한 것이다.

e) 비소(As)

비소화합물은 입, 기도, 피부 등에서 섭취하여 국소 및 전신 증상을 가져온다. 증상은 피부염, 안검부종, 인두염, 후두염, 구토, 설사, 복통과 납중독과 같이 하지에 마비가 오며 두통, 권태감, 졸림, 어지럼증 등의 뇌증상이 발생한다.

2) 가스상 물질

가스상 오염물질의 가장 중요한 오염원은 화석연료의 연소 공정이라고 볼 수 있으나, 수많은 산업공정으로부터 배출되는 다른 가스상 오염물질과 증기상 오염물질도 국부적으로 심각한 대기오염현상을 야기할 수 있다. 대기오염을 일으키는 오염물질은 그 종류가 대단히 많을 뿐만 아니라, 물리 화학적인 성질이 매우 다양하기 때문에 인체에 미치는 영향도 다양하지만 일반적으로 오염된 대기에서 생활하는 사람들은 우선 눈, 코 및 상기도 점막이 먼저 영향을 받게 되며, 이어 생리학적으로 가역적인 반응이 일어나며 이 질환이 여러 번 반복해서 발생할 때 만성적인 결과로 나타난다.

오염물질의 체내 침입 경로는 피부, 호흡기 및 소화기를 통한 침입 등이 있으며, 건강에 미치는 영향인자는 오염물질의 종류, 농도, 지형 및 기상 조건, 개인적 감수성, 생활환경과 생활조건 등인데 원인과 결과에 대한 관계를 뚜렷이 밝히기는 매우 어렵다. 인체에 미치는 피해의 일반적 특징은 ① 대기오염에 의한 피해도는 오염물질의 농도(C)와 폭로시간(t)의 곱이고 ② 피해자는 주택지역보다 공장지역 주민에서 더 많이 발생하며 풍속이 낮고 기온 역전이 많은 날에 피해가 증가하며 ③ 단일 오염물보다 혼합 오염물에 폭로되면 상가작용 및 상승작용을 한다. 이들 가스상 대기오염물질의 종류와 영향을 설명하면 다음과 같다.

① 황산화물(SO_x)

황산화물은 대기오염의 지표라 할 수 있을 정도로 가장 문제가 되는 물질이다. 그 중 대부분의 물질은 이산화황(SO_2)이고, 일부는 SO_3나 황산미스트로 존재한다.

SO_2의 인체에 미치는 영향은 표 5.2와 같다. 그러나 분진이 공존할 때 SO_2가 인체에 미치는 영향은 더욱 심각하다. 즉, SO_2 가스를 흡입한 경우에는 폐의 심부 조직에의 침입율은 20% 정도이지만, 1μm 이하의 입자는 거의 100% 폐포에 도달하므로 SO_2 가스를 흡착한 미세 입자는 심부 조직에서 상승 작용을 일으켜 그 피해가 증가하게 된다.

SO_2의 급성적 영향은 기관 수축, 기도 저항의 증가, 선모 운동의 억제, 호흡수·맥박수의 증가, 액분비의 증대, 인후의 이상, 재치기, 객담, 두통, 흉통, 인프렌자, 폐렴 등을 일으키며, 만성적 영향은 만성기관지염, 만성기관지천식, 폐기종 등을 일으킨다.

표 5.2 SO_2의 인체에 대한 영향 [단위 : ppm]

농 도	폭로시간	인체의 피해
1~2	10분	취기 감지, 흉부 압박감, 호흡수 증가
3~5	단시간	취기 감지
5~10	15분	코, 상기도의 자극 증상
10~20	단시간	뚜렷한 자극감, 눈 자극, 기침
100~200	30분	기침, 눈물, 기관지 및 폐조직 장해
300	단시간	호흡 곤란
400~500	단시간	생명 위험

② 질소산화물(NO_x)

대표적인 질소산화물(NO_x)로는 일산화질소(NO), 이산화질소(NO_2) 등이 있으며, 그 중에서 인체에 가장 크게 영향을 미치는 것은 이산화질소(NO_2)로 부유입자상 물질의 존재 유무와 관계없이 호흡기 심부에 용이하게 도달한다. 그리고 부유입자상 물질과 공존할 때는 이산화질소와 더불어 상승작용을 나타내어 기도 내의 영향이 더욱 가중된다.

NO_2는 다갈색의 자극성 기체로 NO보다 독성이 5배나 강하며 눈, 코의 점막을 자극하고, 호흡기 심부까지 도달하여 만성 기관지염, 폐렴, 폐충혈, 폐수종을 일으킨다. NO_2가 인체에 미치는 영향은 표 5.3과 같다.

NO_2의 급성적 영향은 자극성 가스로서 눈과 코를 강하게 자극하고 폐충혈과 폐수종, 기관지염, 폐렴을 일으켜 결국 사망하게 되며, 만성적 영향으로는 농도 10~40 ppm의 NO_2를 장기간 흡입할 경우 만성 폐섬유, 폐수종을 일으킨다.

③ 일산화탄소(CO)

인체 내에 축적되어 영향을 주는 오염물질로서 일산화탄소(CO)가 있다. 대기 중의 CO에 노출되거나 실내에서 난방 또는 요리 중 연료의 불완전연소가 있으면 인체 내의 CO 농도가 높아질 것이다. 그리고 담배를 피우지 않는 사람보다 피우는 사람이 CO의 체내 농도가 높다. CO 기체는 사람의 호흡 기관을 통하여 들어오며 혈액에 흡수된다. CO가 유독한 원인은 헤모글로빈(Hb)의 CO에 대한 친화력이 산소(O_2)의 경우보다 약 200~300배 크기 때문이며, CO가 Hb와 결합하여 카르복시헤모글로빈(COHb)을 형성한다. CO가 인체에 미치는 영향을 표 5.4에 나타내었다.

④ 광화학 smog

광화학 옥시던트의 대부분은 오존(O_3)이며, NO_2, PAN(Peroxyacetyl nitrate) 등의 산

표 5.3 NO_2가 인체에 대한 영향 [단위 : ppm]

농 도	폭로시간	인체의 피해
1~2		취기 감지
13		눈, 코의 자극, 폐기관 자극, 중추신경 영향
50~100	6~8주	기관지염, 폐렴
100	3~5분	뚜렷한 인후 자극, 심한 기침
500	3~5주	기관지 폐렴, 급성 폐부종

표 5.4 CO가 인체에 미치는 영향 [단위 : ppm]

농 도	폭로시간	인체의 피해
5	20분	신경계 반사작용 변화
100	3시간	체내 혈액 10% 기능 상실
200	5시간	격렬한 두통
300	8시간	시각, 정신 기능의 장애
500	4시간	시력장애, 허탈감
2000	2시간	사망
3000~4000	30분	사망 가능

화성 물질을 함유하는 옥시던트(Oxidant), 포름알데히드, 아크로레인 등의 자극성 물질과 그 외에 미지 물질로서 태양 자외선에 의해서 생성된 2차성 오염물질을 총칭하고 있다. 광화학 smog 생성 특성을 살펴보면, 광화학 smog는 질소 산화물(NO_x), 탄화수소(주로 Olefin계), 자외선이나 가시광선에 의해 생성되고 특히 일사량이 클 때(맑은 날 자외선 강도가 클 때) 대기오염물질의 배출량이 많고, 대기질 이동이 적을 때, 기온 역전 및 무풍상태일 때 광화학 smog가 잘 일어난다. 광화학 옥시던트의 생성은 빛의 강도(자외선이나 가시광선), 빛의 지속시간, 반응물의 양, 대기의 안정도 등에 의해 영향을 받는다.

광화학 옥시던트 중 오존(O_3)은 산화력이 강하므로 눈을 자극하고 물에 난용성이므로 쉽게 심부까지 도달하여 폐수종, 폐출혈 등을 유발시킬 수 있다. 무색의 마늘 냄새 또는 생선 냄새의 특이한 취기를 가지고 있으며, 악취 제거의 산화제로도 이용되나 그 농도는 10 ppm 이상이어야 하므로 실내에서의 사용은 부적당하다. 화학적으로 반응성이 큰 가스이기 때문에 DNA, RNA에 작용하여 방사선과 유사하게 유전 인자에 변화를 일으킬 수 있다. 오존이 식물에 미치는 영향은 잎 상표면에 피해를 주어, 반점, 얼룩 표백, 색소 형성이 생기며, 새 잎보다는 늙은 잎에 피해 정도가 심하다. 강력한 산화력에 의해 엽록소 파괴, 동화작용 억제, 효소 작용의 저해를 일으킨다.

PAN은 2차 오염물질로서 강산화제로 작용하여 눈을 자극한다. PBN은 PAN보다 눈에 대한 자극이 100배 이상이며, 아크로레인, 케톤, HCHO도 PAN과 비슷한 피해 양상을 보이며 눈을 자극하는 물질이다. 또한 스모그 생성시 질산염류 및 황산미스트 등이 복합적으로 생성되므로 호흡기 질환을 유발한다. 광화학 옥시던트가 인체에 미치는 영향을 표 5.5에 나타내었다.

표 5.5 광화학 옥시던트가 인체에 미치는 영향 [단위 : ppm]

종 류	농 도	폭로시간	인체의 피해
오존 (O_3)	0.1		후각으로 감지 가능(마늘 냄새)
	0.3		폐, 인후의 자극
	0.5~1	1시간	호흡량 감소
	1~3	2시간	허탈감
	9		폐수종, 폐출혈, 폐부종, 급성기관지염
PAN	0.05~0.45		눈의 자극 증상 증가
	0.45~0.5		기도 내 저항 증가
	0.1~1		장기 폭로시 전신에 영향
	4		폐상피 세포에 병리적 변화

⑤ 휘발성 유기화합물

VOCs(Volatile Organic Compounds)라고도 말하며, 대기 중 질소산화물과의 광화학 반응에 의하여 오존 및 팬(PAN : 퍼옥시아세틸 나이트레이트) 등을 생성시켜 광화학스모그를 유발하며, 인체의 위해성을 주는 물질로 증기압이 높은 물질을 통틀어 일컫는 말이다. 이처럼 VOCs는 산업현장에서 여러 방면으로 다양하게 사용되는 물질이며, 끓는점이 낮은 액체연료, 파라핀, 올레핀, 방향족화합물 등 생활주변에서 흔히 사용하는 탄화수소류 등이 있다.

주요 배출원으로는 토양과 습지·초목·초지 등의 자연적 배출원과 유기용제사용시설·도장시설·세탁소·저유소·주유소 및 각종 운송수단의 배기가스 등의 인위적 배출원으로 나눌 수 있으며, 유기용제사용시설과 자동차 등의 이동 오염원이 대부분을 차지한다.

휘발성 유기화합물은 환경과 인체에 큰 영향을 끼치므로 대부분의 국가들이 배출을 줄이기 위하여 정책적으로 노력하고 있다. 국내에서는 1995년에 개정한 대기환경보전법에 근거하여 여천공업기지와 울산·미포 및 온산공업단지를 특별대책지역으로 지정하였다. 대기환경규제지역으로 지정된 지역 안의 석유정제 및 석유화학제품 정제 제조시설이나 저장 및 출하시설, 저유소, 주유소, 세탁시설 등은 배출억제 및 방지시설을 설치해야 한다. 국내 규제대상 휘발성 유기화합물은 표 5.6과 같다. VOCs 중 방향족 탄화수소와 할로겐화탄화수소 등은 그 자체로서 건강에 유해하며, 특히 다환방향족 탄화수소류는 대기 중에 미량으로 존재하더라도 발암가능성이 있다.

표 5.6 국내의 규제대상 VOCS 물질(환경부, 2001)

Acetaldehyde	Acetic acid	Acetylene	Acetylene dichloride
Acrolein	Acrylonitrile	1-Butene, 2-Butene	Benzene
1,3-Butadiene	Butane	Carbon Tetrachloride	Chloroform
Cyclohexane	1,2-Dichloroethane	Diethylamine	Dimethylamine
Ethyl Alcohol	Ethylbenzene	Ethylene	Formaldehyde
n-Hexane	Isopropyl Alcohol	Methanol	Methyl Ethyl Ketone
Methylene Chloride	Methyl *t*- Butyl Ether	Nitrobenzene	Propylene
Propylene Oxide	Tetrachloroethylene	Toluene	1,1,1-Trichloroethane
Trichloroethylene	Xylene	Styrene	납사
원유	휘발유		

세계 각국의 휘발성 유기화합물 규제에 대하여 알아보면 미국의 경우 연방 대기정화법(CAA) 및 환경에 중대한 영향을 미치는 다량의 오염물질을 배출하는 주요 배출원에 대해서는 NSPS(New Source Performance Standard : 신규발생원실시기준)을 제정하여 적용하고 있으며, 주유소의 경우 주유 시 VOCs 회수가 의무화되어있어 기준치를 미달하는 일부 지역의 경우 자동차에서 배출되는 VOCs 회수를 요구하고 있는 실정이다. 일본의 경우 각 현마다 휘발성 유기화합물 관련 지침을 운영하고 있으며, VOCs를 배출하는 저장시설, 급유시설, 이동저장시설, 세탁시설 및 제조시설에 대하여 관리하고 있다.

휘발성 유기화합물 관리의 문제점으로는 첫째, VOCs의 경우 단일물질이 아니고 여러 화합물의 총칭이고, 둘째, 일반 대기오염물질과 다르게 이동식 오염원으로써 고정되어 있지 않고 저장시설, 수송수단 및 공정 중에서의 증발 및 누출 등 불특정 배출원으로부터 배출되는 오염물질이기 때문에 배출원 관리는 주요 배출원별 방지기술 등 시설관리가 주 관리 방법이며 개별 VOCs 화합물별 배출량 산정 및 분석에 어려움이 있는 실정이다. 셋째, VOCs 화합물들은 광화학 반응성 및 인체에 대한 발암성 등 유해성이 다르므로 개별 VOCs 화합물의 배출현황 및 배출량 산정이 매우 중요하며, 또한 배출되는 수많은 화합물을 측정하기 위한 측정방법 확립, 분석기기 및 분석요원 확보되어야 하는 현실적인 문제를 가지고 있다.

⑥ 악취

대기환경보전법에서는 악취를 "황화수소, 메르캅탄류, 아민류, 기타 자극성 있는 기체성 물질이 사람의 후각을 자극하여 불쾌감과 혐오감을 주는 냄새"라고 정의하고 있다. 즉, 악취라 함은 여러 가지 성분이 혼합된 상태로 존재하면서 사람의 후각을 자극하여 인간의 쾌적한 정서생활과 나아가서는 건강에 피해를 주는 나쁜 냄새를 의미한다.

악취의 원인이 되는 물질은 그 종류가 대단히 많을 뿐만 아니라 악취물질간의 복합적인 작용이나 후각의 개인적인 차이 등으로 인하여 느끼는 정도나 피해정도를 일률적으로 나타내기가 어렵고, 또한 습관화되지 않은 냄새나 계속적으로 발생하는 냄새는 악취로 느껴지는 경우가 많아 악취와 향기를 단정적으로 구별하기란 쉽지 않다. 이러한 악취를 평가하는 방법은 크게 관능법과 기기분석법으로 나눌 수 있으며, 각종 현장에서 발생하는 악취물질은 그 종류가 매우 다양하고 미량(ppb 수준)으로 존재함에 따라 관능법과 기기분석법에 의해 병행하며, 부지경계선에서 측정된 악취강도와 농도를 규제하고 있다.

특히 한국이나 일본과 같이 인구 밀도가 높은 나라는 주거지역과 산업지역이 존재하고 있어, 악취규제를 강화하고 있으나, 미국이나 네덜란드와 같은 인구밀도가 낮은 나라는 악취유발가능업체를 주거지역과의 거리 유지에 의한 규제, 관능측정법에 의한 규제만으로 악취문제에 대한 관리가 이루어지고 있다.

대기환경보전법에는 사업장에서 발생하는 대기오염물질의 규제와 함께 주민의 주거생활을 보호하기 위한 생활악취의 규제를 별도로 명시하여 농수산물 도매시장 또는 공판장, 도축장, 축산업, 출판사 및 인쇄소, 고물상 등에 대하여 규제기준과 내용을 따로 명시함으로써 악취에 대한 피해를 줄이도록 법으로 규정하고 있다.

악취를 심하게 발생하는 공장은 동식물성물질을 주원료로 하는 도살장, 양돈양계장, 피혁공장, 사료공장, 비료공장, 분뇨처리장, 수산물가공공장, 식물공장과 화학적 발생원인 펄프공장, 석유정제공장, 고무공장, 인쇄공장, 도장공장, 유기합성공장 등을 예로 들 수 있다. 자연적인 발생원으로서는 미생물에 의한 단백질의 분해, 도시하수의 혐기성 분해 등을 들 수 있고 인위적인 발생량보다 훨씬 많은 것으로 알려져 있지만 인위적인 발생원에 비하여 발생지역이 광범위하므로 크게 문제시 되지 않는다.

표 5.7에 나타낸 바와 같이 악취의 주 원인물질(황화수소, 암모니아, 메르캅탄류, 아민류 등)은 대부분 최소감지 농도(냄새를 감지할 수 있는 최저농도)가 대단히 낮아 ppm(백만분의 1) 이하를 나타내고 있으므로 심리적인 영향 또는 미미한 생리적 피해만을 나타낼 뿐 높은 농도로서 장기간의 폭로가 아니면 크게 문제 시 되고 있지 않은 실정이다. 악취로 취급되는 물질들은 대부분 저농도이므로 생리적으로는 크게

영향을 주지 않으나 식욕감퇴, 구토, 두통, 불면, 알러지 증상 등의 원인이 되고 있으며 또한 심리적 영향에 의한 정서생활의 방해, 작업능률의 저하뿐만 아니라 그 지역사회주민의 자존심을 상하게 하고 식당, 숙박업 등 서비스업의 부진으로 경제적 손실을 초래하여 지역발전을 저해하는 원인으로 작용할 수 있다.

표 5.7 주요 화학물질의 최소 감지농도값

화합물	최소감지농도[ppm]	화합물	최소감지농도[ppm]
Ammonia	0.1	Formaldehyde	0.50
Methyl mercaptane	0.0001	Acrolein	0.0085
Hydrogen sulfide	0.0005	Acrylonitrile	8.8
Dimethyl sulfide	0.0001	Methanol	0.52
Dimethyl disulfide	0.0003	Dimethylamine	0.033
Trimethylamine	0.0001	Methylamine	0.035
Acetaldehyde	0.002	Acetic acid	0.0057
Propionaldehyde	0.002	Benzene	2.7
n-Butylaldehyde	0.0003	Phenol	0.00028
i-Butylaldehyde	0.0009	Carbon disulfide	0.21
n-Valeraldehyde	0.0007	Pyridine	0.063
i-Valeraldehyde	0.0002	Methyl alkyl sulfide	0.00014
i-Butanol	0.01	Carbon tetrachloride	4.6
Ethyl acetate	0.3	Chloroform	3.8
Methyl isobutyl ketone	0.2	Indole	0.00030
Toluene	0.9	Skatole	0.0000056
Stylene	0.03	Ethyl benzene	0.17
o-Xylene	0.38	1,3-Butadiene	0.23
m-Xylene	0.041	Diethyl sulfide	0.000033
p-Xylene	0.058	Ethanol	0.094
Propionic acid	0.002	Ethyl acryrate	0.00026
n-Butyric acid	0.00007	Ethyl mercaptan	0.0000087
n-Valeric acid	0.0001	Methyl ethyl ketone	0.44
i-Valeric acid	0.00005	Sulfur dioxide	0.055
1,2,4-Trimethyl benzene	0.12	Nitrogen dioxide	0.12
1,3,5-Trimethyl benzene	0.17	Methyl acetate	1.7
Acetone	42	Ethyl acetate	0.87
Dichloromethane	160	*i*-Butyl acetate	0.0080
Trichloroethylene	3.9	*o*-Cresol	0.00010
Tetrachloroethylene	0.77	*m*-Cresol	0.000054

(출처 : 환경부 1999)

⑦ 기타

a) 암모니아(Ammonia, NH_3)

무색의 기체로서 특유한 자극성 냄새를 갖고 있으며, 공기 중에 5 ppm 정도 있어도 감지된다. 암모니아의 주 발생원은 비료 공장, 냉동 공장, 표백 또는 염료 제조 공장, 나일론 또는 암모니아 제조 공장에서 발생한다.

암모니아는 400~1,000 ppm에서 눈, 후두, 호흡기의 자극증상이 오고, 2,000 ppm에서는 경련성 기침, 폐수종, 혈담, 호흡곤란, 5,000~10,000 ppm에서는 호흡정지, 의식불명이 초래된다.

b) 염화수소(Hydrogen chloride, HCl)

무색, 자극성 냄새를 가진 유독성 기체로서 공기 중에서 물에 녹기 쉬운 성질 때문에 염산 미스트로 존재한다. 주 배출원은 금속 세정, 도자기 제조, 유기합성, 의약품, 전지, 식품처리, 비료제조공업 등이다. 호흡 시 수증기와 결합, 염산이 되어 상기도의 점막을 자극, 기침, 호흡곤란과 심할 경우 폐출혈, 폐부종을 일으켜 사망한다.

c) 염소(Chloride, Cl_2)

황록색 기체로서 자극성 냄새를 가지며 점막을 자극하는 유독한 기체이다. Cl_2는 강한 산화력을 이용 살균제, 표백제로 쓰이며, Chloroethylene 제조용의 염소급속 냉각시설, 염화제2철 제조용의 용해로, 활성탄 제조용의 반응조, 정유공업, 표백과정 등이 주 배출원이다.

d) 황화수소(Hydrogen sulfide, H_2S)

황화수소는 달걀이 썩는 냄새가 나는 유독가스이며, 위장이나 폐에서 흡수된다. 주 발생원은 코우크스 제조, 타르증류, 석유 및 가스정제, 펄프공장, 각종 화학공업 등이다.

5.2.2 발생원별 대기오염 농도

미국 EPA에서 보고한 대기오염물질의 발생원별 농도를 표 5.8에 나타내었다. 1950년 이후 60년 동안의 배출 패턴을 나타낸 것이며, 그 중 배출량의 빈도가 높은 항목인 수송, 연료의 연소, 산업공정에 대한 배출 백분율을 나타낸 것이다.

일산화탄소의 경우 발생원별 비중을 살펴보면 수송부분에서 상당히 높은 비중을 차지하고 있어 자동차의 연소과정에서 많이 발생됨을 알 수 있고, 황산화물의 발생빈도가 높은 곳은 연료의 연소로 나타나고 있으며, 휘발성 유기화합물의 경우는 수송과 산업현장으로 보고하고 있다. 또한 입자상물질의 경우는 1990년 이후 산업현장이나 연료의 연소과정 및 수송과정보다 그 외 발생원에서 많이 생성되는 것을 볼 수 있고, 질소산화물의 경우는 연소과정에서 생성되는 물질로서 수송과 연료연소과정에서 발생빈도가 높게 나타났다.

표 5.8 발생원별 대기오염물질의 농도(1950 - 2010)

(in millions of short tons, except lead in thousands of short tons. 1.1023 short ton-metric ton)

연도	오염물질	총배출량	수송		연료연소		산업공정	폐기물처리	기타	수송(%)	연료연소(%)	산업(%)
			계	자동차	계	발전						
1950	CO	101.46	56.00	45.00	11.26	0.11	11.50	4.70	18.00	55	11	11
	SO_2	22.20	2.50	0.10	14.20	4.50	5.00	0.00	0.50	11	64	23
	VOC	20.70	8.40	7.20	1.40	0.01	7.30	1.10	2.50	41	7	35
	입자상물질	16.90	2.10	0.30	3.60	1.40	8.80	0.50	1.90	12	21	52
	NO	9.85	3.60	2.10	5.10	1.30	0.35	0.20	0.60	37	52	4
	Pb	-	-	-	-	-	-	-	-	-	-	-
1970	CO	204.04	174.60	163.23	4.63	0.24	9.84	7.06	7.91	86	2	5
	SO_2	31.22	0.55	0.27	23.46	17.40	7.09	0.01	0.11	2	75	23
	VOC	34.66	18.53	16.91	0.72	0.03	12.33	1.98	1.10	53	2	36
	입자상물질	13.02	0.64	0.48	2.87	1.78	7.67	1.00	0.84	5	22	59
	NO	26.88	15.28	12.62	10.06	4.90	0.78	0.44	0.33	57	37	3
	Pb	220.87	181.70	171.96	10.62	0.33	26.36	2.20	0.00	82	5	12
1990	CO	154.19	131.70	110.26	5.51	0.36	4.77	1.08	11.12	85	4	3
	SO_2	23.08	0.87	0.50	20.29	15.91	1.86	0.04	0.01	4	88	8
	VOC	24.11	12.05	9.39	1.01	0.05	9.01	0.99	1.06	50	4	37
	입자상물질	27.75	0.72	0.39	1.20	0.30	1.04	0.27	24.54	3	4	4
	NO	25.53	13.37	9.59	10.89	6.66	0.80	0.09	0.37	52	43	3
	Pb	4.98	1.20	0.42	0.50	0.06	2.48	0.80	0.00	24	10	50
2010	CO	76.22	47.83	32.00	4.32	0.72	1.73	1.38	20.96	63	6	2
	SO_2	7.58	0.16	0.07	6.49	5.15	0.77	0.02	0.14	2	86	10
	VOC	17.02	4.92	2.66	0.53	0.04	6.69	0.18	4.69	29	3	39
	입자상물질	21.54	0.58	0.34	0.97	0.40	1.27	0.24	18.48	3	4	6
	NO	14.72	9.29	5.95	4.08	2.11	0.98	0.10	0.26	63	28	7
	Pb	1.04	0.25	0.09	0.11	0.01	0.52	0.17	0.00	24	10	50

SOURCE : U.S EPA, NATIONAL AIR POLLUTANT EMISSION TRENDS, 1900~1998
National Emissions Inventory (NEI) Air Pollutant Emissions Trends Data
(1970-2012 Average annual emissions, all criteria pollutants in MS Excel)

5.3 대기오염 사건

5.3.1 시대별 대기오염 유형

1) 산업혁명 이전의 대기오염

선사시대에 자연적인 원인 및 인위적인 원인으로부터 발생하는 대기오염에서 벗어나고자 주기적인 이동을 했던 것이 인류가 방랑생활을 했었던 원인들 중의 하나이며, 당시 인간이 불을 사용하면서 불완전연소로 발생한 오염물이 주거공간을 점유하였다. 굴뚝의 발명으로 연소 오염물질들과 음식냄새들은 주거지로부터 배제되었으나, 수 세기동안 개방된 벽난로에서의 불의 사용은 검댕 발생의 원인이 되었다.

산업혁명이 일어나기 수세기 전에는 대기오염물질의 생성과 관련된 주요 산업으로 야금업, 요업, 그리고 동물가공업을 들 수 있는데, BC. 4000년에 구리, 금의 원광들이 제련되고, 점토에 유약을 바른 도기와 벽돌이 제조되었다.

2) 산업혁명 당시의 대기오염

산업혁명은 수증기의 이용으로 기계를 움직일 동력을 제공하게 된 결과였다. 증기엔진과 증기터빈은 증기 보일러가 필요하고, 이 보일러의 주요 연료는 목재나 화석연료이다. 비록 19세기 후반에 석유가 수증기 생산에 사용되었지만 19세기 전반까지는 석탄이 주요 연료였다. 19세기의 중요한 대기오염물질은 공장, 기관차, 기선 등의 보일러 및 가정의 취사와 난방용 난로 등으로부터 석탄 또는 석유의 연소로 인해 배출되는 매연과 재였다. 19세기 동안 공학에 의한 대기오염제어의 주요 기술발전은 석탄의 기계적 급탄 장치인 스토커, 배출가스로부터 산성가스의 제거를 위한 스크러버, 집진기로는 원심력집진기와 여과집진기 그리고 공정설계에 물리화학적인 원리들의 도입 등을 들 수 있다.

3) 20세기의 대기오염

① 1900–1925년

이 기간에는 대기오염물의 발생과 공학적인 제어 두 분야 모두 기술적인 면에서 커다란 변화가 있었으나 이에 따른 법률, 규정, 문제에 대한 이해 또는 문제를 향한 공공의 태도에는 별다른 변화가 없어 도시와 공장의 규모가 커짐에 따라 문제의 심각성은 증대되었다.

오염물질의 발생에 있어 주요한 기술적인 변화로는 증기엔진이 전기모터로 대체된 것을 들 수 있으나 이는 매연과 재의 방출장소를 공장에서 발전소로 전환시켰을 뿐이다. 초기에 석탄은 보일러실에서 수작업으로 연소되었으나 중반에는 스토커에 의해, 그리고 말기에는 분말석탄, 석유, 가스상 연료가 이를 대체하기 시작하였고, 연소의 각 형태에 따라 특정 오염물질을 대기 중에 배출하였다.

② 1980 – 1990년대

1970 및 1980년대는 생태학적 혹은 총체적 환경문제의 접근이 있었다. 또한 처음으로 대기 중의 이산화탄소에 의한 온실효과, 염화불화탄소에 의한 성층권 오존층의 파괴, 오염의 광역적 확산 그리고 산성 침적물 등에서 기인하는 문제에 관심을 갖게 되었다.

5.3.2 주요대기오염 사례

대기오염물질에 의한 피해는 기온역전현상에 의해 오염물질이 일정지역 내에 장기간 정체하여 축적되면서 대규모 인명피해로 이어진 경우 이외에도 주거지 근처의 공단 건립, 사고에 의한 오염물질 누출 등 원인이 다양하다.

20세기 초 대기오염물질에 의해 직접적으로 많은 수의 사람이 사망에 이르게 되면서 대기오염을 정화하기 위한 노력이 시작되었으며, 화석연료사용의 감소, 대체에너지개발, 대기오염방지기술 개발 등 과학과 기술을 접목한 노력의 결과로 20세기 후반 놀랍도록 빠르게 이전의 대기질 상태로 거의 회복시켰다. 그러나 21세기에 들어선 현재까지도 대기오염물질에 의한 대규모 피해가 발생하고 있을 뿐만 아니라 오존층파괴, 기후변화 등과 같은 더 큰 환경문제를 직면하게 되었으며, 이를 해결하기 위해서는 현재 상황에 대한 올바른 이해와 다가올 미래에 대한 인식, 적절한 대처 등 환경에 관한 끊임없는 관심과 노력이 필요하다.

표 5.9 주요 대기오염 사건

발생지역	발생연월	발생원인과 환경조건	피해상황
뮤즈계곡 (벨기에)	1930년 12월	· SO_2, H_2SO_3, CO, 미세입자 · 계곡, 무풍, 기온역전 · 공장지대 (화력발전소, 제철, 아연공장) · 피해당시 CO_2농도 : 0.1~0.4ppm	· 63명 사망 (주로 노인이며, 심장과 폐에 만성 질환을 앓던 사람) · 호흡기 질환자 급증 · 가축과 식물에 피해
요코하마 (일본)	1946년 겨울	· 원인불명가스 · 무풍, 농무 · 공업지대	· 호흡기 질환자 급증 · 폐질환자 급증
도노라 (미국)	1948년 10월	· SO_2, NO_2 · 무풍, 기온역전, 계곡 · 공장지대 (제철, 아연, 황산, 전선공장) · 피해당시 SO_2농도 : 0.32~0.39ppm	· 20여명 사망 (주로 노인이며 심장병과 호흡기 질환증세가 있었던 사람) · 1만4천여 주민 중 6천여 명의 환자발생
로자이카 (멕시코)	1950년 10월	· H_2S · 기온역전 · 가스공장의 조작실수로 가스유출	· 22명 사망 · 320명 입원환자 (호흡곤란, 점막자극)
런던 (영국)	1952년 12월	· SO_2, 미립에어로졸, 분진 · 하천평지, 연중습윤, 기온역전, 무풍 · 인구조밀, 화력발전소, 공장, 가정, 연료(석탄계)	· 발생 3주 만에 악성 폐질환으로 4천여 명 사망 · 발생 2개월 후 8천여 명 사망 · 호흡기 질환자 급증
로스 엔젤레스 (미국)	1954년 겨울	· CO, SO_2, NO_2 · 해안지대, 연중해양성, 기온역전 · 인구급증, 차량급증(석유계)	· 호흡기 질환자 급증 · 동·식물 및 건축물 피해
보팔 (인도)	1984년 12월	· Methyl isocyanate(MIC) · 농약제조용 원료저장탱크로부터 유독가스 누출	· 2,800여명 사망 · 20만명 이상의 피해자 발생 · 실명, 호흡기장애, 중추신경계와 면역체계 이상 · 자연생태계 훼손

5.4 대기오염으로 인한 환경변화

5.4.1 산성비

대기 중으로 배출된 산성 물질(황산화물과 질소산화물 및 기타 산성 물질)이 비에 용해되어 내리는 것을 산성비라 하는데, 산성비에 대해서는 1853년에 Robert Angus Smith가 영국 Manchester市 주변 빗물의 화학적 특성에 대해 발표한 것이 처음인 것으로 알려져 있다. 1961년 스웨덴의 Svante Oden은 지표수 측정망을 운영하여 산성비의 원인이 대기오염물질의 장거리 이동임을 알아내고 빗물의 주요 이온과 산성도에 계절적 변화가 있음을 발표하였다. 또한 그의 보고에 의하면 스웨덴은 1972년 유엔환경회의에서 산성비에 대해 발표하였다. 그 이후로 산성비는 범지구적인 관심의 대상이 되는 용어로 부각되었다. 산성비 문제는 주로 지구환경 문제로 분류하고 있으나 엄격히 말하자면 지역 환경 문제라고 볼 수 있다. 산성비의 원인물질로는 이산화황과 질소산화물을 들 수 있는데, 이들 물질이 대기 중에서 이동, 확산하면서 물리·화학적 변환을 일으켜 황산, 질산이 되어 빗물을 산화시킨다.

보통 산성비의 기준은 pH 5.6이다. 그 이유는 대기 중의 이산화탄소(약 350 ppm)와 평형관계에 있는 빗물의 pH가 5.6이기 때문이다. 따라서 pH 5.6을 빗물의 자연상태의 pH라고 하며 보통 빗물의 산성 여부를 판단하는 기준으로 사용한다. 그러나 대기 중에는 이산화탄소 이외에도 빗물의 산성도에 영향을 미칠 수 있는 수많은 다른 성분들이 있으므로 빗물의 pH는 곳에 따라 변하게 된다. 예를 들어, 암모니아가 많거나 토양입자가 많은 지역의 빗물의 pH는 5.6보다도 커지게 되며, 화산의 영향권에 있는 지역은 pH가 5.6보다 작아질 수도 있게 된다. 따라서 인간의 활동의 영향을 받지 않은 지역의 빗물의 pH는 5.6과 많은 차이를 보일 수 있다. 실제로 오염원으로부터 멀리 떨어진 지역에서 pH 5.0 부근인 비가 많이 관측되고 있다. 1980년대에 들어서 많은 연구자들은 실용적인 관점에서 산성비의 pH기준을 5.0으로 하는 것이 타당하다고 점차 주장하고 있다. 이러한 주장의 근거로는 첫째, 산성비의 피해가 나타나기 시작하는 빗물의 pH는 5.0 이하이며, 둘째, 빗물의 pH가 5.0보다 작으면 인간의 활동에 영향을 받았다고 볼 수 있기 때문이다.

5.4.2 오존층 파괴

산업의 발달 결과로 대기 중으로 배출된 미량의 할로겐 물질들이 자연적인 기후현상에 의해 성층권 오존층에 유입이 되는 경우 오존층의 오존농도가 낮아지는 현상이 나타나는데 이를 오존층 파괴라 한다.

오존이 처음 발견된 것은 18세기로 물리학자들의 전기 방전 실험시 발생하는 '이상한 냄새'로부터 존재가 드러나게 되었다. 19세기의 프랑스의 화학자 Schoenbein은 이 '이상한 냄새'의 원인으로 그리스어의 ozein(냄새가 나다)을 따서 'ozone'이라고 이름 지었다. 이후에 역시 프랑스의 과학자 Soret는 오존이 산소 원자 3개로 구성된 분자라는 것을 밝혀내었다.

오존이 생성되는 원인은 여러 가지가 있지만 중간 과정을 생략한 최종 화학식은 $3O_2 = 2O_3$이다. 오존의 생성에는 150~240 nm의 자외선이 작용하고 오존의 파괴에는 280~320 nm의 자외선이 관여한다. 이런 작용 때문에 오존에 의해 전혀 흡수되지 않는 320 nm보다 큰 파장의 자외선을 UV-A, 오존을 파괴하며 흡수되는 280~320 nm의 파장을 가지는 자외선을 UV-B, 오존 생성에 관여하며 흡수되는 240 nm보다 작은 파장의 자외선을 UV-C 자외선이라고 부른다. O_2에 UV-C 자외선을 쪼여주면 2개의 산소 원자로 분해된다. 이렇게 분해된 산소 원자가 다른 산소 분자와 결합하여 오존을 형성하게 되는 것이다. 이렇게 생성된 오존에 UV-B 자외선을 쪼여주면 오존 분자는 O_2와 O로 분해되고 O가 O_3과 재결합하며 $2O_2$를 생성한다. 이를 종합적인 수식으로 나타내면 다음과 같다.

$$O_2 + h\nu(UV-C) \rightarrow O + O \quad (1)$$

$$O + O_2 \rightarrow O_3 \quad (2)$$

$$O_3 + h\nu(UV-B) \rightarrow O_2 + O \quad (3)$$

$$O + O_3 \rightarrow O_2 + O_2 \quad (4)$$

생성되는 오존의 양에는 가해주는 빛의 강도와 산소 분자의 밀도가 관여하고, 파괴되는 오존의 양에는 가해주는 빛의 강도와 오존의 밀도가 관여한다. 빛의 강도는 지표로부터 멀리 떨어질수록 강하고 산소 분자의 밀도는 지표에 가까울수록 크다. 성층권의 오존층이 존재하는 고도는 바로 빛의 강도와 산소 분자의 밀도가 적절하여 생성되는 오존의 양과 파괴되는 오존의 양이 동적 평형을 이루는 높이이다.

오존의 양을 나타내는 단위에는 밀도를 나타내는 방법과 농도를 나타내는 방법의 두 가지 방법이 있는데, 밀도를 나타내는 단위는 Dobson unit(DU)으로 단위 cm^3당 오존 분자의 개수를 나타낸다. 1DU는 약 27,000,000개/cm^3이다. 미국의 경우 오존의 밀도는 300 DU이고 밀도가 가장 낮은 남극의 경우 최소 117 DU에 해당한다. 농도를 측정하는 단위는 익히 들어 알고 있는 ppm이나 ppb를 사용한다. 오존의 대기 중 농도는 매우 낮기 때문에 ppm보다는 ppb를 더 많이 사용하는데, ppb는 대기 중에 있는 10억 개의 분자 중 1개가 오존 분자라는 의미이다.

오존은 산소 원자 세 개가 결합한 구조로 산소 원자로 분해되기가 쉬워 산화력이 매우 크다. 오존의 산화력은 박테리아 같은 미생물에게는 치명적이므로 살균제로 사용될 수 있고, 여러 악취가 나는 분자들과 결합해서 악취가 나지 않는 분자로 산화시킬 수 있으므로 탈취제로 사용되고 있다. 그리고 강한 산화제가 필요한 공업 원료로도 많이 사용되고 있다. 하지만 이러한 오존의 산화력은 인체에 직접적으로 노출되는 경우 건강상의 문제를 일으킬 수 있다. 이와 같이 지표면 오존은 인간의 건강에 해로운 물질이다. 그러나 성층권 내에 존재하는 오존은 태양으로부터 방출되는 자외선을 흡수하므로 지구의 생명체를 자외선의 피해로부터 보호해 준다. 오존층의 파괴로 인해 태양으로부터 지구에 도달하는 UV-B(280~320 nm)는 인체의 피부와 눈에 해로우며 또한 면역체와 비타민 D의 합성에 악영향을 끼친다. 이 밖에도 UV-B가 증가할 경우 해양 생태계에서 먹이 사슬의 중요한 역할을 맡고 있는 플랑크톤의 체질을 변화시켜 생산량 감소에 따른 먹이 사슬이 파괴되어 생태계에 큰 악영향을 미친다.

오존층을 파괴하는 물질로는 CFCs, 할론, 1,1,1-트리클로로에탄 등이 있으며, 이들 물질은 화학적으로 매우 안정(불활성)하여 분해되지 않고 성층권에 도달한 후 단파장의 자외선(280~320 nm)에 의해 화학적으로 광분해 되어 염소원자를 방출하게 되고 이 염소원자가 분해 촉매 역할을 하여 오존층을 연쇄적으로 파괴한다. 그림 5.5는 성층권 오존의 형성과 파괴 현상에 관하여 나타낸 것이다.

오존층의 농도 관측은 세계적으로 그리 많지 않지만 남극 오존은 1980년경부터 급격히 감소하고 있는 것이 영국 헬리베이(Halley Bay) 기지(남위76)나 미국의 아문젠 스코츠기지(남극점) 관측에서 확인되고 있다. 인공위성 Nimbus호에는 오존을 관측하는 센서가 탑재되어 우주에서 오존분포를 볼 수 있게 되었는데, 남극대륙 상공에는 마치 오존에 구멍이 뚫린 것처럼 보였다. 이 현상을 '남극오존홀'이라 부르게 되었으며 갈수록 커지고 있는 것이 확인되고 있다.

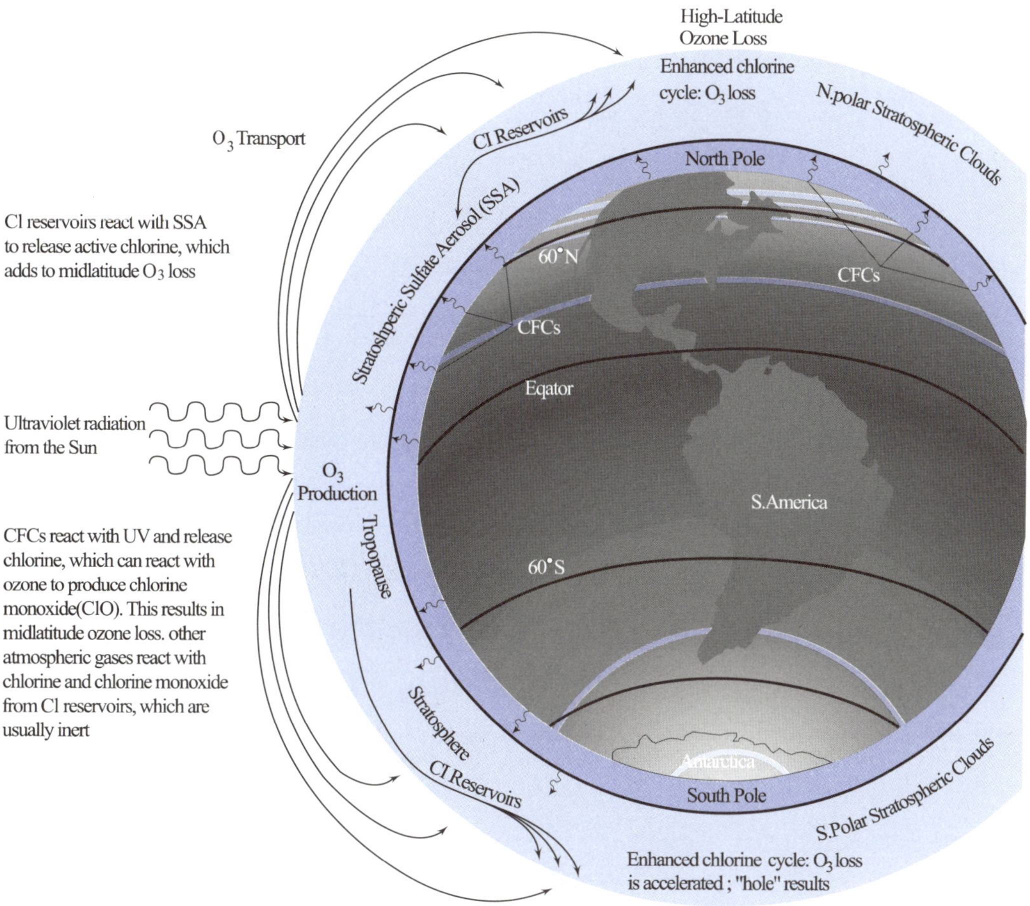

그림 5.5 성층권 오존의 형성과 파괴

오존홀이란 두 가지 방법에 의해 정의되는데, 한 방법은 오존 농도가 220DU 이하인 지역으로 정의하는 것이고, 다른 방법은 1975년 기준으로 33% 오존 농도가 감소하는 지역으로 정의하기도 한다.

첫 번째 정의는 1950~1960년대에 오존홀이 처음 연구되는 시점에서 사용된 것이고, 두 번째 정의는 남극의 오존홀의 면적이 증가추세에 있게 되면서 사용된 정의이다. 오존홀은 북극에서도 미약하나마 존재하기는 하지만 남극에서만 국지적으로 발생하는 현상이고 전 세계적인 영향은 3% 내외의 미약한 수준이라고 한다. 하지만 많은 전문가들이 오존홀 문제에 관심을 가지고 있는 것은 해마다 오존홀의 면적이 지속적으로 증가하고 있다는 점 때문이다. CFC가 처음 널리 사용되기 시작했던 것은 1950

년대로 그 이후 15년이 지난 1975년부터 전 세계적인 오존 농도의 감소가 가시적으로 드러나기 시작했고 남극에서는 다른 어느 곳보다 더 양상이 심했다. 1990년대에서는 오존홀이 멀리 뉴질랜드까지 확장되기도 했으며 남극의 대기를 가두고 있던 회오리가 사라지는 순간 남반구 전역은 급격하게 오존 농도가 감소하여 최대 10%까지 순간적으로 감소하는 것으로 밝혀졌다. 이 때문에 남반구에는 북반구에 비해 자외선에 의한 피해가 더 크게 나타나고 있다.

5.4.3 지구 온난화

지구온난화란 온실효과(green house effect)에 의해 지구기온이 상승하는 것을 말한다. 태양열이 지구에 투사하고 반사되는 과정에서 온실가스가 반사열의 일부를 흡수함에 따라 대기의 기온이 상승하는 현상이다. 많은 화석연료의 사용으로 온실가스 농도가 증가하여 지구의 기온이 계속 높아지면 극지방의 얼음이 녹게 되고, 기온 상승으로 인하여 기상이변이 나타날 뿐 아니라 마침내 생태계의 변화를 초래하고 말 것이다. 온실효과를 일으키는 기체에는 이산화탄소(50%), 메탄(18%), 염화불화탄소(CFCs, 14%), 이산화질소(6%), 기타 오존(12%) 등이 있다.

이산화탄소는 온실효과의 기여도가 가장 큰 물질로서 수증기와 함께 지구 열평형에 가장 중요한 역할을 한다. 대기 중에 배출된 이산화탄소의 50%는 대기 중에 존재하며, 29%는 해수에 의해 흡수되고 나머지는 지상생물에 의해 흡수된다. 메탄은 온난화에 약 18% 정도 기여하며 메탄농도 또한 산업혁명이후 꾸준히 증가하고 있다. 우리나라 2011년 메탄의 연평균 농도는 1,929 ppb로 2010년에 비해 15 ppb 증가했으며, 지구 평균농도보다 106 ppb 높게 나타났다. 메탄은 주로 인위적(화석연료, 농업)으로도 배출 되지만 자연적으로 습지, 토양, 해양(메탄 하이드레이트 형태, 해양 퇴적물) 등에서 배출되기도 한다.

그림 5.6의 18세기 이후 지표 온도 변화와 대기 중 이산화탄소의 농도, 해수면 상승의 관계를 보면 시간이 지남에 따라 지속적인 증가현상이 나타나고, 기온변화와 해수면 상승의 패턴도 거의 유사하게 나타나는 것을 볼 수 있다. 또한 그림 5.7의 대기 중 이산화탄소 농도의 결과를 살펴보면 대기 중 이산화탄소의 농도가 1960년 약 320 ppm에서 약 380 ppm 이상 증가하는 것으로 나타났다.

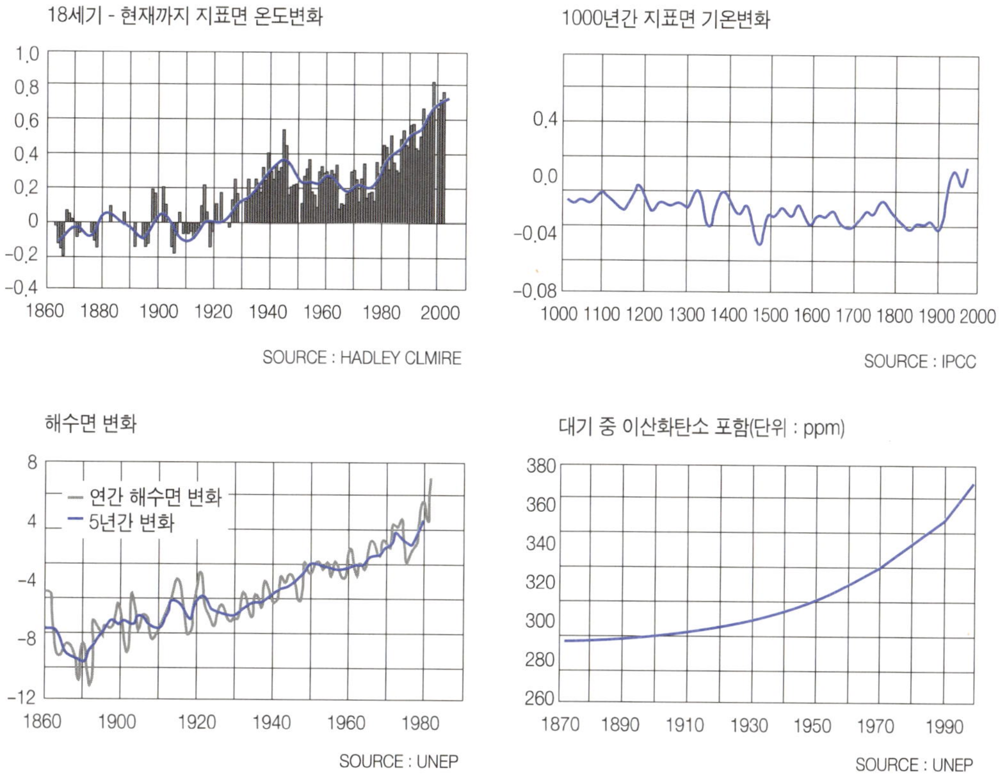

그림 5.6 18세기 이후 지표면의 온도, 해수면 변화, 이산화탄소의 농도변화

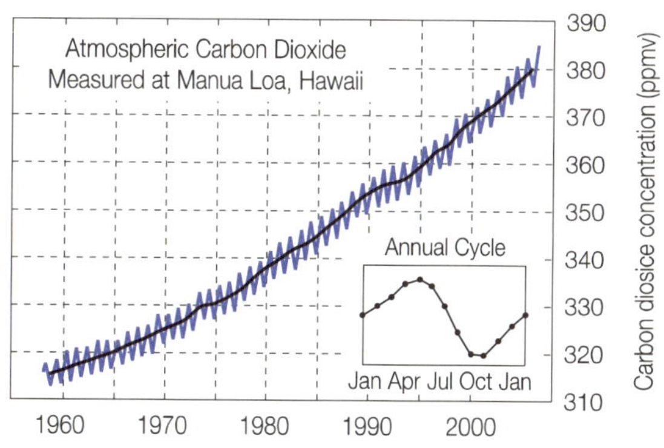

그림 5.7 대기 중 이산화탄소 농도의 변화

온실효과는 삼림, 농업, 해수면, 수자원, 대기질 등에 다양하게 영향을 미친다. 첫 번째 지구의 온난화는 전 세계적 삼림에 중대한 영향을 미칠 가능성이 있다. 실제의 영향이 발생되는 시기는 지역과 장소의 특성 그리고 기후변화의 속도에 의하여 달라지겠지만 30~80년 후에 나타날 것으로 예상된다. 기온상승과 토양의 건조화는 생물성장의 남방 및 북방한계에 영향을 주어 수종에 따른 생육지역의 변화를 가져올 수 있다.

두 번째로 현재의 기후 조건 하에서 이산화탄소의 농도가 660 ppm으로 증가하면, 수량은 약 30% 증가하고 농작물의 물이용 효율도 개선된다. 또한 이산화탄소와 기온의 복합효과에 의해 농업지대가 이동하게 되고 가축의 생산성, 물이용, 해충제어 등에 영향을 주게 된다.

세 번째로 온난화에 의하여 2100년까지는 0.5~2 m의 해면상승이 발생할 가능성이 있다. 그 결과 해안의 저·습지대의 수침, 해안침식, 범람의 증대, 해수의 침입 등의 영향이 발생할 가능성이 있다. 해안지대에 대해 이러한 사태로부터 방제하기 위해서는 거대한 비용이 소요된다. 자료에 의하면 최근 100년간 10~15 cm의 해면상승이 있었고 이것은 온난화에 의한 영향으로 생각하고 있다. 해면상승은 전 지구적으로 일정하게 발생하는 것은 아니며, 온난화에 의한 해류, 바람, 기압 등이 변화한 지역에 따라 다른 분포를 나타낼 것으로 알려지고 있다.

네 번째로 온난화가 진행되면 수자원은 복잡한 영향을 받게 되는데, 그 영향 또한 지역에 따라 다를 것으로 생각된다. 강수량과 하천의 유량 등의 수자원에 있어서 중요한 인자가 장래에 어떻게 변화할 것인지는 잘 알려져 있지 않았다. 그러나 현재 한발, 홍수에 대해 취약한 지역이 악영향을 받는다면 중대한 결과가 초래될 수 있다.

다섯 번째로 기후변화에 의한 기상조건의 변화는 대기오염의 발생 회수와 오염농도에 영향을 줄 수 있다. 기온의 상승은 대류권 오존의 생성반응을 빠르게 하여 많은 도시지역에서 오존의 농도가 상승하게 되고 환경기준치의 달성이 어렵게 된다. 또한 기온의 상승에 의해 전력의 수요가 증가하게 되면 화석연료의 사용량이 증가하고, 오염물질의 방출량이 증가하게 되어 산성우에 의한 피해도 증가할 가능성이 있다.

5.4.4 기타

대기 중에 다량으로 존재하는 수증기는 각종 기상현상을 유발한다. 예를 들어, 수증기가 구름으로 응결될 때 잠열을 방출하게 되는데, 이것이 폭풍우의 원인이 된다. 또한 수증기는 지구복사에너지가 지구 밖으로 나가는 것을 막아주어 대기온도를 일정하게 유지하는 역할을 한다.

먼지는 대기 중의 공기분자와 같이 태양광을 산란시키는 역할을 하는데, 대기 중에 공기분자만 존재하면 맑은 청색을 띠나, 먼지가 가득하면 적황색을 띠게 된다. 이러한 이유는 먼지는 공기분자에 의해 산란되지 않고 통과한 적색, 노란색, 주황색을 산란시키기 때문이다. 먼지입자는 대기 중의 다른 입사보다 크기 때문에 지구로 입사되는 태양광을 반사시켜 입사에너지를 감소시키므로 나아가 지구의 온도를 감소시키는 역할을 한다. 즉, 대기 중의 먼지가 다량으로 존재할 경우 '우산효과'를 유발하기도 한다.

5.5 대기오염물질 처리기술

5.5.1 입자상 물질의 처리기술

입자상 물질의 제어는 그 물질의 물리적 성질, 화학적 성질, 유량, 온도, 습도, 가스의 성질(부식성 용해성) 등을 고려하여 선정된다. 집진기의 종류에는 원심력집진기, 여과집진기, 세정집진기, 전기집진기 등의 4종류가 있으며, 집진기의 원리는 표 5.10에 정리하였다.

표 5.10 입자상 물질의 집진방법 및 원리

집진방법	집진원리
원심력집진기	고체나 액체의 분진이 기체에 의해 회전할 경우 입자들은 원심력에 의해 집진기 외벽에 충돌하게 되어 제거되는 방식이다. 원심력 집진기를 병렬로 연결할 경우 대용량 처리도 가능하며, 집진효율이 상승되는 장점이 있다.
세정집진기	입자에 물을 분사하면 액적에 의하여 입자의 크기가 커진다. 입자의 크기가 커지면 제거가 상대적으로 용이하므로 물을 분무하여 크기를 증가 시켜 제거하는 방식이다.
여과집진기	입상이나 섬유상의 물질로 구성된 다공성 구조로 된 여과포에 분진을 함유한 배가스를 통과시킬 경우 여과포에 의하여 분진이 제거되는 집진하는 방식이다.
전기집진기	전하를 띤 입자를 반대전극의 집진극 사이를 통과시켜 전극에서의 전기적 인력에 의해 입자를 극판으로 이동시켜 제거하는 방식이다.

5.5.2 가스상 물질의 처리기술

현재 알려진 가스상 대기오염물질에는 상기 언급한 바와 같이 일산화탄소, 질소산화물, 황산화물 등이 있다. 이러한 가스상 오염물질의 농도를 감소시키는 방법에는 첫째, 오염물질을 선택성 고체 흡착제의 표면에 흡착시키는 것과 둘째, 오염물질을 액체 용매에 흡수시키는 방법, 셋째, 촉매를 이용한 제어법, 넷째, 오염물질을 촉매 연소시키거나 직접 연소시키는 방법, 다섯째, 화학반응 공정에서 생성량을 억제함으로써 오염물질의 농도를 감소시킬 수 있다.

표 5.11 가스상 물질의 제어방법 및 제어원리

가스상 물질 제어 방법		원리
흡수		기체상 오염물질을 세정액과 접촉시켜 오염된 세정액으로부터 정화된 가스를 분리시키는 방법이다.
흡착		배가스 중 가치가 있는 물질을 회수하거나 불연성 물질, 농도가 상당히 낮은 물질에 대하여 적용 가능한 것으로 기체 또는 증기상의 오염물질을 고체상 물질의 표면에 포집하여 제어하는 방법이다.
연소법		배가스 중 가연성 가스를 연소시켜 제거하는 방법이다. 이 방법의 경우 연소가 일어나는 동안 유해성분의 제거 및 연소 시 발생되는 에너지를 회수할 수 있는 장점을 가진 방법이다.
촉매	선택적 촉매환원법	질소산화물 제어방식으로써 최적 탈질반응온도 300~350℃에서 환원제(NH_3, CO, H_2S)를 사용하여 TiO_2 또는 V_2O_5 촉매층을 통과시켜 질소산화물을 제어하는 방법이다.
	비선택적 촉매환원법	폐기물이나 연료의 연소과정 중에 발생되는 질소 산화물을 무해한 질소와 물로 환원시켜 제거하는 기술이며, 촉매 없이 870~1,050℃ 온도범위의 고온 배출가스에 NH_3 또는 요소수를 분사하여 질소산화물을 제어하는 방법이다.
배 연 탈황법	습식배연탈황	배가스 중의 SO_x를 알카리수용액($NaOH$, $CaCO_3$, $Ca(OH)_2$, MgO, NH_4OH, NH_3 등)에 흡수하여 환경기준치 이하로 처리하고, 부산물로써 망초(Na_2SO_4), 석고($CaSO_4$), 유안($(NH_4)_2SO_4$), 황산 등으로 회수하는 배연탈황 처리법이다
	반건식탈황	배가스 중 SO_2 또는 HCl을 함유한 고온의 배기가스를 석회석/석회 슬러리 용액과 접촉시켜 제거하는 방식으로써 슬러리 입자가 고온의 배가스에 의해 건조됨과 동시에 SO_2 또는 HCl과 반응하여 건조 상태의 슬러리가 분말로 회수되는 유해가스 제거법이다.

5.5.3 휘발성 유기화합물 및 악취 처리기술

휘발성 유기화합물은 표 5.6에서 언급한 바와 같이 여러 가지 물질이 다양하게 구성되어 있는 것을 알 수 있다. 따라서 휘발성 유기화합물을 구성하는 가스의 성상 및 배출원의 특성에 따라 제어기술을 선택하여 처리할 수 있다. 처리방법으로는 연소법과 촉매산화법, 흡착법, 미생물을 이용한 방법, 끓는점이 낮은 특성을 이용한 응축법, 선택적 투과막을 이용하여 분리시키는 방법, UV를 이용한 산화 방법 등이 있으며, 휘발성 유기화합물의 제어원리는 표 5.12에 나타내었다.

사업장에서 배출되는 시설은 대기환경보전법에 의해 대기오염배출시설로 규제하고 있으며, 생활악취 또한 대기환경보전법에 의거 대상시설이 규정되어 있고, 악취도가 2도 이하로 유지할 수 있도록 적절한 조치를 취하고 있다. 이러한 악취의 처리기술에는 물리적방법과 화학적 방법, 생물학적 방법 등이 있으며, 이러한 방법 등은 악취의 발생장소 및 여건에 따라 적정한 방법을 사용하여야 한다.

표 5.12 휘발성 유기화합물 처리기술 및 원리

처리방법	원 리
연 소	고온에서 연소시켜 휘발성 유기화합물을 제거시키는 방법이다.
촉매산화	소각 공정과 유사하나 연소기 내 촉매(백금, 팔라듐 등)가 충전되어 연소에 필요한 활성화 에너지를 저감시켜 저온에서 소각이 가능하도록 하는 하여 휘발성 유기화합물을 제거시키는 방법이다.
흡 착	실리카겔, 알루미나, 활성탄 등으로 휘발성 유기화합물을 회수하거나 제거시키는 방법이다.
미 생 물	박테리아를 이용하여 이산화탄소, 물 및 광물염으로 전환하여 제거시키는 방법이다.
응 축	배가스의 온도를 조절하여 휘발성 유기화합물 성분만 응축시켜 분리시켜 제거하는 방법이다.
막 여 과	반투과성 막을 사용하여 휘발성 유기화합물 성분만 분리시켜 제거하는 방법이다.
UV 산화	오존, 과산화물(peroxide), OH^-, O^- 라디칼 등의 산화제와 UV를 이용하여 물로 전환시키는 방법이다.

표 5.13 악취 처리기술 및 원리

처리방법		원 리
물리적 방 법	수세법	암모니아, 저급 아민류, 알데히드류 등 친수성의 극성기를 가진 성분의 경우 물을 이용하여 제거하는 방법이다.
	흡착법	흡착제를 이용하여 제거하는 방법으로써 제진, 제습, 감온 등이 요구되는 방법이다.
화학적 방 법	연소 산화법	600~800℃에서 연소시켜 제거하는 방법이다.
	촉매 산화법	250~400℃에서 운전되고, 백금 등의 촉매를 이용하여 산화시켜 제거하는 방법이다.
	약액 세정법	악취성분에 적합한 흡수액을 이용하여 화학반응 및 흡수에 의하여 악취를 제거하는 방법
	오존산화법	오존의 산화력을 이용하여 산화시켜 제거하는 방법
	은폐법	악취성분보다 강력한 방향제를 분사하여 취기물질을 혼합 상쇄시켜 제거하는 방법
생물학적 방 법	토양 탈취법	토양 내 수분에 의한 용해, 화학직 분해, 흡착, 미생물에 의한 분해 등의 작용을 이용하여 제거하는 방법
기 타	볼 차단법	악취가 유발되는 개방된 저장조 및 탱크 표면에 탁구공과 같은 볼을 덮어줌으로써 악취의 발산율을 저감시키는 방법
	응결/희석/통풍법	악취성분을 응결시켜 제거하거나 악취가 발생되는 장소를 통풍시키는 방법, 희석시키는 방법이 있다.

5.6 기후변화에 대한 대응

기후변화란 현재의 기후계가 자연적인 요인과 인위적인 요인에 의하여 점차 변화하는 것을 말한다. 온도 관측이 시작된 이후 지구 표면의 온난화가 진행 중이며, 주요 온실가스의 대기 중 농도는 1750년 이래로 증가하고 있다. 최근 50년간 관측된 온난화의 대부분은 인간 활동에 의한 온실가스 증가에 원인이 있다.

이상기후의 원인이 되는 지구온난화에 대한 과학적 근거를 두고 논란은 있으나, 북극 및 남극지대 기온상승, 빙하감소, 홍수, 가뭄 및 해수면 상승 등 이상기후 현상에 의한 자연재해가 현실로 나타나고 있다.

5.6.1 국제협약

1) 기후변화협약(UNFCCC)

지구온난화에 따른 기후변화에 적극 대처하기 위하여 국제사회는 1988년 UN총회 결의에 따라 세계기상기구(WMO)와 유엔환경계획(UNEP)에 "기후변화에 관한 정부간 패널(IPCC)"을 설치하였고, 1992년 6월 유엔환경개발회의(UNCED)에서 기후변화협약(UNFCCC)을 채택하였다. 미국을 포함한 50개국의 비준이 완료된 1994년 3월 발효되었으며 2011년 기준으로 194개국이 참여하고 있다.

기후변화협약의 주요내용은 "기본적으로 지구온난화 방지를 위하여 모든 당사국이 참여하되, 단 온실가스 배출의 역사적 책임이 있는 선진국은 차별화 된 책임을 져야 한다. 또한 모든 당사국은 지구 온난화 방지를 위한 정책/조치 및 국가 온실가스 배출 통계가 수록된 국가보고서를 UN에 제출해야하는 의무를 가지고 있다."이다.

UN기후협약은 기후변화에 대응하기 위한 국제적 노력의 첫 번째 결과물이지만, 법적 구속력이 없으며 구체적 목표와 일정 등이 제시되지 않은 협약이라는 한계를 가지고 있다.

2) 교토의정서

기후변화협약에 의한 온실가스 감축은 구속력이 없음에 따라 온실가스의 실질적인 감축을 위하여 과거 산업혁명을 통해 온실가스 배출의 역사적 책임이 있는 부속서 I 국가로 분류된 39개 국가에 대해 제1차 의무이행기(2008~2012년) 중 온실가스 총배출량을 1990년보다 평균 5.2% 줄이는 의무를 부여했다. 이러한 교토의정서를 제3차 당사국총회(1997년, 일본 교토)에서 채택하여 2005년 2월 16일 공식 발효시켰다. 2011년 남아공 더반에서 실시한 제17차 당사국총회에서는 2012년 만료되는 교토의정서에 대하여 의무이행 기간을 추가로 5년(2013~2017년)설정하여 교토의정서를 연장하기로 합의했다.

3) 당사국총회로 생긴 합의문

제3차 당사국총회에서 채택된 교토의정서 외에도 다양한 합의문이 채택되었다.

① 발리 로드맵

개발도상국(이하 개도국)의 급속한 성장에 따른 온실가스 배출량 증가로 인해 부속서 Ⅰ국가들만을 대상으로 한 교토의정서의 한계가 드러났다. 이에 선진국은 개도국에 대한 감축의무 부여를 주장하였으나 개도국은 이에 강하게 반발했다. 이러한 상황 속에 2007년 인도네시아 발리에서 실시한 제13차 당사국총회에서 선진국과 개도국이 모두 참여하는 새로운 체제를 2009년까지 마련한다는 발리 로드맵에 대한 합의가 이루어졌다.

② 코펜하겐 합의문

2009년 덴마크 코펜하겐에서 실시한 제15차 당사국총회에서 선진국과 개도국 모두를 포함하는 법적 구속력 있는 규정을 만들기 위한 논의가 진행되었으며, 이를 통해 개도국 기후변화 적응지원을 위한 재정지원 강화, 국가별 감축공약 제시 및 검토, 녹색기술의 이전 촉진 등에 대한 사항을 담은 코펜하겐 합의 초안이 미국, 중국, 인도, 브라질 및 남아공의 주도로 마련되었다. 그러나 만장일치에 따른 합의에 이르지는 못했다.

③ 칸쿤 합의문

이후 2010년 멕시코 칸쿤에서 실시한 제16차 당사국총회에서는 녹색기후펀드 설치를 포함한 선진국의 재정지원 강화, 적응 위원회 설치 등을 포함하는 칸쿤 합의가 도출되었으나 선진국과 개도국이 모두 참여하는 법적 구속력 있는 제도의 도입에는 실패하였다.

5.6.2 기후변화에 따른 대책

교통과 가정부문의 온실가스 배출량은 우리나라뿐만 아니라 국제적으로도 가장 빠르게 증가하고 있으며, 국민 생활과 밀접한 연관이 있는 이들 부문에서의 온실가스 감축은 가장 중요한 대응책이 될 수 있다.

1) 환경 친화적 상품으로서 소비양식 전환

동일한 기능을 가진 상품이라면 환경오염 부하가 적은 상품, 예를 들면 에너지효율이 높거나 폐기물 발생이 적은 상품을 선택하는 것이 필요하다.

2) 에너지와 자원절약의 실천

가정 및 직장에서의 냉난방 에너지 및 전력의 절약, 차량 공회전 자제, 대중교통 이용, 차량 10부제 동참 등의 노력과 참여가 필요하다.

3) 폐기물 재활용 적극 참여

온실가스 중의 하나인 메탄은 주로 폐기물 매립 처리과정에서 발생하며 재활용이 촉진되면 매립지로 반입되는 폐기물량이 감소하므로 메탄 발생량도 감소한다. 또한 폐지 재활용은 산림자원 훼손의 둔화를 통하여 온실가스 감축에도 기여한다.

4) 환경보건과 환경교육 강화

환경보건법과 환경교육진흥법이 2010년부터 시행되고 있다. 실효성 있는 교육이 필요하여 법적 제도를 구비한 것인데, 우리의 경제규모에 걸맞은 수준의 건강과 교육문제가 이루어져야 한다.

5) 이산화탄소를 줄이는 생활의 지혜

① 실내온도를 적정하게 유지한다.
② 승용차 사용을 줄이고 대중교통을 이용한다.
③ 친환경 제품을 구입한다.
④ 물을 아껴 쓴다.
⑤ 쓰레기를 줄이고 재활용한다.
⑥ 올바른 운전습관을 유지한다.
⑦ 전기제품을 올바르게 사용하여 에너지를 절약한다.
⑧ 나무를 심고 가꾼다.

Chapter

6

폐기물 관리

6.1 서론

생활수준이 향상되고 산업이 발달할수록 일상생활이나 산업활동에서 사용되는 물질의 종류도 다양해진다. 이들은 인간의 편의를 위하여 사용되고 난 이후에 폐기물로 발생되어지며 또한 제품을 생산하는 과정에서도 많은 종류의 폐기물이 발생되어진다. 이와 같이 폐기물의 질이 다양해지는 것 이외에 폐기물의 양 또한 상당히 증가하고 있다. 국내의 경우 하루에도 많은 양의 폐기물이 배출되어 매립되거나 소각되어지고 있다. 그러나 매립지의 부족, 소각장 부지확보의 어려움 등으로 폐기물의 처리 및 처분에는 커다란 어려움이 따르고 있다. 이에 대한 국민의 더 많은 관심이 필요할 것이라 생각되며 더구나 1995년 초에는 쓰레기종량제의 실시로 우리나라의 쓰레기관리 정책에 커다란 변화가 있었다.

산업혁명을 거치면서 계속적인 자원의 이용으로 이제 부존자원은 거의 고갈의 위기에 처하게 되었다. 자원의 고갈로 인한 폐기물 재이용 필요성의 증가로 이제 쓰레기는 더 이상 쓰레기 자체일 수만은 없는 자원인 것이다. 따라서 쓰레기를 퇴비화 하는 등 자원으로 재이용하는 데 보다 많은 연구 및 투자가 이루어져야 할 것이다.

본 장에서는 폐기물의 분류 및 특성, 폐기물처리기술(파쇄, 압축, 선별, 열적처리, 퇴비화, 고화처리 등)에 대하여 개략적으로 살펴 본 후 폐기물처리 및 처분의 주요 방법인 소각처리 및 매립처분에 대하여 좀 더 알아보고자 한다.

6.2 폐기물의 분류 및 특성

6.2.1 폐기물의 분류

1) 우리나라의 폐기물 분류

폐기물은 일반적으로 일반폐기물과 유해폐기물로 나눌 수 있으며 우리나라의 경우 폐기물 관리법 및 그 시행령에 의하여 일반폐기물과 특정폐기물로 구분하고 있다. 일반폐기물은 주로 도시폐기물(municipal solid waste, 일반적으로 도시쓰레기라고도 함)과 유해성이 매우 낮은 산업폐기물을 포함하며, 특정폐기물은 산업폐기물 중 특히 유해성이 높은 폐기물들과 특별관리의 필요성이 있는 폐기물 등을 포함한다.

특정폐기물은 사업활동에 수반하여 발생되는 폐유, 폐산, 폐알칼리, 폐합성수지 등 환경 및 국민보건에 유해한 물질로서 대통령이 정하는 물질을 말한다. 폐산, 폐알칼리는 폐기물 공정시험방법에 따라 pH를 측정한 후 결정한다. 폐유기용제는 총리령에 의하여 지정된 물질에 한정되어 있다. 광재, 분진, 소각 잔재물 등은 폐기물 공정시험방법상의 용출시험에 따라 특정폐기물로 판정된다.

2) 외국의 폐기물 분류

외국의 폐기물분류 방법을 간략히 제시하여 보았다. 미국의 경우 폐기물 관련법규는 1965년 고형폐기물 처분법(Solid Waste Disposal Act, 1965)에서 법적체계를 갖추었다. 폐기물에 자원개념을 도입하면서 폐기물의 분류를 명확히 한 법이 자원보존 및 회수법(Resources Conservation and Recovery Act, 1975)으로 흔히 RCRA로 불린다. 여기서는 폐기물을 크게 고형폐기물과 유해폐기물로 분류했다. 유해폐기물을 좀 더 구체적으로 살펴보면 배출원에 따른 유해폐기물과 특성에 따른 유해폐기물로 구분할 수 있으며 다음과 같이 세분화할 수 있다. 배출원에 따른 유해폐기물은, ① 비지정오염원(non-specific sources), ② 지정오염원(specific sources), ③ 상업용 화학물질(commercial chemical products)에 따라 구분할 수 있으며, 특성에 따른 유해폐기물은, ① 인화성(ignitability), ② 부식성(corrosivity), ③ 반응성 (reactivity), ④ 독성(toxicity)에 따라 구분할 수 있다.

6.2.2 폐기물 발생량

과거 국내의 도시폐기물 발생량은 1985년에 일인당 일일 발생량이 1.95 kg에서 1990년에 2.32 kg으로 증가한 것으로 알려져 있었다. 그러나 이 자료는 폐기물발생량을 무게기준으로 정확히 계측하지 않고 부피기준으로 집계된 자료이다. 최근에 수도권 매립지로 폐기물이 반입되면서 계량대에 의해 정확히 측정된 자료에 의한 폐기물의 발생량이 발표되고 있다. 1997년의 일인당 일일생활쓰레기 발생량은 1.05 kg으로서 일본의 1.12 kg, 영국의 0.96 kg, 독일의 0.99 kg과 비슷한 수준이다.

미국의 경우 도시 주거 및 상업지역에서의 폐기물 발생량은 일인당 일일 1.73 kg (1990년 기준)이고 일본의 경우 1.00 kg(1988년 기준)이었다.

6.2.3 폐기물의 특성

1) 일반폐기물의 특성

일반폐기물의 특성은 크게 물리적, 화학적 및 생물학적 특성으로 구분하여 살펴볼 수 있다. 물리적 특성에 대하여 먼저 살펴보면 물리적 특성은 다시 밀도, 수분함량, 입자크기 및 크기분포, 수분보유용량, 투수도 등으로 구분할 수 있다.

밀도는 단위부피당 질량으로 정의된다. 폐기물의 밀도는 지역, 계절, 저장기간 등에 따라 크게 변화한다. 수분함량은 폐기물 내 수분과 고형물의 양을 나타낸다. 수분함량은 폐기물의 조성, 계절, 기후조건에 따라 변화한다. 대개 음식쓰레기의 수분함량이 높으며 비가 온 뒤에는 수분을 흡수한 폐기물의 무게가 증가하게 된다. 입자크기 및 분포는 재활용 가능한 물질의 회수를 고려할 때 중요하다. 특히 트롬멜 스크린이나 자력선별기 등과 같은 기계적 장비를 이용할 때 더욱 중요하다. 수분보유능력은 폐기물 내에 유지할 수 있는 수분의 총량을 말한다. 폐기물의 수분보유 능력은 매립지에서 침출수의 생성을 예측하는 데 아주 중요하다. 수분보유능력은 폐기물에 가해진 압력과 폐기물의 조성에 따라 다르다. 투수도는 매립지에서 장기적으로 액체 및 가스의 이동을 예측 및 관리하는 데 중요한 물리적 특성이다. 투수도는 고형폐기물의 특성에 따라 달라진다.

화학적 특성을 알아보기 위해서는 삼성분 분석, 원소 분석, 발열량 분석 등이 필요하다. 삼성분 분석은 쓰레기 중 연소 가능한 성분 분율을 알아보기 위한 분석이다. 즉 쓰레기를 수분과 연소가능 성분, 재의 세 가지 성분으로 나눌 수 있다. 원소 분석은 폐기물 내에 유기물질의 화학적 조성을 결정하는 데 사용되어진다. 폐기물조성은 탄소(C), 수소(H), 산소(O), 질소(N), 황(S)과 재의 6가지로 나누어지며 경우에 따라 염소(Cl) 등이 추가될 수 있다. 이 분석은 또한 생물학적 공정을 위한 C/N비(탄소와 질소의 존재 비율)를 구하는 데 사용될 수도 있다. 발열량은 실험실규모의 칼로리미터를 이용하여 실측하거나 혹은 원소조성에 의한 계산에 의하여 결정될 수 있다. 대부분의 발열량은 실험실에서 측정한 것을 이용하며 소각로의 설계에 이용된다.

생물학적 특성은 유기물의 생분해 가능성, 냄새의 생성정도 등을 들 수 있다. 550℃에서 연소에 의하여 결정되는 휘발성 고형물질(Volatile Solids, VS)이 생분해 가능성의 측정에 이용된다. 냄새의 생성은 중계처리장과 저장시설 등 저장기간이 오래될 때 발생할 수 있다. 저장시설에서 냄새는 따뜻한 기후에서 더욱 심해지며 냄새는 분해가 쉬운 유기물의 혐기성 분해에 의하여 주로 생성된다.

2) 유해폐기물의 특성

유해폐기물은 인체나 자연환경의 안전(safety)이나 건강(health)을 해칠 우려가 일반폐기물에 비하여 월등히 높다. 유해폐기물은 대개 자연계에서 오래 지속되거나(persistent), 생명을 위협하거나(lethal), 생물학적으로 축적(bio-accumulation)되기도 한다. 유해폐기물의 특성을 안전과 건강에 관련하여 검토하여 보면 다음과 같다. 안전과 관련된 유해폐기물 특성으로는, ① 부식성(corrosivity), ② 폭발성(explosivity), ③ 연소성(flammability), ④ 인화성(ignitability), ⑤ 반응성(reactivity) 등이 있다.

건강과 관련된 유해폐기물 특성으로는, ① 발암성(carcinogenicity), ② 전염성(infectivity), ③ 자극성(irritant), ④ 돌연변이성(mutagenicity), ⑤ 독성(toxicity), ⑥ 방사성(radioactivity), ⑦ 기형발생성(teratogenicity) 등이 있다.

6.3 폐기물 처리

폐기물은 그 특성상 적절히 관리되지 않으면 냄새가 유발되고 파리 등 병원균 매개체가 발생할 수 있다. 따라서 보다 빠르고 적절한 처리를 필요로 하게 된다. 과거 폐기물은 쓸 수 없는 것으로 간주되어 왔다. 그러나 자원의 고갈로 폐기물의 발생량을 줄이기 위한 자원화의 필요성이 증가하게 되었다. 여기에서는 폐기물을 재활용하기 위한 전단계로서 파쇄, 선별방법, 운반을 용이하게 하기 위한 압축시설, 부피를 줄이고 그 열을 회수하기 위한 열적처리 공정, 유기물을 재활용하기 위한 퇴비화, 중금속 함량이 높은 물질을 고형화시키는 고화처리 등 현재 폐기물의 처리에 이용되는 여러 가지 방법들에 대하여 간략히 살펴보고자 하였다. 특히 열적 처리 중 소각은 최근에 많은 관심이 되고 있어 좀 더 보충설명을 하고자 한다. 그림 6.1은 쓰레기 처리, 처분 시스템의 흐름을 도식화 한 것이다.

6.3.1 파쇄

파쇄는 도시쓰레기의 크기감소를 위하여 적용되는 단위공정이다. 파쇄는 재활용품 회수시설의 일부로서 폐기물의 크기를 원래 형태보다 작게 함으로써 폐기물 크기를 비교적 균일한 형태로 만든다. 파쇄 후 부피가 감소하기도 하나 때로는 파쇄 후의 부피가 파쇄 전보다 커질 수도 있다.

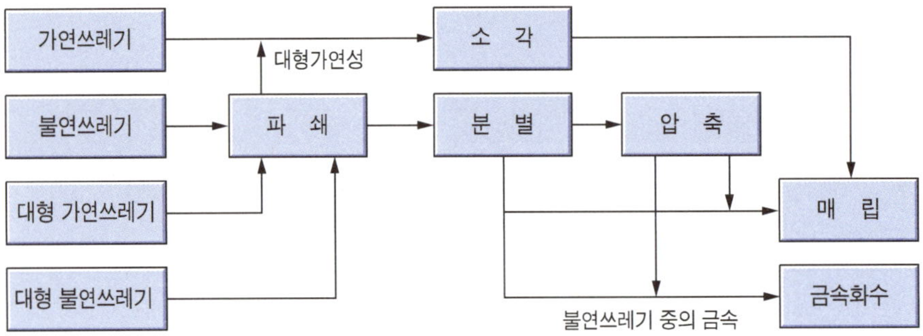

그림 6.1 쓰레기 처리, 처분시스템의 흐름도

파쇄는 대개 뒤에 언급될 선별과정의 전처리로서 흔히 필요한 공정이다.
파쇄의 주요 목적 및 기대효과를 요약하면 아래와 같다.

① 자원회수의 전처리로 파쇄에 의하여 선별과정을 용이하고 효율적으로 한다.
② 압축시 밀도 증가율이 파쇄되지 않은 폐기물 압축시보다 크므로 운반비가 감소된다.
③ 매립시 복토가 필요 없는 경우가 많다.
④ 매립시 작업하기가 용이하다.
⑤ 매립시 조기 안정화를 꾀할 수 있다.

파쇄장비의 형태, 성능 특성 등에 대하여 살펴보면 아래와 같다.

(1) 장비의 형태

일반적으로 이용되는 파쇄 장비에는 첫째, 깨지기 쉬운 물질에 매우 효과적인 해머밀, 둘째, 반대방향으로 회전하는 두 개의 칼날을 이용하여 물질을 파쇄하는 전단파쇄기, 셋째, 정원쓰레기에 널리 이용되는 터브 그라인더(tub grinder) 등이 있다. 그림 6.2는 위에서 설명한 장치들을 예시하고 있다.

(2) 성능특성

해머밀은 폐기물을 균일한 크기로 파쇄하지 못하기 때문에 파쇄 후 입자크기분포가 상당히 크다. 유리, 모래, 돌 등의 깨지기 쉬운 물질은 철이나 비철금속류보다 미세한 입자로 파쇄된다. 해머밀의 고속회전에 의해 유리나 모래의 일부가 종이, 섬유류 같은 물질에 파묻혀 버리기도 한다. 이러한 오염현상은 회수물질의 품질규격에 영향을 미친다.

(a) (b) (c)

그림 6.2 파쇄장비 (a) 해머밀, (b) 전단파쇄기, (c) 터브 그라인더

전단파쇄기는 다른 파쇄기보다 균일하게 파쇄하는 경향이 있다. 전단파쇄기는 도시쓰레기, 특정부류의 산업폐기물, 타이어 등의 파쇄에 특히 효과적이다.

6.3.2 압축

압축은 폐기물의 밀도를 증가시켜 보다 효율적으로 저장, 운반될 수 있도록 처리하는 단위공정이다. 고형폐기물과 회수물질의 압축에 이용될 수 있는 기술로는 베일링(baling), 입방체제조(cubing), 펠레트 제조(pelleting) 등이 있다. 고형폐기물의 압축은 몇 가지 이유 때문에 실시되는데, 즉 재활용가능물질의 저장면적감소, 운반 시 부피감소, 폐기물가공고체연료(refuse derived fuels, RDF) 제조 등이 그것이다. 그림 6.3은 베일링 장치와 폐기물로부터 제조된 RDF를 나타내고 있다.

(a) 베일링 (b) RDF

그림 6.3 베일링(baling), 폐기물가공고체연료(refuse derived fuels, RDF)

6.3.3 선별

단순 수거된 상태의 혼합된 도시쓰레기는 생물학적으로 불안정하고 악취가 날 수 있으며 일반적으로 재이용할 수 없는 상태이다. 재활용품 회수시설(Materials Recovery Facilities, MRF)은 혼합된 도시쓰레기에서 이용 가능한 물질을 선별하는 데 이용된다. 종이, 플라스틱, 유리, 금속 등은 도시쓰레기로부터 새로운 생산품 제조를 위하여 회수될 수 있다. 폐기물내의 유기성 성분은 퇴비화나 기타 생물학적 공정의 원료로 이용될 수 있고 에너지회수를 위한 열처리공정의 폐기물가공고체연료(RDF)로서 이용될 수 있다.

폐기물의 선별 및 처리에 이용되는 단위공정은 첫째, 폐기물이 성분별로 쉽게 분리될 수 있도록 폐기물의 물리적 특성을 변화시키고, 둘째, 특정오염물질이나 특정성분을 폐기물로부터 제거할 수 있도록 설계한다.

(1) 크기선별

크기선별은 한 개 또는 그 이상의 스크린을 이용하여 혼합물에서 몇 가지 구성성분을 분리해내는 선별기술이다. 크기선별은 건식 또는 습식으로 운영할 수 있으나 고형폐기물 처리에서 일반적인 것은 전자이다. 스크린은 파쇄 전후와 폐기물가공고체연료 제조공정에서 풍력선별 후에 이용되어 왔다. 고형폐기물 선별에 이용되는 가장 일반적인 스크린의 형태에는 진동스크린(vibrating screen or reciprocating screen), 트롬멜 스크린(trommel screen, 일명 회전식 드럼스크린), 디스크 스크린 등이 있다.

(2) 밀도차선별

밀도차선별은 밀도와 공기역학적 특성에 의해 물질을 선별하는 데 흔히 이용되는 기술이다. 밀도차선별은 파쇄된 도시쓰레기를 다음의 두 성분으로 선별하는 데 이용되어 왔다 : ① 주로 종이, 플라스틱, 유기물 등으로 구성되어 있는 가벼운 물질, ② 금속, 목재, 그리고 상대적으로 밀도가 높은 무기성분으로 구성되어 있는 무거운 물질. 밀도차선별에 이용되는 기술에는 풍력선별, 스토너(stoner), 부상선별, 중액식 선별 등이 있다.

(3) 자력/전기 선별

자력선별과 전기선별은 폐기물의 전기/자기적 성질을 이용한 선별기술이다. 자력선별은 철 성분을 선별하는 데 이용된다. 정전기적 선별은 물질간의 표면정전기의 차이에 기초하여 종이로부터 플라스틱을 선별하는 데 이용될 수 있다. 와전류식 선별은 자장의 강도를 변화시킴으로써 알루미늄 같은 비철금속에 와전류를 유도하여 전도체물질을 비전도체로부터 선별하는 기술이다. 자력선별기는 영구자석이나 전자석을 이용할 수 있다.

6.3.4 열적처리

부피감소와 에너지회수를 목적으로 이용되는 폐기물의 열적처리기술은 폐기물종합관리체계에서 중요한 부분 중의 하나이다. 여기에서는 (1) 열적처리공정의 원리, (2) 열분해시설, (3) 가스화시설, (4) 환경오염방지시설, 그리고 (5) 에너지 회수의 다섯 부분으로 나누어 설명한다. 그림 6.4는 폐기물의 열적처리 시스템의 한 예를 보여주는 구성도를 도식화 한 것이다.

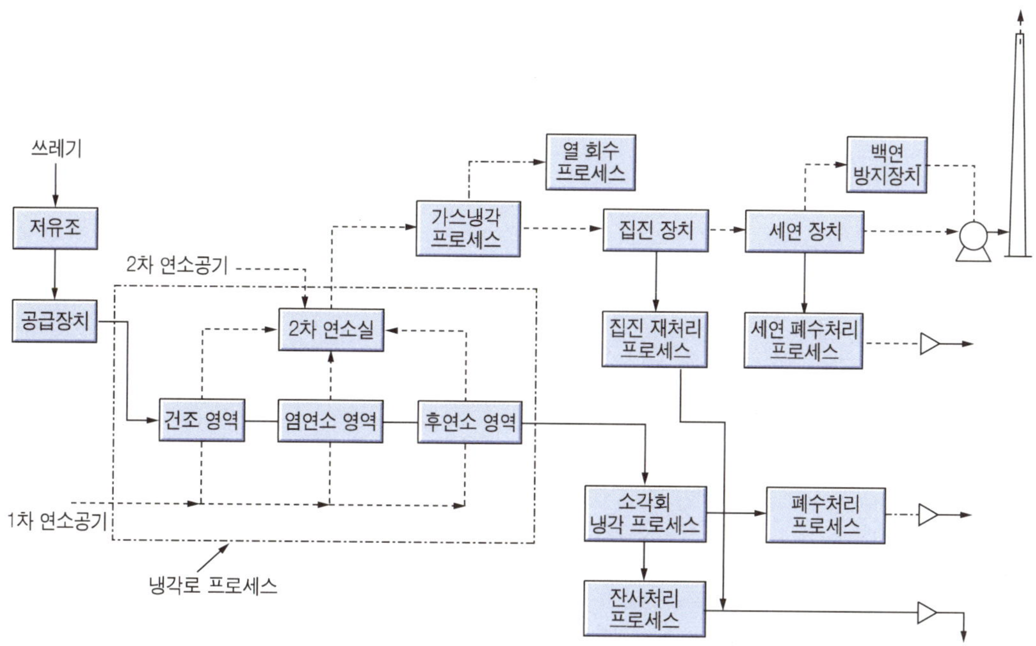

그림 6.4 폐기물의 열적처리 시스템의 한 예를 보여주는 구성

1) 열적처리공정의 원리

폐기물의 열적처리공정은 고온에서 폐기물을 가스상, 액상 그리고 고체상 물질로 전환하는 것이라고 정의된다. 열분해는 완전 무산소 상태에서 폐기물을 처리하는 열적처리공정이다. 가스화는 일산화탄소, 수소 그리고 기체상의 탄화수소류 등을 포함하는 연소 가능한 가스를 생산하기 위하여 양론적 공기요구량보다 적은 양의 공기로 폐기물을 부분 연소시키는 것이다. 소각은 양론적 공기요구량보다 많은 양의 공기(과잉공기)를 공급함으로써 완전연소를 목적으로 한다.

2) 열분해시설

앞에서 정의하였던 것처럼 열분해는 완전 무산소 상태에서 폐기물을 열에 의하여 처리하는 공정이다. 불행하게도 문헌상에 열분해시설과 가스화시설에 대한 혼동이 흔히 발견되고 있는데 실제 많은 열분해시설이라고 하는 것들은 대부분 가스화시설이다. 열분해시설과 가스화시설은 모두 폐기물을 기체상, 액체상 그리고 고체상 연료로 전환시키기 위하여 사용되는 시설들이다. 두 시설 사이의 주요한 차이점은 열분해시설의 경우에는 산소가 없는 상태에서 흡열반응에 의하므로 외부에서 열을 가하여야 하는 반면에, 가스화시설은 발열반응이며 폐기물의 부분연소를 위하여 공기(산소)를 공급한다.

대부분의 유기성물질들은 열적으로 불안정하기 때문에 산소가 없는 상태에서 외부로부터 열이 공급되면 분해와 응축반응을 거쳐 기체상, 액체상, 고체상 물질로 분리될 수 있다. 이러한 과정을 열분해라고 한다. 연소(소각)와 가스화 공정이 발열반응인데 비하여 열분해공정은 외부열원이 필요한 흡열반응이므로 열분해를 분해증류(destructive distillation)라고 하기도 한다.

열분해공정으로부터 발생되는 세 가지 주요물질은 다음과 같다.

① 수소, 메탄, 일산화탄소, 그리고 열분해 대상 유기성물질의 특성에 따른 가스성분을 포함하는 기체상 물질
② 아세트산, 아세톤, 메탄올 및 산화된 고분자 탄화수소류를 포함하는 타르(tar)와 같은 액체상 물질
③ 거의 순수탄소 및 폐기물 속에 존재하던 비활성물질로 구성된 차르(char)

3) 가스화시설

가스화는 연료를 양론적 공기요구량보다 적은 공기량으로 서서히 연소하는 일종의 부분연소공정이다. 비록 이 공정이 19세기에 개발되었지만 폐기물에 적용된 것은 겨우 최근의 일이다. 가스화는 폐기물의 부피를 감소시키고 에너지를 회수할 수 있는 에너지 효율적인 기술이다. 본질적으로 이 공정은 일산화탄소, 수소, 그리고 메탄이 주성분인 포화탄화수소류 등이 함유된 가스연료를 생산하기 위하여 탄소성 물질을 부분 연소시키는 공정이다. 생성된 연소가능한 가스연료는 내연기관, 가스터어빈 혹은 보일러에 연료로서 이용할 수 있다.

4) 환경오염방지시설

열적처리시설의 운영 시 가스상 및 입자상 물질, 고형잔류물, 그리고 폐수를 발생시킴으로써 환경에 여러 가지 영향을 끼친다. 이들 오염물질들을 통제할 시설을 설계하는 것은 열적처리시설의 설계에서 중요한 부분이다. 어떠한 경우에 있어서는 이러한 환경오염방지시설에 드는 비용과 시설의 복잡성이 열적처리시설 자체에 소요되는 비용과 비슷하거나 더 크다. 이러한 오염물질들이 환경에 미치는 영향과 이들 영향을 통제할 기술을 간단히 살펴보면 다음과 같다.

대기오염물질의 종류는 매우 다양하지만 그 중 주요 규제대상 오염물질로는 일산화탄소, 이산화황, 질소산화물, 오존, 흡입가능 입자상물질(PM_{10}), 그리고 납이 포함되어 있다. 여기에서는 이들 규제대상오염물질과 규제대상 외 오염물질 중에서 중요한 것들에 관하여 간단히 설명한다.

질소산화물 중 가장 중요한 두 가지 형태는 NO와 NO_2이다. 질소산화물들은 오존이나 PAN(peroxyacetal nitrate) 등 광화학 산화제(photochemical oxidants)의 생성을 일으키는 물질들이다. 질소산화물들은 또한 산성안개와 산성비의 원인이 될 수 있는 질산염 에어로졸(nitrate aerosols)을 형성시킨다.

이산화황은 황을 포함하는 물질의 연소에 의하여 형성된다. 이산화황은 눈, 코 그리고 목에 자극을 주는 물질이다. 고농도의 이산화황은 천식이나 기관지염을 앓고 있는 사람에게 질병을 일으키며 사망의 원인이 될 수 있다. 이산화황은 북미와 북유럽의 호수, 강 그리고 숲에 심각한 영향을 주고 있는 산성비와 산성눈의 생성과 직접적인 관계가 있다.

산소부족상태에서 탄소성 물질의 연소에 의하여 형성되는 일산화탄소는 혈액 속의 헤모글로빈과 결합하여 카복시헤모글로빈(carboxyhemoglobin)을 형성한다. 결과적으로 산소의 부족현상이 일어나 두통, 메스꺼움을 일으킬 수 있고 극도의 고농도에서는 사망할 수도 있다.

입자상 물질은 연료의 불완전연소에 의하여 발생하기도 하고 비가연성물질이 연소가스 흐름에 빨려 들어감으로 해서 발생하기도 한다. 입자상 물질은 가시거리를 감소시키고 건강을 악화시키는 원인이 된다. 0.01 mm(10μm) 미만의 입자들은 호흡을 통하여 폐 깊숙이 들어갈 수 있기 때문에 특히 위험하다.

도시폐기물은 비균질성 혼합물이다. 플라스틱, 광택잡지류, 그리고 건전지와 같은 일상생활에는 비교적 무해한 물질들이 금속성분을 포함하고 있다. 카드뮴, 크롬, 수은, 그리고 납과 같은 금속들은 공중보건 측면에서 특히 관심의 대상이 된다. 연소 후 금속은 입자상 물질로서 방출되거나 기화하여 가스상 형태로 방출된다. 수은은 비교적 낮은 온도(357℃)에서 휘발하기 때문에 특히 문제가 심각하다.

불소와 염소를 포함하는 폐기물의 연소는 HF와 HCl와 같은 산성가스를 발생시킨다. 또한 황과 질소를 함유하는 폐기물의 연소도 산성가스의 생성원인이 될 수 있다.

다이옥신은 polychlorinated dibenzodioxins(PCDD)로 알려진 유기화합물로서 여러 종류가 있다. 퓨란(polychlorinated dibenzofuran, PCDF)은 두 개의 벤젠고리가 하나의 산소에 의하여 결합되어 있는 것을 제외하고는 PCDD와 비슷한 구조를 가진다. PCDD와 PCDF가 관심의 대상의 되는 이유는 일부 이성체들이 현재 존재하는 물질 중에서 가장 독성이 강한 물질 중의 하나라는 사실 때문이다.

열적처리시설에서 배출되는 이러한 가스상, 입자상 물질들은 다음의 다섯 가지의 대기오염방지시설에 의하여 통제될 수 있다.

① 전기 집진기(Electrostatic Precipitator, ESP), 백필터(fabric filter) – 입자상 물질 통제
② 발생원 분리, 연소통제, 배출가스처리 – 질소산화물 통제
③ 발생원 분리, 습식 또는 건식세정 – 이산화황과 산성가스 통제
④ 연소통제 – CO와 Hydrocarbon 통제
⑤ 발생원분리, 연소통제, 입자상물질통제 – 규제대상외 오염물질 통제

5) 에너지 회수

일단 폐기물이 소각에 의하여 증기와 같은 열에너지로 전환되거나, 또는 열분해 및

가스화에 의한 기체상이나 액체상 물질과 같은 화학적 에너지로 전환되면 이 전환된 에너지는 기계에너지나 전기에너지로 이용될 수 있다. 증기는 산업공정이나 건물난방에 직접 이용할 수 있다. 또한 증기는 증기터어빈을 이용하여 기계에너지나 전기에너지를 생산할 수도 있다. 열적 처리공정과 생물학적 처리공정에 의하여 폐기물로부터 생산된 가스상과 액체상 물질은 증기를 생산하는 보일러의 연료로도 이용될 수 있다. 또한 가스상과 액체상 물질은 왕복기관과 가스터어빈의 연료로서 직접 이용될 수도 있다.

6.3.5 퇴비화

퇴비화는 환경에 악영향을 미치지 않고 호기성 조건 하에서 생물학적으로 폐기물을 안정화시키는 폐기물 자원화방법 중의 하나이다. 즉 도시폐기물 중의 음식찌꺼기, 축산폐기물, 낙엽 또는 하수처리장 슬러지와 같은 유기물을 안정한 상태의 부식토(humus)로 변환시키는 생물학적 공정이다.

부산물인 퇴비는 100% 안정화된 유기물은 아니며 퇴비내의 유기물질은 매우 느린 속도로 계속 분해될 것이다. 퇴비화 과정은 일반적으로 3~4주 정도 소요된다. 퇴비화 과정은 호기성이기 때문에 그 기간 동안 혼합에 의해 공기가 공급되어야 하며 생물학적 과정에 의해 분해가 일어나면서 병원균을 파괴시킬 수 있는 고온(55℃ 이상)이 발생된다. 보통의 경우 70℃를 넘는 경우도 허다하다. 이 과정에서 산소요구량을 만족시키기 위하여 폐기물을 교반시킴으로써 대기 중의 산소에 노출시키는 방법과 공기주입장치를 이용하여 공기를 공급할 수 있다.

퇴비화 과정이 완료된 후에 후숙(stabilization) 기간이 필요하다. 이 기간 동안 유기물의 안정화를 좀 더 예상할 수 있다.

퇴비화 과정을 거친 일반적인 퇴비의 특징은 다음과 같다.

① 악취가 없는 안정한 유기물이다.
② 병원균이 거의 없다.
③ 뛰어난 토양 개량제이다.
④ 수분보유력과 양이온 교환능력이 좋다.
⑤ C/N 비율이 낮다.
⑥ 짙은 갈색(검은색)이다.

유기성 폐기물 퇴비화 시의 장·단점은 다음과 같다.

- 장점 ① 폐기물의 재활용
  ② 운영 시 낮은 에너지 소모
  ③ 낮은 초기시설 투자비
- 단점 ① 낮은 비료가치
  ② 시장확보의 어려움
  ③ 기계식이 아닌 경우 부지확보의 어려움
  ④ 악취발생 가능성 등이 있다.

생활쓰레기로부터 생산된 퇴비는 중금속 등 유해물질의 함유정도에 따라 다음의 용도로 사용될 수 있을 것이다.

① 매립지 복토재
② 황무지 복구
③ 삼림 등 공공노출이 적은 지역
④ 공원 등의 조경
⑤ 작물재배

6.3.6 고화처리

고화처리는 폐기물을 고체형태로 고정시키는 물질과 혼합시킴으로써 고체 구조 내에 폐기물을 물리적으로 고정시키고 화학적으로 안정화시키는 처리방법이다. 물리적으로 고립되고(physically isolated) 화학적으로 안정된(chemically stabilized) 폐기물성분은 자연계로의 유출률이 매우 느려지므로 환경오염 가능성이 그만큼 낮아지게 된다. 가장 큰 단점은 고화처리된 폐기물은 무게나 부피가 증가해 처분비용이나 운반비용이 증가한다는 점이다. 고화처리는 고형화(solidification), 안정화(stabilization), 캡슐화(encapsulation)/피막형성 등 여러 이름으로 쓰인다. 엄격한 의미로 이 세 가지는 구별되나 우리나라의 경우 이것들을 구분 없이 고화처리라 부른다. 일반적으로 최종처분을 위한 고화처리의 목적은, ① 폐기물을 다루기 용이하게 하기 위해서, ② 폐기물 표면적의 감소에 따른 폐기물성분의 손실을 줄이기 위해서, ③ 폐기물 내의 오염물질의 용해도를 감소시키기 위해서, ④ 폐기물의 독성을 감소시키기 위해서 등이다.

6.3.7 폐기물의 소각처리

소각의 목적은 가연성 폐기물을 공기 중의 산소와 반응시켜 연소시킴으로써, 연소가스와 안정화된 고형연소재로의 전환에 있다. 그러나 소각하는 경우 양호하게 연소되지 않는 경우에는 검댕이가 다량 발생하고, 이 검댕이 연소가스 중에 혼입되어 분진이 발생되므로 양호한 연소가 되도록 할 필요가 있다. 일반적으로 양호한 연소상태를 얻기 위해서는 피연소물과 공기가 적정한 비율로 투입되고 착화와 연소가 신속하게 일어날 수 있는 조건(공기와의 충분한 혼합, 고온 등) 하에서 연소시키는 것이 기본적으로 요구된다. 이와 같은 요구조건은 기체, 액체 또는 분말고체연료의 경우에는 비교적 쉽게 이루어지나, 물리적 화학적 특성이 다양한 폐기물의 경우에는 쉽게 연소가 이루어지지 않는다. 따라서 폐기물을 소각하는 경우에는 이론과 더불어 실험에서 얻어지는 풍부한 기술적 경험을 필요로 하며 상기조건을 만족시키기 위한 소각로의 개발과 개량도 이러한 이론과 경험을 기반으로 발전되어야 한다.

1) 연소설비

연소는 양론적 공기 또는 과잉공기를 공급하여 폐기물을 화학적으로 산화시키는 열적 공정이라고 정의할 수 있다. 이 공정에 의하여 질소와 이산화탄소가 주성분인 고온 연소가스, 수증기, 그리고 불연성 잔류물(재)이 최종산물로 발생한다. 고온연소가스로부터 발생한 열은 열교환기를 이용하여 에너지로 바꿀 수 있다.

폐기물 연소설비는 폐기물을 그대로 연료로 사용하는 전량연소설비(mass-fired system)와 폐기물가공고체연료(Refuse Derived Fuel, RDF)를 사용하는 RDF연소설비(RDF-fired system)로 구별될 수 있다. 전량연소설비가 폐기물가공고체연료를 연료로 하는 RDF연소설비보다 널리 이용되는 시설이다. 1978년에 미국에서 가동되고 있던 연소설비 중의 68%가 전량연소설비인데 비하여 폐기물가공고체연료를 연료로 사용하던 RDF연소설비는 23%였다. 나머지 9%는 소규모설비로서 전량연소설비의 일종이다.

① 폐기물 전량 연소설비

폐기물전량 연소설비에서는, 폐기물 투입실(charging hopper)에 폐기물을 투입시키기 전까지 거의 처리를 요하지 않는다. 크레인 운전자가 소각에 부적합한 물질을 투입에서 제외시킬 수는 있다. 그러나 폐기물전량이 연소설비에 투입되는 폐기물 중에는 냉장고와 같은 부피 큰 불연성물질과 알게 모르게 유입되는 유해폐기물들이 포함될 수 있음을 배제할 수는 없다. 이러한 이유 때문에 폐기물전량 연소설비는 시설물이나 운전요원들에게 해를 주지 않도록 하기 위하여 부적합한 폐기물을 미리 처리 또는 제거하도록 설계되어야 한다.

② RDF연소시설

RDF(폐기물가공고체연료)연소시설은 RDF를 이용하는 소각로로서, RDF는 흔히 이동화격자(traveling-grate) 위에서 연소된다. 화격자는 RDF가 연소되는 플랫폼 형태로서 난류를 형성하고 균일하게 연소가 될 수 있도록 하입식 공기공급을 유도하여 준다. RDF를 이용하기 위하여 특별히 설계된 연소설비의 경우가 성능이 특히 좋은 것으로 나타났으며, 석탄을 연료로 이용하는 일부 보일러가 RDF나 RDF/석탄 혼합물을 이용할 수 있도록 개조되기도 한다.

전처리되지 않은 도시폐기물은 연소에 덜 적합하지만 여러 처리과정을 거쳐서 에너지, 수분, 그리고 재함량이 균질한 RDF를 생산할 수 있다. 이러한 RDF는 작은 조각형태 그대로 사용할 수도 있고, 또는 압축된 형태로서 펠릿(pellet)이나 정육면체(cube) 모양으로 가공할 수 있다. 이러한 압축폐기물가공고체연료(densified RDF)는 가공비가 많이 들지만 운송과 저장이 용이하다. 형태에 관계없이 RDF는 그 자체만으로 또는 석탄과 혼합하여 연료로 이용할 수 있다.

RDF는 가공되지 않은 도시폐기물에 비하여 에너지함량이 높기 때문에 RDF 연소설비는 폐기물전량연소설비보다 비교적 크기를 작게 설계할 수 있다. RDF 연소설비는 RDF의 성분이 균질하여 보다 나은 연소통제와 대기오염방지설비의 운전을 가능하게 하기 때문에 폐기물전량연소설비보다 효과적이다. 게다가 RDF 연소설비의 전처리 시설들에 의하여 금속, 플라스틱, 그리고 기타 물질들을 효과적으로 제거할 수 있기 때문에 대기오염가능성도 크게 줄어든다.

③ 유동층 소각

유동층 소각(Fluidized Bed Combustion, FBC)이 연소설비의 한 대안으로 제시되고 있다. 유동층 소각로는 내부를 내화성물질로 처리한 소각로 본체와 공기분산을 위한 tuyeres라고 알려진 공기주입노즐과 소각로 내부에 모래(sand)와 같은 층매질이 채워진 형태로 구성되어 있다.

Tuyeres를 통하여 공기가 위 방향으로 강제로 유입될 때 층매질이 유동하며 층매질의 부피는 유동하기 전 부피의 2배까지 팽창하게 된다. 석탄이나 RDF와 같은 고체 연료들은 유동층의 상부나 하부에서 소각로 내부로 주입된다. 유동층의 '끓음' 현상은 난류현상과 혼합을 증진시키며 모래내의 열을 연료로 전달시킨다. 초기 가동시에는 유동층의 온도를 일반적인 연소온도 790~950℃까지 높이기 위하여 보조연료(천연가스나 기름연료)가 필요하다. 대개 가동온도까지 올라간 후에는 보조연료가 필요하지 않다. 소각로를 중단한 후 실제로 유동층은 24시간까지 뜨거운 상태로 남아있을 수 있기 때문에 보조연료 없이 재가동을 할 수 있다.

유동층 소각로는 운영상에 커다란 유연성이 있어 커다란 장점이 된다. 전처리 된 도시폐기물, 슬러지, 석탄 그리고 많은 화학폐기물이 연료로 사용 가능하다. 유동층 내질로는 모래와 석회석($CaCO_3$)을 사용할 수 있다. 석회석을 유동층 물질로 사용할 때, 석회석은 황을 함유한 폐기물 연소 시 형성되는 이산화황(SO_2)과 반응하여 재와 함께 고형물인 황산칼슘($CaSO_4$)을 생성하기 때문에 또한 유동층 물질로서 석회석을 사용하게 되면 황 성분이 높은 석탄연료를 연소할 때 이산화황의 배출을 최소화시킬 수 있다.

2) 열회수시설

현재 미국과 유럽에서 새로이 건설되고 있는 모든 폐기물 소각로들은 운영비용을 충당하고 대기오염방지시설 비용을 줄이기 위하여 에너지회수를 하고 있다. 에너지는 도시폐기물이나 RDF 연소에서 발생되는 고온의 배출가스로부터 다음의 두 가지 방법에 의하여 회수 가능하다; ① 수냉벽 연소실(water wall combustion chamber), ② 폐열 보일러(waste heat boiler). 이 방법들로 뜨거운 물이나 증기를 생산할 수 있다. 뜨거운 물은 산업시설이나 실내난방에 사용할 수 있다. 얻어지는 수입은 시설운영비용을 부분적으로 충당할 수 있다.

6.3.8 폐기물 매립처분

발생된 폐기물은 분리수거하여 재활용 가능한 폐기물을 회수하고 나머지 폐기물은 선별과정을 거쳐 분리시킨 후 각각의 특성에 맞게 처리하여 자원회수, 에너지회수 등의 필요한 과정을 거친다. 선별되고 남은 폐기물과 각 처리과정을 통하여 발생된 폐기물은 최종적으로 많은 양이 매립처분 된다.

매립의 종류는 단순매립, 위생매립, 안전매립으로 나누어 볼 수 있다. 단순매립(open dumping)은 비위생적 매립형태이고, 위생매립(sanitary landfill)은 일반폐기물

처분에 가장 경제적이고 흔히 사용되는 방법으로 알려져 있다. 또한 안전매립(secure landfill)은 유해폐기물의 최종처분방법으로 환경오염을 최소화하기 위하여 유해폐기물을 자연계와 완전 차단하는 방법이다.

그림 6.5는 비위생 매립에 의한 환경오염을 나타낸 것이며 그림 6.6은 전형적인 위생매립의 단면을 나타낸 것이다. 그림에서 보는 바와 같이 폐기물이 처분되고 다져진 위에 일일복토를 하여 cell이 형성된다.

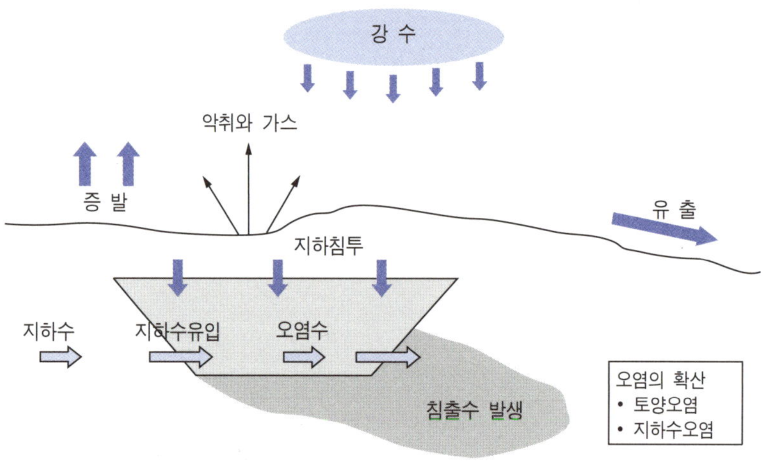

그림 6.5 비위생 매립에 의한 환경오염 개념도

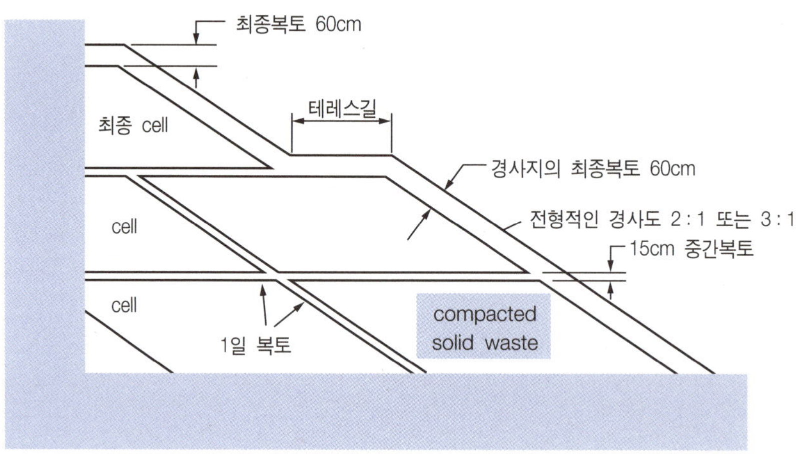

그림 6.6 전형적인 위생매립 단면도

위생매립의 장·단점은 다음과 같다.

- 장점
  ① 부지확보가 가능할 경우 가장 경제적인 방법이다.
  ② 다른 방법에 비해 초기 투자비용이 낮다.
  ③ 추가적인 처리과정이 요구되는 소각이나 퇴비화와는 달리 위생매립은 최종처분 방법이다.
  ④ 거의 모든 종류의 폐기물처분이 가능하다.
  ⑤ 처분대상 폐기물의 증가에 따른 추가 인원 및 장비소요가 크지 않다.
  ⑥ 부지는 공원, 운동장, 골프장 등으로 이용될 수 있다.
- 단점
  ① 인구밀집지역에서는 경제적 수송거리 내에서 부지확보가 어렵다.
  ② 적절한 위생매립기준이 매일 지켜지지 않으면 불법투기와 큰 차이가 없다.
  ③ 주거지역 근방의 위생 매립지는 주민의 큰 반발을 일으킬 수 있다.
  ④ 매립 완료된 매립지는 침하되고 일정기간의 유지관리가 요구된다.
  ⑤ 폐쇄된 매립지에서의 건축을 위해서는 침하에 대비한 특수 설계와 시공이 요구된다.
  ⑥ 폭발성가스인 메탄과 기타 가스가 폐기물 분해 시 생성되어 유해하거나 폐를 끼칠 수 있으며 폐쇄 후 매립지 이용에 장애가 될 수 있다.

1) 예측되는 주변의 환경오염

매립지 설치운영에 대한 관련법규는 국내외 어디서나 볼 수 있는데 이는 매립지를 설치 운영할 때 여러 가지의 환경오염 가능성이 존재하기 때문이다. 매립단계를 아래와 같이 4단계로 나눈다면 가장 환경문제가 우려되는 단계는 운영단계 및 사후관리 단계일 것이다.

① 계획 및 설계 단계
② 시공 단계
③ 운영 단계
④ 사후관리 단계

운영단계는 짧게는 몇 년에서 대규모 매립지의 경우 20년 이상 장기간이 될 수도 있다. 사후관리단계는 운영이 끝난 매립지가 여전히 안전한 상태로 유지되고 있는지를 검사하는 단계로서 이 단계가 어느 정도 오래갈 지를 예측하기는 매우 어렵다. 도시 폐기물 매립지의 경우 규모에 따라서 다소 차이는 있으나 대체로 매립완료 후 5년이 경과하면 사람 등의 통제를 할 필요성이 줄어들며 10년이 지나면 거의 안정화된 것으로 기대할 수 있다. 유해폐기물의 경우 대개 30년을 사후관리기간으로 정하기도 하나 매립지 시공 및 관리여건에 따라 실제로 몇 백 년을 사후 관리해야 할 경우도 있을 것이다.

매립지로부터의 환경오염은 근본적으로 폐기물의 특성이 주위환경의 질과 크게 다르기 때문에 발생한다. 즉, 환경오염의 주된 원인이 폐기물성분의 방출에 기인하는 것이다. 매립지를 부적절하게 설치 운영할 때(운영단계) 이와 같이 폐기물 성분의 방출에 의한 주변의 환경오염으로는 아래와 같은 것들이 있다.

① 침출수에 의한 지하수오염
② 강수유출에 의한 지표수오염
③ 병원균매개체 서식 - 파리, 모기, 쥐, 새
④ 종이들의 흩날림
⑤ 악취, 먼지, 폐기물 분해가스, 유해가스 등의 발생
⑥ 화재

폐기물로부터의 성분방출 이외에 매립지 운영에 따른 환경영향으로는 아래와 같은 악영향을 생각할 수 있다.

① 전망
② 소음
③ 교통체증
④ 매립지 바닥 및 사면붕괴
⑤ 홍수범람

위에 열거한 환경에의 악영향 이외에도 특정 동식물 서식처의 파괴, 고고학적 또는 역사적 유적지의 유실가능성 등도 있을 수 있으나 이것들은 매립지 입지를 적절하게 선정할 때는 문제가 없을 것이다.

운영단계가 끝난 후 사후관리단계에서는 위에서 지적한 바와 같이 환경에의 악영

향이 다양하지는 않아도 대체로 아래와 같은 악영향을 생각할 수 있으나 이들의 지속 시간은 앞에서도 지적한 바와 같이 매우 길 수도 있다.

① 침출수에 의한 지하수 오염
② 매립가스 및 유해가스발생
③ 매립지 위에 서식하는 식물의 오염

위에서 본 바와 같이 매립지의 설치운영으로 인한 주변의 환경오염은 운영단계와 사후관리에 걸쳐 매우 다양한데 가장 장기간에 걸쳐 우려되는 악영향은 지하수오염이며 지하수오염을 최소화하는 것이 매립기술의 가장 핵심이 되는 부분이다.

2) 환경오염을 최소화하기 위한 대책

폐기물성분방출에 의한 주변환경오염가능성을 최소한으로 줄이기 위해서는 매립지 구조물의 설계, 시공, 운영 및 사후 관리 시 제반사항이 고려되어야 한다. 매립지 위치 자체가 주원인인 전망, 소음, 교통체증, 매립지 바닥 및 사면붕괴 그리고 홍수범람 등의 문제는 매립지 위치를 적절하게 계획하거나 완충지대설치, 수림대 조성 등을 통하여 해결될 수 있다. 매립지 구조를 고려하여 환경오염을 최소화하기 위한 시설물을 몇 부분으로 나누어 보면 아래와 같다.

① 차수설비(liner system)
② 침출수 집배수설비(leachate collection and removal system)
③ 덮개설비(cover system)
④ 우수 집배수설비(storm water management system)
⑤ 발생가스 대책설비(gas management system)
⑥ 지하수검사공 등 사후관리설비(post-closure care system)

3) 폐기물 매립방법

(1) 일반폐기물 매립방법

① 지역법(area method)
② 경사법(ramp method)
③ 도랑법(trench method)

④ 계곡매립법(depression method)

등이 있다.

지역법은 매립의 가장 보편적 형태로 해당지역이 트렌치 굴착을 하기에 적당하지 않을 때 시행할 수 있는 방법이다. 먼저 폐기물을 쏟은 후 좁고 길게 한 열로 펴서 매립층의 높이가 2~3 m 정도로 될 때까지 다진다. 그러나 다짐장비의 종류에 따라서는 다짐층의 높이가 그 이상이 될 수도 있다. 하루의 매립이 끝나면 15~30 cm로 복토를 하고 복토재는 대체로 인근 지역에서 조달한다.

경사법은 지역법의 일종으로 복토의 일부를 매립지 바닥에서 얻을 수 있을 때 이용한다. 이 방법은 매립지 바닥을 적당히 굴착하여 복토를 확보한 후 폐기물을 굴착한 곳에 쏟은 뒤 지역법과 동일하게 다진다. 그리고 그 위에 이미 굴착하여 놓은 흙으로 복토를 한다. 모자라는 복토는 인근지역에서 조달한다.

도랑법은 매립지 바닥층이 두껍고 또한 복토로 적합한 지역에 이용하는 방법으로 거의 단층매립만 가능하다. 도랑의 크기는 경우에 따라서 차이가 있을 수 있으며 대개 30~60 m 길이, 1~2 m 깊이, 5~8 m 넓이의 규모가 적당하다. 복토는 인접도랑을 파면서 얻을 수 있다.

계곡매립법은 지역법의 일종으로 계곡, 협곡, 토취장, 채석장과 같은 자연적 저지나 인공적 저지가 존재하는 지역에서 이용가능한 방법이다.

(2) 유해폐기물 매립방법

유해폐기물을 매립하는 경우는 유해성분의 침출을 억제하기 위하여 고화 처리, 탈수 등의 전처리를 통하여 수분량을 최소화하고 유해중금속폐기물의 경우는 고화 처리 후 매립한다. 매립 시에도 여러 종류의 폐기물을 섞지 않고 각각 분리하여 cell별로 매립하며, 매립된 폐기물은 양 및 질 등에 대하여 철저한 기록을 남기고 침출수에 의한 오염을 막기 위해 이중차수설비와 침출수 집배수설비 등 강화된 지하수 오염방지설비 및 덮개설비를 갖추어야 한다. 매립완료 후에는 매립지 주변의 모니터링을 통해 지속적인 검사를 하는 등 비교적 장기간의 사후관리가 요구된다.

(3) 매립지 내 반응

매립지의 효율적인 설계 및 운영을 위해서는 매립기간 중이나 매립완료 후 매립지 내의 반응을 이해하는 것이 중요하다. 유해폐기물 매립지의 경우 반응은 매우 미미하나 도시폐기물 등 일반폐기물 매립지의 경우는 분해 가능한 유기물이 폐기물 내 다량 함유되어 있기 때문에 상당히 활발한 반응이 일어난다. 결과적으로 매립층을 통과하는 침출수는 매우 오염도가 높으며 가스 발생량도 상당히 높은 편이다. 반응은 크게 생물학적, 물리적, 화학적 변화로 나누어 볼 수 있으며 좀 더 세분화하면 다음과 같다.

① 미생물학적 반응-부패하기 쉬운 유기물질의 호기성, 혐기성 분해
② 화학적 산화
③ 매립지 내 가스의 이동 및 방출
④ 침출수의 발생 및 이동
⑤ 침출수에 의한 유기물질과 무기물질의 용출
⑥ 공극 사이로의 물질의 침투에 의한 불규칙적인 매립층 침하

매립 후 폐기물의 분해와 안정화는 폐기물의 성분, 압축정도, 수분함량, 방해물질의 존재와 온도 등에 영향을 받는다. 이러한 요인들간의 영향으로 일어나는 매립지 내 반응은 일반적으로 분해가스와 침출수의 발생, 매립지의 침하 등 구조적 변화로 나누어 볼 수 있다.

6.3.9 폐기물 자원화

국민의 생활수준향상 또는 생활소득의 증가에 따라 가정에서 많은 물질이 비사용물질로 되어 폐기되는 양이 늘어가는 실정이고 현대산업의 구조 또한 새로운 공정의 개발, 대형화로 변모되고 있다. 이와 같은 변화에 따라 자연히 새로운 원료가 요구되고 기존의 원료나 제품 등은 타 목적에 이용이 어려우면 폐기물로 창출된다고 할 수 있다. 더욱이 이 물질들의 종류가 많고 그 발생량이 적을 때 수집이나 재활용을 실시하기가 곤란하며, 더욱 폐기량이 늘어난다고 할 수 있다

폐기물로부터 자원회수란 선·후진국을 막론하고 새로운 착상이 아니다. 그러나 근년에 와서 더욱 많은 관심을 가지고 여러 가지의 다른 방법을 모색하기에 이른 데는 다음과 같은 몇 가지 사회적이며 경제적인 이유가 있다.

① 환경정화 필요
② 자원의 유한성과 유용자원의 효율적 이용

국민경제의 고도화에 따른 수려한 환경에 대한 국민적 욕망이 고조되는 한편 풍요한 생활의 추구, 소비생활의 다양화와 관련 폐기물의 양적증가와 질적다변화 등 이율

배반적 현상은 환경의 질적보장을 위한 법적규제의 강화와 관련하여 폐기물 관리라는 면에서 수집, 운반, 처리, 전 과정을 거쳐 점증적으로 큰 사회문제가 되고 있다. 수집 및 운반 서비스의 개선 및 근대화, 마구잡이식 폐기처분으로 야기되는 환경전반(물, 대기, 토양 등)에 걸친 더러움은 더 이상 수준이하의 환경에 대한 국민의 인내심을 강요할 수 없는 시점에 이르렀으며 가능한 모든 근대적 기술에 의한 처리 처분이 절대적으로 필요한 시점에 이르렀다. 고도로 발전된 근대 과학기술의 힘으로도 폐기물을 유에서 무로 전환치는 못하나 사회의 어느 부분에서는 필요로 하는 적절한 물질로의 전환을 가능케 하므로 최종적으로 처분되어야 할 폐기물의 양적 감소를 가능케 한다.

폐기물이란, 관점에 따라 한 사람의 불필요한 물건이기에 앞서 다른 사람의 필요에 의해 자원이 될 수도 있다는 긍정적인 태도야말로 "폐기물로부터 자원 재활용"을 가능케 한다.

질량불변의 법칙에 따라 어떠한 형태의 폐기물도 어디론가 가야함은 대명제가 될 수밖에 없다. 사회의 기타 목적에 자원이 될 수도 있는 잠정폐기물의 무모한 폐기행동은 유용자원의 효율적 이용이라는 점에서도 지양되어야 함은 물론 자원의 유한성이라는 관점에서 자원의 착취행위임은 부언의 필요가 없다. 특히 우리나라와 같은 부존자원의 부족으로 원자재의 수입의존도가 높은 사회일수록 유용자원의 효율적 재활용 넓은 의미에서 나라 살림의 효율적 운영이라 하겠다.

1) 자원화 시스템

1970년 미국에서 자원화법이 제정되어 EPA(Environmental Protection Agency : 미국환경보호청)의 보조금으로 많은 자원화기술이 개발되고, 또 일본에서 1973년부터 3개년에 걸쳐 폐기물의 자원화기술을 개발하고 1976년도부터 대형 프로젝트에 의해 4년 계획으로 시험 플랜트를 건설하는 일에 자극이 되어 민간에서도 폐기물의 자원화기술을 개발하게 되었다. 자원화기술은 수집수송 시스템과 파쇄, 선별을 하여 불연성의 유기물을 회수하는 전단계시스템(front end system) 그리고 질적변환을 수반하는 후단계시스템(rear end system)으로 나누어 생각할 수가 있다. 자원화 기술을 목적에 따라 분류해 보면 표 6.1과 같이 된다.

이 표의 각 방식에 대하여 몇 개의 단위 프로세스를 생각할 수가 있는데 (1)에서는 두 가지 형태의 단위 프로세스가 있다.

표 6.1 각종 자원화 방식

(A) 물질회수	(1) 압출형 회수(분리·정제)	전단계 시스템
	(2) 변환형 회수(화학·미생물·기타)	전단계 시스템
(B) 에너지회수	(3) 저류·가변형 회수(연료화·RDF 등)	후단계 시스템
	(4) 직접공급형 회수(소각, 열분해 등)	후단계 시스템

첫째는 빈병이나 빈 통 등을 그대로 회수하거나 가전제품에서 쓸 만한 부품만을 분리하여 다시 이용하기 위한 프로세스로서 수(手선)별을 위주로 한 해체작업으로서 자동화하기 어려운 프로세스이며, 둘째는 종이, 펄프, 플라스틱, 유리, 알루미늄과 같은 소재류 또는 재질이 균일한 원료로 회수하기 위한 프로세스로서 파쇄, 선별 소작이 단위 프로세스를 구성하게 된다. 이 프로세스의 특징은 제품순도를 올리기 위해 분별 조작을 여러 회 또는 여러 단으로 되풀이하게 된다.

(2)에서는 쓰레기 중 유기성 성분의 퇴비화, 혐기성 메탄화, 단백질 생성과 같은 미생물작용에 의한 변환 프로세스, 알코올 합성, 수소화 분해와 같은 화학(촉매)반응 변환 프로세스, 유기물 소각 등의 반응 프로세스가 있다.

(3)에서 잘 알려져 있는 것과 같이 연료가스나 기름 또한 목탄(char)을 주제품으로 하는 열분해반응 프로세스 등이 전형적이라 할 수 있다. (2)와 (3)에 속하는 프로세스에서는 원리가 동일한 경우가 있을 수 있으나, 목적으로 하는 제품이 다르기 때문에 반응조건, 즉 프로세스도 다른 것이 많다. 또한 동시에 반응 후에 목적한 제품의 정제를 위해 가스흡수나 종류 등의 프로세스가 수반되는 것이 보통이다.

소각발전 등은 (4)의 프로세스의 전형이라 하겠다. 이 프로세스에서 중요한 점은 변환된 에너지가 저장되지 않으므로 프로세스의 조작은 제품 에너지의 수급관계가 시간적, 양적으로 대응되도록 운전되어야 한다는 점에 있다.

현재 세계적으로 원유가격 상승에 따른 재생에너지 확보가 시급하고, 기후변화협약(1992년 6월)과 교토의정서(1997년 12월)에 따른 온실가스 감축의무가 가시화될 전망이며, 폐기물 해양배출 기준이 강화되고 있다. 또한 유기성폐기물의 경우 런던협약96 의정서에 의거 2012년 해양투기가 전면 금지된다. 따라서 환경부에서도 폐기물 에너지화 정책으로 2020년에는 자원화가 가능한 폐기물은 100% 자원화 한다는 자원순환형(Zero Waste)을 목표로 추진하고 있다.

또한 정부에서 2007년 재활용산업 육성자금 688억원을 지원하여 재활용 집하·선별장 등 공공재활용기반 확충 사업 추진 등 재활용산업 육성 및 공공재활용 기반시설 설치를 확충하였다.

또한 재활용가치가 있는 물질을 최대한 회수하여 환경부하를 감소시키고자 최근 생활폐기물처리방법인 "생활폐기물 전처리시스템(MBT)"을 도입하여 쓰레기처리의 3대 목표인 감량화, 무해화, 안정화는 물론 폐기물을 기계적 분리선별에 의해 철, 알루미늄 등의 재활용물질을 선별하고 유기성폐기물은 생물학적처리에 가스－에너지화하며, 가연성폐기물은 RDF 등을 생산하는 자원순환형 시스템을 목표로 하고 있다.

2) MBT 기술

MBT(Mechanical Biological Treatment)란 폐기물을 최종 처분하기 전에 쓰레기를 300nm 정도로 파쇄한 후 철,알루미늄, 음식물쓰레기, 불연물 등을 기계적 분리·선별과정을 통하여 열량이 높은 가연성폐기물을 고체연료로 만들고, 철, 알루미늄 등은 재활용하며, 음식물류 쓰레기는 생물학적 처리를 이용하여 발생되는 Bio-Gas를 전기화열로 재이용하고자 한다. 이러한 "생활폐기물의 전처리 시스템"은 재활용가치가 있는 물질을 최대한 회수하여 환경부하를 감소시키고자 하는 최근 생활폐기물처리 방법으로 쓰레기 처리의 3대 목표인 감량화, 무해화, 안정화는 물론 자원화목표를 달성할 수 있는 생활폐기물의 종합적인 처리방법이다.

최근 우리나라에서는 자원순환형(Zero Waste) 사회를 만들기 위해 수도권매립지에 광역형, 부천시에 도시형, 강릉시에 준도시형, 부안군에 농촌형 MBT시설을 계획하고 있다. 그림 6.7은 MBT 목표이다.

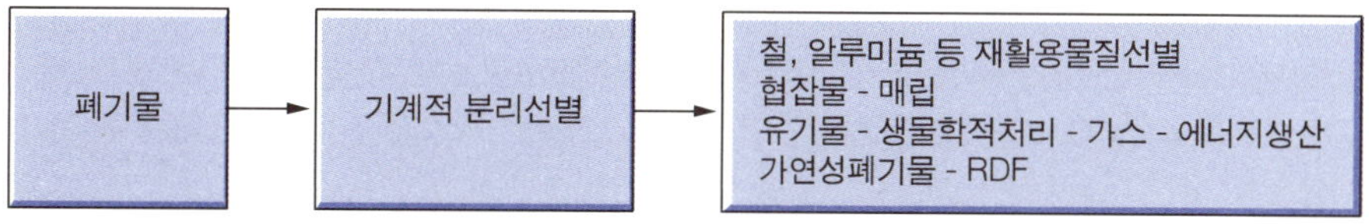

그림 6.7 MBT 목표

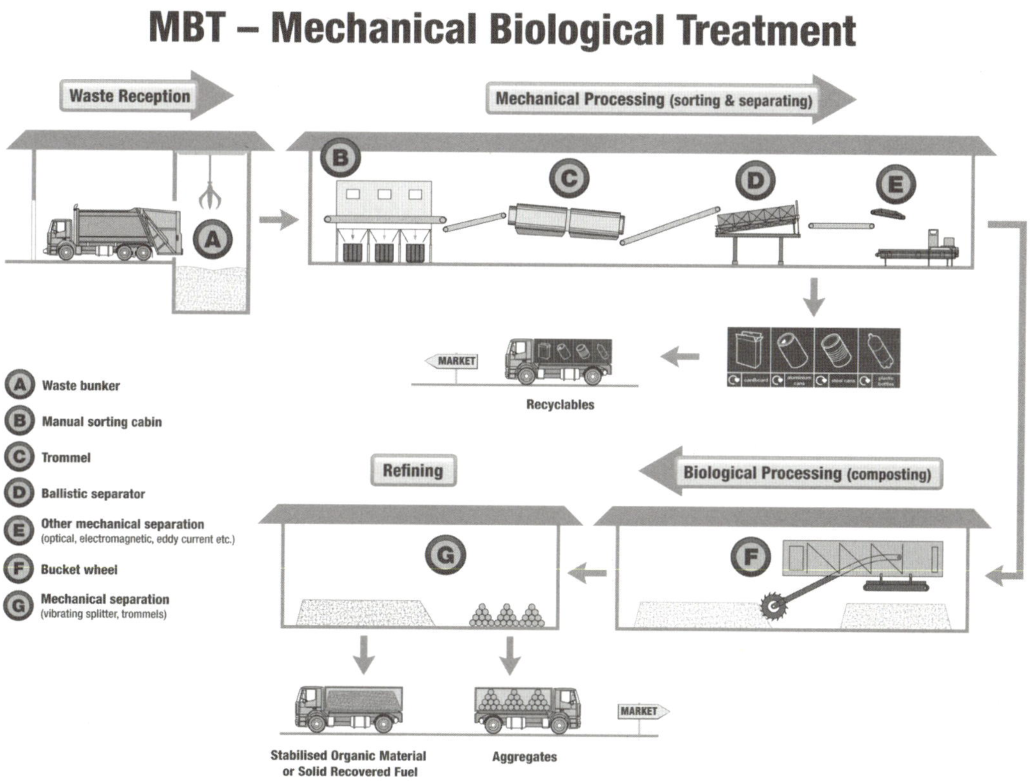

그림 6.8 MBT Diagram

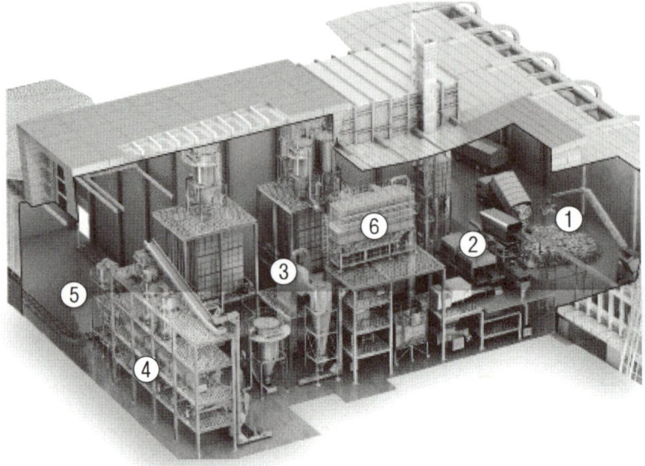

설비배치도

① 반입공급설비
② 기계적전처리설비
③ 건조설비
④ 고형연료 성형설비
⑤ 고형연료저장 및 반출설비
⑥ 환경오염 저감설비

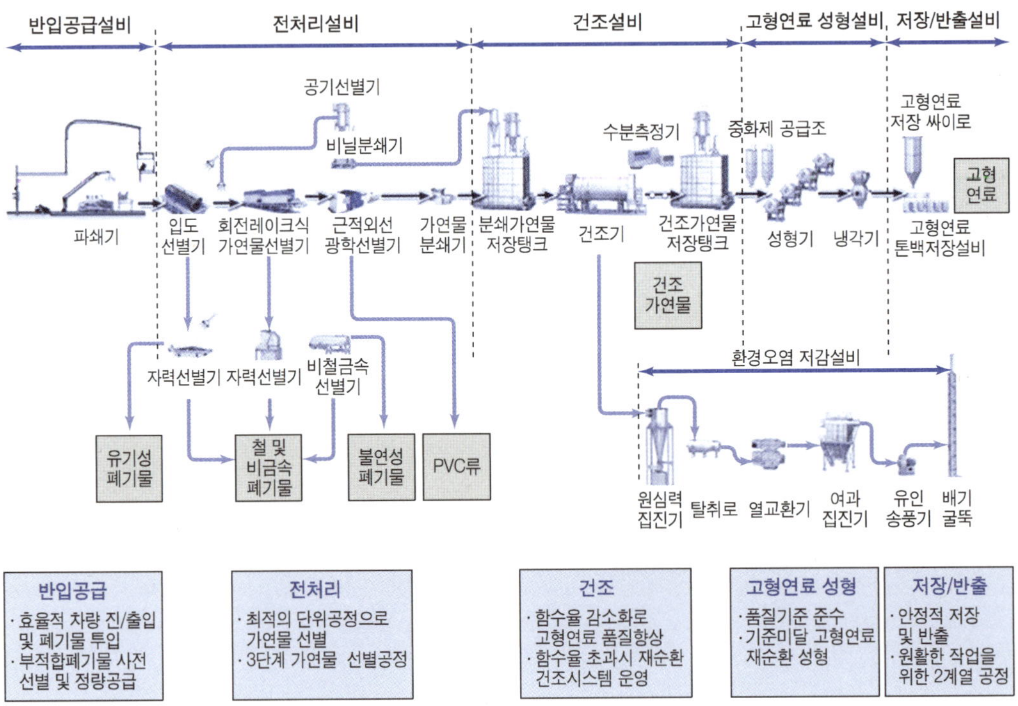

그림 6.9 MBT 설비의 기본 설계

3) 신재생에너지

1973년의 석유위기 이래 자원, 에너지 기술 및 새로운 에너지원의 개발이 지향되고 있다. 우리들은 기본적으로 오랜 세월에 걸쳐 지구상에 축적된 태양에너지인 화석을 이용하여 왔으나 현재와 같은 자원 대량소비형의 사회시스템을 계속하는 한 에너지 자원의 급속한 감소는 피할 수가 없다. 따라서 새로운 에너지 자원의 개발과 동시에 자원 사용 후의 배출에너지를 최소로 억제해 하는 사회시스템으로 바꾸어 갈 필요가 있다. 이를 위한 하나의 방법은 생산프로세스의 에너지 이용효율을 철저하게 해나가는 것이며, 다른 하나는 폐기물로 배출되는 가연성 물질의 에너지원으로서의 회수이용을 진행해 나가는 것이다.

현재 세계적으로 원유가격 상승에 따른 신·재성에너지 확보가 시급하고, 기후변화 협약 등에 따른 온실가스 감축의무, 해양배출 기준의 강화, 유기성폐기물의 2012년 해양투기 전면 금지 등에 따라 자원화가 절실히 요구되고 있는 시대이다.

신재생에너지란 기존의 화석연료를 변환시켜 사용하거나 폐기물, 물, 햇빛, 지열 등을 재생하여 에너지화 하는 것을 말하며, 신에너지는 수소, 연료전지, 석탄, 액화·가스화, 중질잔사유 가스화를 말하며, 재생에너지는 폐기물, 지열, 태양열, 태양광, 풍력, 수력, 해양, 바이오 등을 이용한 에너지를 말한다.

우리나라는 에너지의 97%를 수입에 의존하는 세계 10위의 에너지 소비국가이나 2006년 신재생에너지의 비율은 2.24%에 불과한 실정이다. 따라서 정부에서는 2011년까지 신재생에너지의 비율 5.0%를 목표로 하고 있으며, 신재생에너지 발전 의무 비율 할당제 도입을 고려하고 있다. 2006년 신재생에너지 총 생산량은 1차 에너지의 2.24%인 523만 TOE로서 폐기물에너지가 76%인 약 400만 TOE를 차지하고 있어 폐기물의 신재생에너지로서 중요한 역할을 하고 있음을 알 수 있다.

현재 우리나라의 경우 분리수거, 생산자책임재활용제도(EPR), 재활용기반시설확충 등 폐기물관리정책과정부의 지원으로 폐기물의 재활용 및 소각과 매립에 대한 시설의 확충 및 기술은 향상되었으나, 폐기물의 에너지화에 대한 예산 및 지원은 미흡한 실정이다. RDF연료, 바이오가스 정제연료의 경우 품질에 대한 불신은 물론 품질에 대한 기준 조차 미흡한 상태이며, 유기성폐기물 등의 에너지화는 기술이 부족하고 소각여열의 이용은 폐기물의 광역화, 집단화가 곤란하여 발생되는 수요처와의 접근성 문제로 공급관로 설치비가 과다하게 들어가는 문제점들이 발생되고 있다. 따라서 폐기물의 에너지화 정책을 위한 폐기물에너지화 사업에 대한 지원 및 제도적 기반이 요구된다.

4) 생활폐기물 소각발전 및 소각여열 이용

유럽에서는 일찍부터 도시쓰레기를 도시연료로 보고 증기발생형 소각로에 의한 발전 및 난방을 대대적으로 실시하고 있다. 유럽에서 대부분의 대도시는 공공단체에 의해 도시 소요전력의 대부분이 공급되고 있다. 즉, 각 도시자체의 공공발전소를 가지고 있으며 보안용 전력 또는 몇 할의 전기량을 전력회사에서 구입하고 있다. 한편 쓰레기 처리는 시·군·구 당국의 업무이므로 비교적 쉽게 쓰레기 소각 플랜트와 발전소가 결합할 수 있는 조건에 있다. 일반적으로 시·군·구에서 쓰레기의 수집, 반입뿐만 아니라 소각과 재처분까지 담당하고 있다. 독일의 경우 최대의 REW 전력회사가 칼납발전소와 같이 그 지방의 쓰레기 소각을 담당하고 있는 예도 있다.

쓰레기 소각으로 발생하는 증기는 지역난방에도 많이 사용하고 있는데, 예를 들면 프랑스의 수도 파리에서는 시와 그 근교 800만 명이 배출하는 연간 약 170만 톤의 쓰레기를 교외 3개소에 있는 소각공장에서 소각하고 이것으로 얻어진 열을 이용하여 증기를 발생시켜 발전하며 발전에 사용한 후의 증기를 파리시 전역으로 보내는 대규모의 지역난방시스템으로 쓰레기 에너지를 이용하고 있다. 물론 파리의 지역난방은 쓰레기소각 열만으로는 부족하므로 난방공급공사 플랜트의 증기를 이원으로 공급하는 시스템으로 되어 있다. 발전은 9만 kW/h, 1개월간의 전력량은 액 6,5000만 kW/h 가 되어 약 40만 세대에 상당하는 전력이 쓰레기에서 얻어진다. 또 지역난방에 필요한 증기의 약1/3은 쓰레기에서 얻어진 증기를 사용하고 있다. 파리에서 쓰레기 소각을 통해 얻어지는 열에너지는 석유로 환산하면 연간 약 20만 톤에 상당한다고 한다.

그러나 파리에서 지역난방이 시작된 것은 1928년의 일이며 그 이후 지역난방용 배관이 매년 연장되어 37년 후에 세 개의 소각공장에 난방용 배관이 연결되었다. 현재 그 연장은 200 km에 이르고 있으며 파리가 오늘날과 같은 시스템을 만들어 내는 데에는 약 50년이라는 세월이 소요되었다는 점을 인식할 필요가 있다. 즉, 기술시스템이 사회시스템으로서 정착하는 데에는 용의주도한 종합계획과 장기간의 시간을 필요로 하였다는 것을 잊어서는 안 된다.

일본의 경우, 대도시의 소각로는 대부분 유럽형식의 증기발생형인데 유감스럽게도 유럽과 달리 열회수 이용은 거의 이루어지고 있지 않으며, 단지 소각시설 내의 냉난방, 자가발전, 노인정의 급탕정도의 이용인데 이에서 탈피하여 본격적인 소각발전을 계획하게 되었다. 그 원인으로는

① 석유 등의 화석연료가 지금까지 매우 저렴하였던 점

② 유럽에 비하여 지금까지 특히 지방도시에서는 쓰레기 발열량이 낮았던 점
③ 전력공급사업이 시·군 단위로 이루어지고 있는 청소사업과 행정적으로 별개의 계통이며 시스템으로서의 결합이 대단히 곤란한 점
④ 전력을 발생하더라도 외부에 파는 것이 곤란한 점
⑤ 열을 이용하는 플랜트가 쓰레기 소각여열의 이용을 고려하고 있지 않았던 점
⑥ 쓰레기 소각로가 도시에서 떨어져 있어 열이용 시스템과 너무 떨어져 있다는 점

등을 들 수 있는데, 자원화 기술 중에 쓰레기 소각발전이 가장 잘 연구되어 있으며 경제적이기도 하므로 반드시 고려되어야 한다.

미국에서는 쓰레기질이 나쁘기 때문에 유럽형의 대형소각로 방식은 대기오염방지 비용의 증대를 피할 수 없는 것으로 보고, 도시 쓰레기를 파쇄 후 불연분(타르 알루미늄, 유리 등)을 선별 분리하고 파쇄 가연분(주로 종이류)을 기존의 미분탄 발전보일러의 보조연료로 혼합하여 연소하는 기술시스템을 개발하고 있다.

한편 우리나라의 경우도 쓰레기 처리방법으로 소각처리하여 에너지를 회수하는 방향으로 전환되었으며, 지자체 설치·운영 201개 시설 중 42개 시설에서 소각로 및 열병합발전의 소각여열을 회수하여 지역난방(77%), 전력생산(23%)을 하고 있다.

생활폐기물의 연간 소각처리량은 2,953,780톤으로 이중 소각재가 18.8% 발생되며, 바닥재가 15.8%, 비산재가 3.0% 발생된다. 또한 바닥재와 비산재는 대부분 매립처리되고 있으며, 재활용률은 바닥재 10.6%, 비산재 0.7%에 그치고 있다. 따라서 생활폐기물의 소각재에 대한 재활용 방법이 더욱 강구되어야 할 것이다.

Chapter 7

토양오염

7.1 토양과 지하수의 기능과 오염

7.1.1 토양이란

토양학적 측면에서 보면 지각의 표층을 구성하는 3차원적인 구성체(토양 내 고체, 기체, 액체 상태 물질)로서 오랜 시간에 걸쳐 생성된 암석이 풍화된 입자에 동식물의 유체(遺體), 즉 유기물이 혼합되어 이루어진 물질로 규정한다. 그러나 토양이란 개념은 학문분야와 나라에 따라 그 정의를 달리하고 있다. 즉, 농학에서의 토양은 식물의 뿌리가 뻗을 수 있는 부드러운 흙 부분을 일컫는 반면, 공학에서의 토양은 지표면으로부터 암반층 사이에 존재하는 물질로 규정하고 있다. 또한 나라별로도 토양에 국한하는 나라가 있는 반면 지하 대수층에 존재하는 있는 지하수까지를 포함하여 관리하는 경우도 있다.

7.1.2 토양의 기능

1) 자연생태계유지 기능

토양은 공기, 물과 함께 우리 인간이 살아가는 데 있어 없어서는 안 될 필수적인 요소이다. 우리가 살고 있는 육상생태계에서 생물은 생산자(광합성을 하는 녹색실물), 소비자(동물), 분해자(토양동물, 토양미생물)로 구분되며, 그것들은 비생물환경(대기, 물, 토양)과 상호작용을 통하여 생물상호간의 먹이사슬을 통하여 서로 의존하며 이러한 상호작용의 결과 생태계시스템의 균형이 유지되고 있는 것이다. 토양은 이 시스템 속에서 비생물환경의 인자로서 식물에게 물과 양분을 공급하고 생물사체분해자에게 생식 및 그 활동장소를 제공해 줌으로써 자연 생태계가 균형을 이루는 데 중추적인 역할을 하고 있는 것이다.

2) 환경보전유지 기능

① 식물생산 기능

토양은 지각의 최외각 부위로 녹색식물이 생육할 수 있는 비옥도를 지니고 있다. 따라서 토양의 식물생산기능은 농작물과 유실수를 포함한 녹색식물전반을 생산하는 기능으로 국토의 70%를 점유하고 있는 산림지역도 이 범주에 포함되는 자연기능이라 할 수 있다.

② 오염물질 정화기능

토양은 토양유기물이나 점토에 의해 완충능을 가지고 있어 오염물질이 토양에 유입되었을 때 오염물질을 흡착·고정하고 토착미생물의 분해작용에 의해 오염물질을 정화한다.

③ 저수·투수기능

토양의 입자 사이에는 공극이 형성되어 있어 이들 공극은 강수를 일시 저장함으로써 홍수와 가뭄의 피해를 줄이고, 중력수의 통로역할을 하여 토양이 보유할 수 있는 이상의 물은 하부층으로 이동시켜 지하수확보에 도움을 준다.

④ 환경의 쾌적성 기능

토양은 그 곳에서 생육하는 식생(녹지)과 조화를 이루어 사람의 마음을 순화시키고 평온함을 준다. 이는 포장이 되어 있지 않은 오솔길을 걸을 때의 감촉이나 정원에서 자라는 식물과 꽃을 보면서 우리는 마음의 평화를 느낄 수 있는데, 이것이 쾌적성의 기능이다.

⑤ 기타 공익기능

㉠ 토양은 우리들 인간 주거의 토대이다. 토양은 인간 생존의 필수조건인 의식뿐 아니라 주거지로서의 기반을 제공함으로써 인간의 생존기반을 유지해 주고 있다.

㉡ 매장문화재 보존기능 : 토양 중에는 종종 고고학적 유물과 주거지, 그리고 매장지들의 유적이 발견된다. 이들의 존재양식과 그 연대를 확인함으로써 당시의 인류의 생활상을 연구하는 기틀을 제공하고 있다.

㉢ 자연교육·교재기능 : 흙을 이용해 공작작품을 만들거나 토양을 근거로 살아가는 토양 미소동물의 생활상, 토양과 식물의 관계 등 토양생태계의 한 단면을 보여주는 자연교육학습장으로서의 기능도 제공하고 있다.

7.1.3 토양의 오염물질 정화 메커니즘

토양에 유입되는 각종 오염물질은 토양의 물리, 화학, 생물학적 작용에 의하여 여과, 흡착, 고정, 불용화, 분해, 해리 및 완충작용을 통한 자체 정화 메커니즘을 통하여 오염을 방지 또는 감소시키는 능력을 지니고 있다. 그림 7.1은 토양의 오염물질 정화 메커니즘을 예시한 것이다.

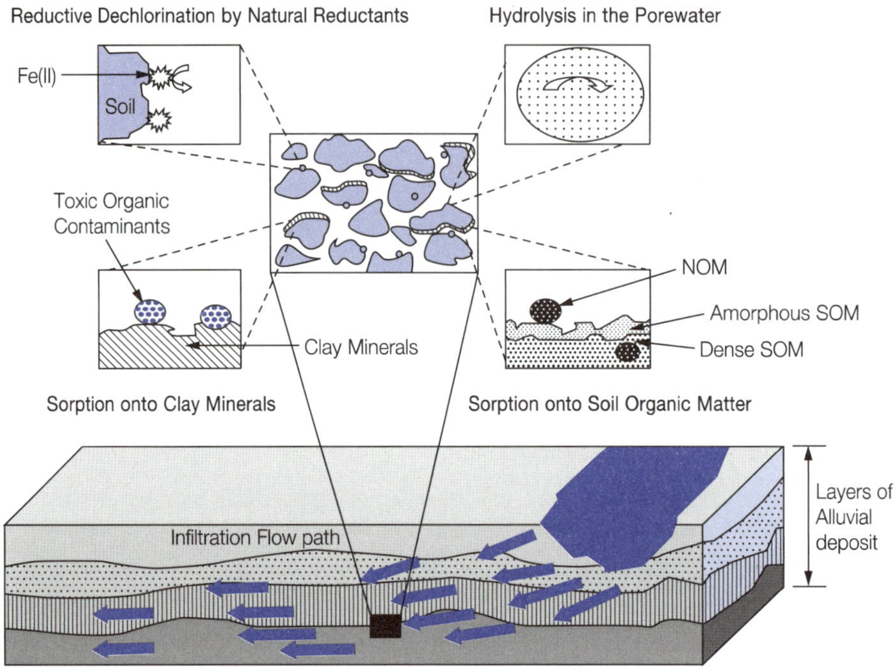

그림 7.1 토양의 오염물질 정화 메커니즘

① 여과

토양에 유입된 유해오염물질들은 다양한 크기의 토양광물입자와 유기물, 그리고 이들 입자 사이의 공극을 통과하면서 물리적으로 걸러짐의 현상이 일어난다.

② 흡착 및 고정

유해오염물질들이 토양입자 사이를 통과하면서 토양유기물과 토양입자들 중에 특히 점토입자($2\mu m$ 이하 크기)에 발달된 정전기(주로 음전기)에 의한 전기적 결합을 통해 흡착이 일어나며, 이때 일부는 토양 입자의 최초 표면에 강하게 결합하여 다른 물질로 치환되어 유리되지 못하는 고정현상을 나타낸다.

③ 불용화

토양구성성분과 관계없이 토양 내에 용해되어 있는 유해물질간에 상호 화학결합을 하여 고형화함으로써 불용성 또는 침전물을 형성한다.

④ 분해

유입된 유해오염물질들이 토양 내의 각종 미생물 활동에 의하여 2개 이상의 무해한 단순 화합물이나 원소로 분리되는 현상을 일으킨다.

⑤ 용해(해리)

불용화물 또는 침전물 형성의 반대개념으로서 고형의 화합물형태로 유입된 유해오염물질들이 토양수분에 의하여 녹는 현상을 말하여, 이때 유해화합물질이 토양수분에 녹아 이온화하는 현상을 해리라고 한다.

⑥ 완충작용

토양의 물리, 화학 및 생물학적 특성에 의하여 외부로부터 유입되는 물질에 의한 급진적인 변화에 대해 저항하는 능력을 완충능력이라 하며, 특히 토양은 산과 알칼리에 의한 pH 변화를 억제하는 능력을 갖고 있으며 유해오염물질 유입에 의한 토양오염에 대한 저항능력도 갖고 있다.

이상의 여러 작용은 토양 내에서 개별적으로 나타나는 것이 아니고 복합적이고 종합적으로 작용하여 토양의 독특한 정화능력을 발휘하게 되는 것이다.

7.1.4 토양오염과 오염 토양

토양오염이란 광의의 개념에서 보면 토양 내에 특정화학물질의 농도가 높아져 사람의 건강이나 생태계에 피해를 주는 상태를 말한다. 금속 광산 지역의 산림 토양처럼 인간의 활동이 전혀 가해지지 않고 단지 지질학적 요인(자연현상)에 의해 카드뮴이나 납, 비소 등의 유해 중금속의 농도가 비오염 지역에 비해 수배 또는 수십 배 정도 높게 나타나는 경우가 여기에 해당된다 하겠다. 그러나 대부분 국가에서는 관리 목적상 토양오염을 인간의 활동에 의해 나타나는 협의의 개념으로 한정하고 있으며, 우리나라도 토양 환경보전법에서 규정하고 있는 토양오염의 정의는 '사람의 사업 활동 등으로 인해 토양이 오염되어 사람의 건강 및 재산과 동식물의 생육에 지장을 초래할 수 있는 오염'으로 한정하고 있다.

오염 토양(토지)이란 나라에 따라 토양에 한정하거나 지하수까지 포함하여 규정하고 있으며 네덜란드나 핀란드, 일본은 토양에 한정하고 있는 반면, 독일과 덴마크는 지하수까지를 포함하고 있다. 그러나 오염 토양을 토양에 한정하는 국가들도 오염 지역의 효율적인 관리 측면에서 대부분 지하수와 연계하여 관리하고 있다. 우리나라는 오염 토양에 대한 명확한 규정은 없으나 토양과 지하수의 오염 방지를 위해 토양은 토양 환경보전법에서, 지하수는 지하수법에서 각기 관리되고 있다.

7.1.5 토양오염의 특징

토양은 물, 공기에 비해 그 조성이 복잡하여 유해 물질에 대한 반응도 다양하게 나타난다. 특히 토양은 완충 능력을 지니고 있어 오염물질의 이동이 완만하며 이에 따라 토양오염으로 인한 피해가 나타나기까지는 상당한 시일이 소요된다. 토한 토양오염은 눈에 보이거나 느낄 수 없기 때문에 그 동안 사람들의 인식이 대기나 수질오염에 비해 낮았던 것이 사실이다. 그러나 토양오염으로 인한 피해는 오염 토양의 섭취나 휘산되는 가스의 흡입에 의한 직접 피해보다는 일본에서 발생하였던 '이따이이따이 병'이나 미국의 '러브 채널 사건'에서 나타난 것과 같이 오염 식품이나 오염 지하수의 섭취를 통해 주로 나타난다.

토양오염의 특징을 요약하면 다음과 같다.

① 오염 경로의 다양성

토양오염은 유독물 저장시설 등 원재료의 누출이나 비위생 폐기물의 매립에 의해 토양이 침출수에 의해 직접 오염되는 경우와 사업장에서 배출되는 오염 물질이 공기나 물을 통해 토양에 유입되어 오염되는 경우가 있다.

② 피해 발현의 완만성

토양은 그 자체가 완충력이 커 오염 물질이 축적되기 쉽고, 또한 오염물질의 이동이 느려 수십 년 전의 행위에 의한 오염이 존재할 가능성이 있다. 토양오염으로 인한 피해는 식물이나 토양 생물의 생육에는 직접적으로 나타나지만, 사람의 건강에는 주로 물, 대기, 식품의 오염을 통하여 간접적이고 만성적인 형태로 나타난다.

③ 오염 영향의 국지성

또한 오염의 영향은 수질오염과 대기오염이 광역적으로 나타나는데 비해 토양오염은 매체의 특성상 국지적으로 나타난다.

④ 오염의 비 인지성 및 타 환경 인자와의 영향 관계의 모호성

토양오염은 대부분 눈에 보이지 않아 오염 물질을 분석하기 전에는 오염 정도를 인지하기 어렵고, 토양 중 유해 물질의 축적과 환경 영향의 작용 기작이 복잡하여 토양 중 유해 물질의 축적량과 물(용출), 대기(비산), 식물체(흡수) 등 타 환경으로의 이동량과의 사이에 일정한 양적 관계가 나타나지 않는 경우가 많다.

⑤ 원상 복구의 어려움

대기오염과 수질오염은 발생원으로부터 유해 물질의 배출 상황과 연계하여 배출 시설을 개선하면 그 영향이 비교적 단기간 내에 종료되는 경우가 많은 반면, 토양오염은 유해 물질을 배출하는 시설을 개선해도 오염 상태가 장기간 지속된다.

특히 대기오염과 수질오염은 자연현상에 의해 치유가 가능하지만 토양은 일단 오염되면 정화하지 않고는 반영구적으로 오염이 지속된다. 일례로 황사나 스모그에 의해 시계가 흐린 대기나 부영양화에 의해 녹조 현상이 심한 호소나 하천도 큰비가 한번 지나가고 나면 깨끗이 치유됨을 알 수 있다.

7.1.6 지하수 오염의 특징

지하수 오염은 지하수의 물리적 성질, 오염 원인의 다양성, 지하수 층과 그 상층에 존재하는 지질학적 특성과 깊은 관련이 있어 오염 실태 파악이 어렵고 오염이 파악되어도 오염원의 제거 복구가 쉽지 않다. 이와 함께 오염의 특성상 지하수의 흐름을 눈으로 발견하기 어려우며 지하수의 흐름 방향이나 속도를 정확히 파악하기도 곤란하다. 더구나 지하수는 오염 경로가 다양하고 흐름이 느리며 복잡하기 때문에 정확한 오염 실태를 파악하는 데도 상당한 시일이 소요된다.

① 지하수 흐름의 완만성

지하수는 지질 구성 성분에 의해 유속에 영향을 받는다. 석회암 지역의 지하수는 시간당 수 m의 빠른 속도로 이동하는 반면, 대부분의 지역에서는 년 간 수 m의 느린 속도로 이동한다. 따라서 관측정이 오염원으로부터 원거리에 위치한 경우 오염원의 발견에 수년이 소요될 수도 있다.

② 지하수 흐름 방향의 모호성

지하수는 흐름을 눈으로 관찰할 수 없기 때문에 대부분의 경우 오염원의 흐름 방향

을 명확하게 확인하기가 어렵다.

③ 지하수 오염원 및 오염 경로의 다양성

지하수 오염원은 유독물 지하저장시설, 생산 공정이나 영업 과정에서 오염 물질을 사용하고 있는 사업장이나 폐기물 매립장 등 다양하며, 이들 지역에서 배출되는 오염물질의 종류나 양도 다양하다. 이와 같이 지하수는 다양한 경로를 통하여 오염되고 있기 때문에 오염원인 규명이나 오염원에 의한 오염 범위를 명확하게 구분하기 어려운 경우가 많다.

④ 모니터링의 곤란성

지하수의 모니터링은 지표수보다 훨씬 비용이 많이 소요되며 이는 해당 지역의 모니터링을 위해서는 관측정의 설치가 불가피하기 때문이다. 또한 넓은 지역에서 관측정에 의한 모니터링은 관측정의 부적절한 선정으로 인한 잘못된 결과를 가져오기 쉽다. 따라서 모니터링은 관측정이 오염을 탐색할 수 있도록 오염 지점 가까이에 설치하여야 한다.

⑤ 원상 복구의 어려움

오염 지역이 발견된 경우 오염된 지하수 층을 제거·원상 복구하는 것은 매우 어려울 뿐만 아니라 엄청난 비용과 시간이 소요된다.

7.1.7 토양·지하수 오염에 의한 건강 피해 특성

중화학 공업을 위주로 하는 산업의 급속한 발전과 인구의 도시 집중 현상 등으로 인해 나타나는 환경오염 문제는 우리의 일상생활까지도 위협을 가하고 있다. 대기오염이나 수질오염, 폐기물오염의 경우 그 피해가 빨리 나타나고 눈에 보여 이들 오염에 대해서는 국가가 그 관리에 적극적으로 대처하고 있어 문제가 심하였던 20~30년 전에 비해 상당히 개선되었다고 볼 수 있다. 그러나 눈에 보이지 않는 토양·지하수는 회복되지 않은 채 그대로 남아 있는 것이 현실이다.

토양오염은 땅에 오염 물질이 축적되는 것으로 끝나지 않고 식물 연쇄 작용에 의해 오염 물질이 농작물·동물로 이동되어 축적되거나 지하수·지표수의 오염, 오염 토양의 비산에 의해 인체 건강에 나쁜 영향을 준다. 이 외에도 농작물과 수목의 생육 저해와 토양에 서식하는 동식물에 직접 악영향을 주고 있다.

토양오염에 의한 건강피해는 오염경로 및 오염물질의 종류에 따라 다양하게 나타날 수 있으며, 카드뮴이 오염된 농산물과 식수를 장기간 섭취하여 발생하였던 '이따이이따이병'은 신장장애, 골연화증, 내분비의 변화, 노화촉진 등을 가져오며, 유해 폐기물 매립지 주변지역에서 PCBs, Dioxins, Lindane 등이 오염된 식수를 장기간 섭취하여 문제가 되었던 '러브채널사건'은 임산부의 사산, 정신박약아의 출산 등의 재앙을 가져왔다. 또한 최근 국내에서도 대장균 등이 오염된 지하수를 식수로 섭취하여 이질, 설사 등이 발생한 피해사례가 나타나고 있다.

7.2 토양오염의 주요 사건들

7.2.1 러브채널 사건

1976년 미국에서 러브채널 사건이 발생하였다. 이곳은 원래 방치된 운하공사지역이었는데 후커캐미컬이란 회사가 1942년부터 1950년 사이에 약 2만여 톤의 유독성 화학물질을 매립한 후 1953년 이 지역을 나이아가라 시교육 위원회에 기증하였다. 교육위원회는 몇 년 후 이곳에 초등학교를 세웠고 일부는 주택지로 사용되었다. 그 후 이 지역에 사는 주민들은 피부병과 두통이 자주 발생하였으며 다른 지역에 비해 유산율이 높았다. 1976년 큰 홍수가 있은 후 가로수와 정원의 꽃이 말라죽었으며 수영을 즐기던 연못에서는 유해한 화학물질이 다량 검출되었고 토양에서도 유독 물질을 포함한 지하수가 표면으로 스며 나왔다.

문제의 심각성을 알게 된 미 환경처는 1978년 8월 미국 역사상 처음으로 이 지역을 환경재난지역으로 선포하고 거주하던 238가구로 하여금 즉시 떠날 것을 명령했다. 문제의 초등학교는 폐쇄되었으며 주민들로부터 수많은 손해배상 소송이 제기되었다. 요구하는 배상액수는 수십억 달러에 달했으나 책임의 대상이 없었다. 1980년 5월 카터 행정부는 주변 800세대를 환경재난지역에 추가하였다. 그 후 미국 정부는 이 지역을 정화하기 위해 1억 달러 이상을 소모하였으나 이곳은 지금까지 아무도 들어가지 못하는 유령지역으로 남아 있다.

이 사건을 계기로 미 연방정부는 1980년 12월 대단위 기금법(Superfund)을 제정하여 향후 5년 동안 러브채널과 같은 유해지역을 정화하기 위하여 약 160억 달러상당의 연방기금을 조성하고 유해지역의 조사와 처리 및 보상을 시작하였다. 이 법규의 시효 만

기일인 1985년 9월 말일까지 미 환경처는 2766개의 유해지역을 찾아내고 507개의 매우 위험한 지역에 대해 유해물질 제거작업을 실시하였다. 5년간의 한시적인 이 법은 1986년 10월 레이건 행정부에 의해 재연장 되었고 85억 달러의 기금이 추가되었다.

7.2.2 타임즈비치 사건

미국 중부 미주리주에 위치한 타임즈비치라는 작은 시골마을의 주민들은 여름이 되면 비포장 도로에서 날리는 먼지로 겪는 고통을 해결하기 위하여 1971년부터 수년동안 도로에 기름을 뿌렸다. 도로에 기름을 뿌리기 시작한 후부터 이 마을에는 이상한 일들이 일어나기 시작하였다. 도로 옆에는 말 목장이 있었는데, 기름을 뿌린 다음날 수십 마리의 참새가 떨어져 죽었고 한달 안에 개와 고양이가 죽어갔다. 또한 목장의 말 43마리가 1년 내에 죽었고 임신한 말은 모두 사산하였다. 그리고 목장주인은 두통, 설사, 가슴통증 증세로 고통을 당했고 다른 가족들도 비슷한 증세로 입원 치료까지 하게 되었다. 또한 주민들의 신장암, 폐암, 후두암 및 간질환 발생률이 높아졌다.

1982년 미국 연방환경처는 타임즈비치 주민들의 심각한 상태를 보고 받고 그 원인을 조사해 본 결과, 비포장 도로에 뿌렸던 기름 속에 많은 양의 다이옥신이라는 유독성 물질이 포함되어 있음을 알았다. 이곳 주민들은 그동안 이 물질이 들어있는 대기를 호흡하며 살아왔던 것이다. 사건 이후 주민들은 모두 다른 곳으로 이주하였고 마을은 통행조차 금지된 불모지역으로 변했다.

7.3 토양오염의 원인

7.3.1 중금속에 의한 토양오염

우리나라의 경제는 1970년경을 즈음하여 전후의 부흥기를 탈피하고, 안정적 성장기로 들어섰다. 특히 70년대 중반부터 도입된 새로운 과학기술의 발전과 응용은 눈부신 것이었다. 그 결과, 놀라운 발전을 이룩하였으나 이러한 발전의 뒤에는 인체와 자연에 대한 안전성, 산업과 도시로부터 발생되는 중금속 폐기물의 회수와 처리에 대한 연구와 대책이 부족했다. 그 결과 산업활동에 의한 중금속 오염물질이 직접 토양에 투기되기도 하고, 광산폐수와 공장폐수 등에 포함되어 하천을 오염시키고, 그 결과 다시 토양이 중금속에 오염된 하천에 노출되게 되었다. 또, 공장의 매연과 자동차의 배기가스 등에 의한 대기오염을 통해 토양이 중금속에 오염되는 현상도 발생했다.

이와 같은 경로를 통해서 중금속에 오염된 토양은, 그곳에 생육하는 식물만이 아니라 먹이사슬에 의해서 가축과 인간에도 영향을 주게 되었으며 이렇게 토양오염이 진행됨에 따라 토양 미생물의 활성이 저하되어 토양이 가진 다양한 기능을 저하시키게 되었다. 이러한 인위적인 중금속 오염의 발생원을 살펴보면 다음과 같다.

① 금속광산으로부터의 폐수

금속광산으로부터 발생하는 폐수는 광내수, 채석장의 침출수, 선광폐수 등으로 구별된다. 모두 산성이 강하며, pH 1~3의 것이 많다. 광석의 성분조성 및 채취하는 금속의 차이에 의해 배출되는 성분도 구리(Cu), 납(Pb), 카드뮴(Cd), 비소(As) 등의 여러 종류로 분류될 수 있다. 금속제련소에서도 유사한 오염물질이 배출되어질 것이다. 또한, 폐수 이외에도 굴착장비의 배기가스에 의한 오염도 생각할 수 있다.

② 도금 공장으로부터의 폐수

일반적으로 니켈(Ni), 구리(Cu), 아연(Zn), 크롬(Cr), 은(Ag), 백금(Pt), 주석(Sn), 카드뮴(Cd)이 사용되고 있기 때문에, 이들 원소에 의한 오염을 생각할 수 있다. 현재, Cd에 의한 도금은 거의 하고 있지 않지만, 과거에 배출되었던 Cd이 저질토에 포함되어 수로 등에 침전되어 있다.

③ 피혁가공 공장으로부터의 폐수

피혁의 무두질 공정에서, Cr 무두질을 할 경우에 폐수 중에 Cr이 함유되는 경우가 있다.

④ 도료, 도장, 염색

카드뮴 옐로(황색), 카드뮴 레드(적색), 아연백색과 같이 중금속을 함유한 발색안료를 사용하는 경우, 폐수 중으로 유입되는 오염원이 된다. 매염제로서 쓰이는 명반, 중크롬산 칼륨, 크롬 명반, 안티몬염, 초산납, 황산 제일철, 또 후처리제로서 쓰이는 황산구리, 중크롬산칼륨, 불화 크롬, 명반 등의 중금속염이 이용되기 때문에, 이들의 폐액이 폐수 중에 함유되면 오염의 가능성이 생긴다.

⑤ 기타 공장폐수

전자공업에서 Cu, Zn, Pb 등의 사용, 브라운관 형광도료로서 Cd의 사용, 렌즈연마

공장 등의 폐수 중에 이들의 금속이 혼입될 위험성이 있다.

⑥ 도시하수

도시하수에는 도시의 생활폐수와 공장폐수 등이 유입되고 하수처리 결과 생기는 슬러지에는 비교적 다량의 유해금속이 함유되어 있는데, 이러한 슬러지의 일부는 토지개량을 위해 재활용이라는 방법을 통해 농지로 환원되어 토양을 오염시킨다.

⑦ 소각장에서의 배연

각종 폐기물을 소각할 때에 배기가스로서 대기에 확산되는 유해금속이 있다. 이것들은 대기로 확산되고, 그 후 강하하여 토양의 오염원이 된다.

토양 중에 유해 중금속이 존재하고 있어도, 그것이 불용성 혹은 난용성이라면 토양용액중의 농도는 저농도로 유지되므로, 식물에 의한 흡수량은 적기 때문에 피해로 나타나기 어렵다. 토양 중에서 중금속의 용해성은 토양조건 혹은 다른 공존원소의 농도 등에 의하여 많은 차이가 있다. 다음의 주된 조건에 의한 토양에서의 중금속 거동특성에 대해 논해 보기로 한다.

① 토양의 pH와 용해도

토양 중에서의 중금속의 용해도는 토양의 pH에 따라서 다르다. 예를 들어 토양이 산성화하면 Mo(몰리브덴)은 용해도가 감소하고, 중성에서 알칼리화 하면 Cu, Zn, Cd, Mn(망간), Fe(철) 등의 용해도는 감소한다.

② 토양의 산화 환원과 중금속의 형태

중금속 중에는, 산화적 조건 하에서 불용화하는 것과 환원적 조건 하에서 불용화하는 것이 있다. Fe, Mn 등은 전자의 예이고, Cd, Cu, Zn, Cr 등이 후자의 예이다. 또, Cr과 같이 산화와 환원의 형태에 의해 독성이 다른 원소도 있다. Cr은 산화상태에서는 6가 크롬으로 존재하는데, 이것은 환원상태의 2가 및 3가 크롬보다 독성이 강하다. 비소의 경우, 산화상태의 비소산보다도 환원상태의 아비소산 쪽이 높은 독성을 가진다.

③ 침전에 의한 불용화

중금속은 토양 중에서 다른 성분과 결합해 불용성의 화합물을 만드는 경우가 있다. PO_4^{3-}는 Cd, Zn과, H_2S는 Cd, Zn, Pb, Ni, Fe와 반응해서 침전한다.

7.3.2 농약에 의한 토양오염

R. Carson이 썼던 '침묵의 봄' 이래, 반복된 경고에도 불구하고 심각하게 생각하지 못했던 농약의 피해가 우리들의 생활에 침투해 들어오고 있다.

농약에도 수많은 종류가 있다. 무엇에 효과가 있느냐에 따라 분류하면 살충제, 살균제, 살충살균 혼합제, 제초제, 성장 조정제, 기타로 나눌 수 있다. 인간이 필요로 하는 식물(작물)만을 보다 많이 생산하기 위해서 다량으로 사용되고 있는 것이 화학비료와 농약인데, 화학비료와 농약은 같은 범주에 속하는 것은 아니다. 화학비료는 식물이 필요한 성분으로서, 그 자체는 유해물질이 아니지만 당연히 필요 이상으로 사용되면 해가 된다. 한편 농약은 그 사용목적에서부터 양의 다소에 상관없이 독성이 있고 잔류성이 있다는 점에서 동·식물에 대해서 강한 영향을 미치며 유해하다.

7.3.3 산성비에 의한 삼림쇠퇴와 토양의 산성화

삼림쇠퇴는 황산화물, 질소산화물, 오존 등의 대기오염물질이 직접 수목에 영향을 미쳐 수목의 생육을 쇠퇴시키기도 하지만 이들 오염물질이 빗물에 용해되어 황산이온과 질산이온으로 된 후 수목에 접촉하거나 토양에 스며들어 토양을 산성화시켜 마그네슘결핍과 알루미늄의 용출을 불러일으키고, 결과적으로 수목의 뿌리를 상하게 하여 수목의 생육을 쇠퇴시키는 것으로 추정되고 있다.

유럽에 있어서는 현재의 레벨로 산성 강하물이 계속 가해질 경우에는 석회질이 적은 산성토양에서는 수십 년 이내에 염기포화도 이하의 알루미늄의 용출과 토양 pH가 3 부근까지 낮아질 것으로 전망되고 있어 삼림의 쇠퇴가 현저하게 나타날 것으로 예상되고 있다. 또 알루미늄은 알츠하이머병(노인성 치매)의 원인물질로 되어 있어, 음용수 중에 포함되면 알루미늄이 단시간 내에 뇌에 축적된다고 한다. 따라서 토양이 산성화되어 토양으로부터 용출되는 알루미늄이 증가되면, 음용수를 통하여 알루미늄이 섭취되기 쉽게 되어 토양의 산성화는 그만큼 직접 인체에 큰 위협으로 다가오게 된다. 그림 7.2는 산성비의 생성과정을 도식화 한 것이다.

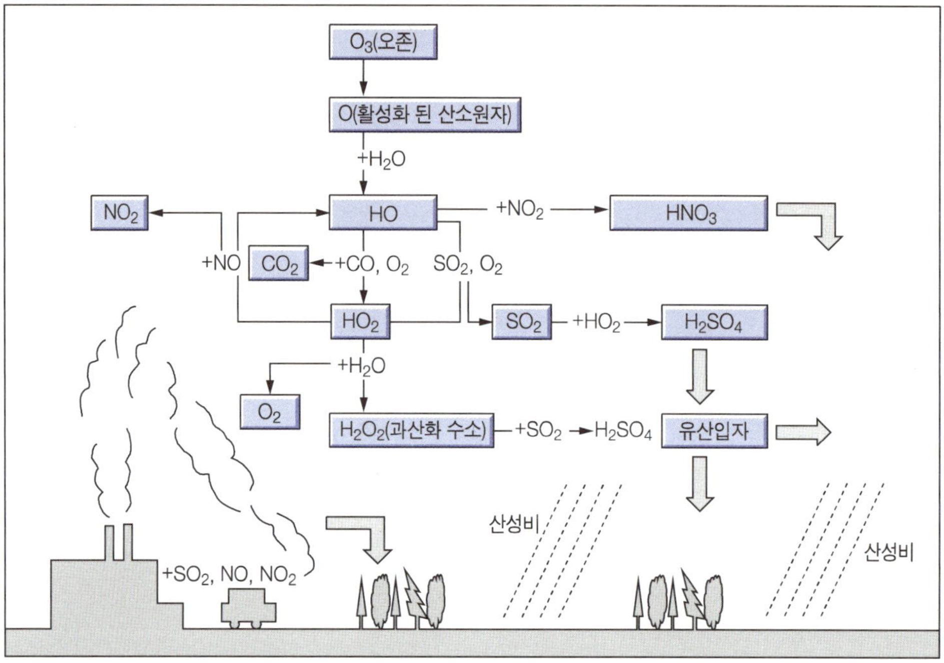

그림 7.2 산성비의 생성과정

7.3.4 방사성물질과 토양오염

스웨덴의 수도 스톡홀름의 북쪽 및 남서쪽 약 100 km 지점에 있는 2개의 원자력발전소, 폴슈마르크 발전소와 스튜도빅발전소의 1986년 4월 28일 아침은 출근한 직원들의 방사성물질에 의한 오염으로 시작되었다. 두 원자력발전소 모두 오염원이 아닌 것은 곧 밝혀졌다. 남북 1,400 km에 달하는 스웨덴의 모든 곳에서 방사능이 검출되었기 때문이다. 오염원은 어디인가? 스웨덴에서는 이번 오염뿐 아니라 예전에도 몇 회에 걸쳐 구소련의 체르노빌원자력발전소가 위치한 남동 방향으로부터 흘러 들어온 미량의 방사성물질을 검출하고 있었다. 그러므로 방사능검출직전 남동풍이 불었다는 사실로부터 이번 방사성물질의 오염원도 구소련이라고 추측하였다. 스웨덴정부는 곧 구소련에 이 사실을 조회했으나 회답은 없었고 수 시간이 경과한 뒤에서야 국영타스통신이 체르노빌원자력발전소에서 사고가 발생했다는 사실만 짧게 보도하였다. 온 세계가 동요하기 시작했다.

전체 지구순환시스템에 유입된 체르노빌 원자력발전소의 방사성물질에 의해 미량일지라도 우리들은 지금도 피폭되고 있는 것이다. 원자력발전소의 폭발에 의해 우리들의 힘으로는 되돌릴 수 없는 막대한 원자의 힘을 풀어놓아 버린 것이다.

방사선은 생물에 어떤 영향을 미치는 것일까? 방사선의 생물에 미치는 영향을 나타내는 데는 생체조직에 의해 방사선이 어느 정도 흡수되었는가를 나타낼 필요가 있다. 방사성물질로부터의 입자 또는 전자파가 생체물질중의 원자를 때리면 그 원자의 전자는 전자구름의 영역으로부터 떨어져 원자의 양전하와 음전하 사이에 불균형이 생겨 전하를 가진 이온이 발생된다(전리방사). 전리방사는 분자중의 원자간 화학적 결합에 영향을 주어 화학적 성질을 바꾼다. DNA분자에 작용하면 이를 변화시켜 생물적인 돌연변이를 일으킬 가능성도 있다. 또 피부 질환, 모발의 탈락, 암 등의 방사선피해를 불러일으킨다. 따라서 방사성물질에 오염된 토양은 쉽게 복원하기 어렵기 때문에 장기간 인체에 영향을 미칠 수 있으므로 무엇보다도 오염시키지 않는 것이 중요하다.

7.3.5 석유 누출과 석유 슬러지의 투기에 의한 토양오염

현재 인류문명을 지탱하는 주에너지원으로서 대량의 석유가 소비되고 있기 때문에 토양이나 지표수가 석유에 의해서 오염될 가능성은 대단히 크다. 석유에 의한 오염은 고의로 석유 폐기물을 투기한 경우도 물론 있겠지만, 운반 중 사고에 의해서도 발생할 수 있다. 석유 성분은 아주 저농도에서도 악취가 나고 수질에 큰 영향을 미치기 때문에 음용수를 공급하는 지역에서는 특히 석유 누출에 의한 오염을 주의해야 한다. 정유설비로부터 배출되는 석유 슬러지도 누출되어 다량의 토양을 오염시킨 경우, 이것을 처리하는 것에는 아주 많은 비용이 필요하다.

토양에 석유가 누출된 경우 가장 빠르게 실행할 수 있는 실제적인 수단은 석유 그 자체를 될 수 있는 한 수평적으로 확산시키는 것이다. 왜냐하면 석유를 한 장소에 한정시켜 놓으면 토양 깊은 층으로 석유가 침투하여 오염된 토양을 적절하게 처리하는 것이 어렵기 때문이다.

7.3.6 가스 누출에 의한 토양오염

도시에 공급되는 천연가스는 80~95 %의 메탄을 함유하고 있으며, 이것이 토양에 누출되면 미생물의 에너지원이 되기 때문에 천연가스를 공급할 때 지하의 매설시설 가까이 생육하는 수목이 가장 큰 피해를 입는다. 가스 압력의 증가와 천연가스의 배관으로 사용되는 납관 이음새의 건조가 결부되어 가스 누출이 증가하기 때문이다. 도심부에서 보통 납관으로 배관을 사용하기 때문에 식생에의 피해는 그곳에서 최대가 된다. 미 올랜도의 경우 도시 가로수의 전체 치사율의 약 60~90 %가 가스 누출 때문이었던 것으로 보고되었다.

7.3.7 생활하수에 의한 오염

생활하수를 관개용수로 농업 용지에 유입하면 질소나 인이 공급되어 농작물의 생육에 일부 도움이 되기도 한다. 또한 하수에 함유된 합성세제 특히 경성 세제(ABS)는 미생물에 의해 분해되기 어려우므로 흙 속에 오래 잔류한다. 그리고 세균, 바이러스 등 각종 병원균이 많으므로 이로 인하여 식물 성장의 피해를 줄 수 있다. 또한 처리되지 않은 하수, 특히 분뇨를 토양에 계속 사용하면 분뇨중의 나트륨 이온(Na^+)이 토양내의 칼슘이온(Ca^{2+})을 치환시키고, 또한 Na^+는 H^+에 의해서 쉽게 치환되어 토양이 산성화되기 쉽다.

7.4 토양오염 복원기술

최근 지속적인 경제발전과 도시의 인구 집중으로 인하여 토양오염이 심화되고 있다. 이 중 특히 물과 섞이지 않는 유기용매(organic solvents) 및 유류제품(petroleum products)으로 인한 오염은 쓰레기 매립장의 침출과 주유소의 지하 저장탱크사고로 인한 기름유출 등 여러 원인에 의하여 발생하고 있다. 이들 물질이 지표 또는 지하에 유출된 초기단계에는 가스나 방울상태로 불포화된 토양의 공극 사이에 끼어 있으나, 점차 시간이 경과함에 따라 하부로 이동하여 물보다 밀도가 작을 경우에는 지하수면 부근에, 클 경우에는 지하수면 바닥과 불투수 지층 표면에 집적되어 지하수를 오염시키게 된다. 환경 매체의 오염이 증가함에 따라 오염 매체를 정화하는 여러 가지 기술들이 개발되었다. 현재 일반적인 토양오염의 정화대책으로는 크게 두 가지로 나눌 수 있다.

첫째, 오염물의 확산을 막는 방법, 즉 주위 토양이나 지하수로의 확산을 방지하는 대책이다. 예를 들면 매몰 오염물의 제거, 오염지층의 제거, 지반피복법, 오염물질 유출방지법 등이 있다.

둘째, 오염된 토양을 정화하기 위한 기술로는 토양증기추출법(Soil Vapor Extraction : SVE), 토양세척법(Soil Washing Treatment), 초임계유체추출법(Supercritical Fluid Extraction : SFE), 화학적 산화법(Chemical Oxidation Treatment), 열처리법(Thermal Treatment), 미생물 분해법(Bioremediation) 등이 있다.

앞서 언급된 오염된 토양의 조건에 따라 처리하는 방법은 크게 3 가지로 나눌 수 있다.

첫째, 휘발성이 큰 물질에 의해 오염되어 있는 경우에는 토양증기추출법을 이용하는 것이 유리하다.

둘째, 정화대상 오염물질이 생물학적으로 용이하게 분해되는 경우에는 bioreme-diation 기법이 사용된다. 이 기법은 생분해가 가능한 오염물질에 의해 광범위하게 오염된 지역에 효과적으로 적용할 수 있다. 그러나 생분해 속도가 느리고 주변 환경인자에 의해 커다란 영향을 받는 등 현장적용에는 아직도 해결해야 할 문제점이 많다.

셋째, 정화대상 오염물질이 여타 기법으로는 정화하기 곤란한 비휘발성 물질, 생물학적 난분해성 물질, 중금속 등으로 오염되어 있는 경우에는 토양을 물리화학적으로 정화시키는 토양세척법(soil washing) 기법이 유리하다.

참고로, 유기화합물을 분류하는 방법은 휘발성(Volatility)의 정도에 따라 휘발성(Volatile), 반휘발성(Semi-volatile), 비휘발성(Non-volatile)으로 크게 분류하며 휘발성의 척도로는 증기압과 끓는점이 사용된다. 휘발성은 증기압이 10^{-2} 이상, 반휘발성은 $10^{-2} \sim 10^{-8}$, 비휘발성은 10^{-8} kPa 이하로 분류되며 끓는점은 100℃를 기준으로 그 이하이면 휘발성, 이상이면 반휘발성과 비휘발성으로 분류된다. 예를 들면, 반휘발성 유기화합물(Semi-volatile Organic Compounds : 이하 'SVOC'라 함)은 4개 이하의 고리를 갖는 방향족 탄화수소가 해당되며, Nitro 화합물, Chlorobenzenes, Chlorotoluenes, PCBs, Organochlorine, Organophosphate, 살충제 및 다이옥신 등이 속한다.

7.4.1 토양증기추출법(Soil Vapor Extraction : SVE)

SVE공법은 오염된 토양에 추출정을 설치하여 공기압력을 이용하여 휘발성(volatile) 혹은 반휘발성(semi-volatile) 오염원을 현장(in-situ)에서 직접 처리하여 토양 및 지하수를 정화할 수 있는 기술로 1984년 이후부터 선진국에서 사용되고 있는 기술중 하나이다.

SVE의 원리는 인공적인 방법으로 공기의 흐름을 유도함으로써 토양의 기공에 잔류하는 유해 화합물의 증발을 촉진하는 것이다. 오염된 토양에 추출공과 주입공을 사용하여 기계적으로 진공 또는 고압의 공기를 공급함으로써 연속적인 공기 흐름을 유발시키고, 결국 공기압의 변화를 유도함으로써 오염물질은 토양으로부터 공기로 전달된다. 오염된 공기는 직접 대기 중으로 배출되거나 후처리 공정을 거쳐 배출된다. 이때 배출 공기에 포함되어 있는 수분은 vapor/liquid separator에 의해 분리된다.

이 기술은 주로 지하수면 위에 존재하는 불포화 지층(vadose or unsaturated zone)에 주로 적용된다. SVE 공정으로는 일반적으로 0.5 mmHg보다 큰 증기압을 가진 오염물질을 정화할 수 있다. 이러한 물질로는 휘발성 유기화합물(Volatile Organic Compounds : VOCs)과 디젤, 등유와 같은 반휘발성 유기화합물(Semi-Volatile Organic Compounds : SVOCs) 등이 있다. SVE 공정의 장점은 다음과 같다.

첫째, 오염된 토양을 파내지 않고 정화할 수 있다.
둘째, 많은 용량의 오염 토양처리가 가능하다.
셋째, 장치가 비교적 간단하다.
넷째, 유지 및 관리비가 저렴하고 수면의 깊이에 크게 제한을 받지 않으며 복원기간이 비교적 짧다.

이에 비해 SVE 기술의 단점으로는, 현장(in-situ) 기법이기 때문에 오염범위가 넓은 경우 균일한 증기 흡입이 곤란하고 토양의 불균일성이 심할 경우 효율적인 제거가 어렵다. 또한 증기압이 낮은 물질이나 투수율이 낮은 토양에 적용이 곤란하며, 처리 후 발생되는 배기가스(VOC류)의 2차 처리를 위한 비용부담이 크다. 그림 7.3은 토양증기 추출 시스템을 도식화 한 것이다.

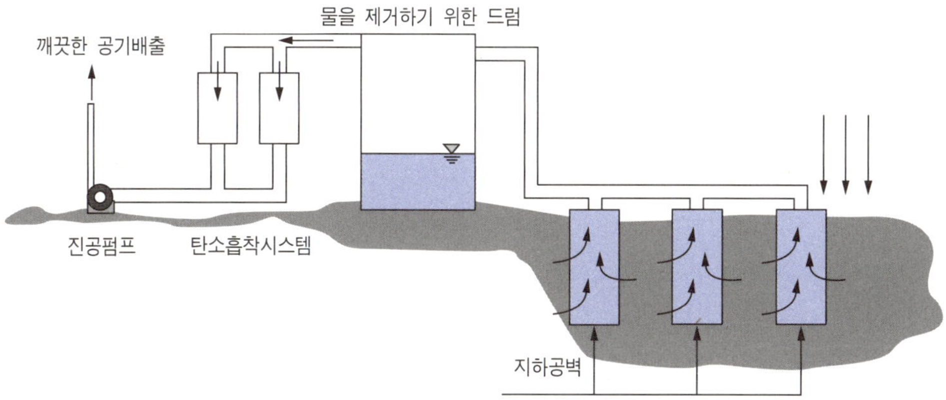

그림 7.3 토양증기추출 시스템

7.4.2 초임계추출법(Supercritical Fluid Extraction : SFE)

유독성 물질의 매립에 의해 오염된 토양이나 유해성분을 함유한 고체 폐기물을 처리하기 위해 현재 사용하는 방법은 생물학적 처리방법, 고형화 및 소각 등의 방법을 들 수 있는데, 초임계 유체를 이용한 방법은 기존의 방법과는 달리 처리된 고체에 용매가 잔류하지 않으며 추출된 오염물질이 소량의 농축된 폐액으로 얻어지므로 이를 소각 등의 방법으로 처리할 때 그 효율을 높일 수 있다.

7.4.3 토양세척법(Soil Flushing with Surfactant)

물 혹은 steam을 이용한 토양세척법은 여러 종류의 오염물질에 대해 적용되어 온 전통적인 토양복원 기술로서 적절한 세척제(flushing agent)를 사용하여 토양 입자에 결합되어 있는 유해 유기오염 물질의 표면장력을 약화시키거나 중금속을 분리시켜 처리하는 기법으로 적용방법에 따라 in-situ 기법과 ex-situ 방법이 있다. In-situ기법은 토양의 투수성에 많은 제약을 받고 세척된 오염물질에 의한 2차 오염의 우려가 있는 반면, ex-situ 기법은 토양을 굴착하여 세척 처리하는 방식이므로 이러한 문제점은 발생되지 않는다.

세척제로는 물, 계면활성제(surfactant), 산, 염기, 착염물질(chelating agent) 등이 일반적으로 사용된다. 물은 친수성 오염물질을, 계면활성제는 소수성 오염물질을, 산·염기·착염물질은 금속물질을 추출, 정화시키는 데 주로 이용된다. 세척용액과 오염된 토양이 접촉하게 되면 오염물질은 용해작용(solubilization), 유상액의 형성(formation of an emulsion) 또는 세척용액과의 물리화학적 작용에 의하여 토양으로부터 세척용액으로 이동하게 되어 세척 유출수가 생성되므로, 이것에 의한 2차 오염이 일어나지 않도록 적절한 처리가 필요하다. 토양증기추출법은 휘발성이 큰 물질에 대하여, bioremediation 기법은 생분해성이 높은 물질에 대해서만 주로 제거효율이 우수한 반면, 토양세척기법은 주요 제거 대상인 비휘발성 물질, 생분해성이 낮은 물질, 중금속뿐만 아니라 휘발성 물질 및 생분해 가능한 물질들도 주입되는 세척 용액의 작용으로 인하여 토양으로부터 동시에 분리가 가능하다. In-situ 토양세척기법의 장점은 다음과 같다.

첫째, 투수성이 비교적 양호한 토양 내에 존재하는 거의 모든 형태의 오염물질에 대하여 적용이 가능하다.
둘째, 비휘발성 물질, 생물학적 난분해성 물질, 중금속 등과 같이 다른 방법으로는 정화하기 어려운 물질에 특히 효과적이다.
셋째, 에너지 소모가 적어 비용이 저렴하다.
넷째, 넓은 지역에 균일한 적용이 가능하다.

반면, 이 기술의 가장 큰 단점은 수용성이 아주 낮은 석유류 유기물을 포함하는 비수용성 유기용매(NAPL : Non Aqueous Phase Liquid)에 적용이 어렵다는 것이다. 따라서 이러한 유기용매에 적용될 경우 계면활성제를 투입해야만 한다. 그림 7.4는 토양세척 system을 도식화 한 것이다.

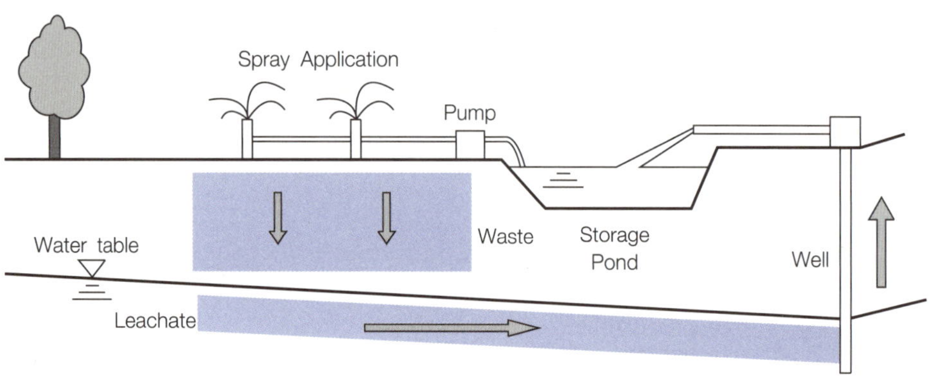

그림 7.4 토양 세척 system의 모식도

7.4.4 열적처리 (Thermal Treatment)

① 열적처리는 유기물로 오염된 토양의 정화기술로 널리 알려진 방법으로 소각(incineration), 열분해(pyrolyzation), 열탈착 공정 등이 포함된다.

② 열적처리는 일반적으로 두 단계로 나눌 수 있는데, 1단계는 유기오염 물질의 열탈착이며, 2단계는 탈착된 유기오염 물질의 고온 열분해이다.

③ 열탈착에는 rotary drier가 가장 보편적으로 사용되고 있으며 300℃ 이상의 고온으로 장시간 가열하여 오염물질을 탈착시키게 되므로 휘발에 필요한 온도로 가열하기 위해서는 높은 에너지가 필요하다. 장시간 고온의 가열로 토양 성분의 산화와 열적 변형이 일어날 수 있고 반드시 장외(ex-situ)에서 정화해야만 하는 문제점이 있으므로 각 국에서는 새로운 방법을 이용한 처리기술에 많은 관심을 기울이고 있다. 그림 7.5는 오염된 토양의 열적처리 공정의 한 예를 보여주고 있다.

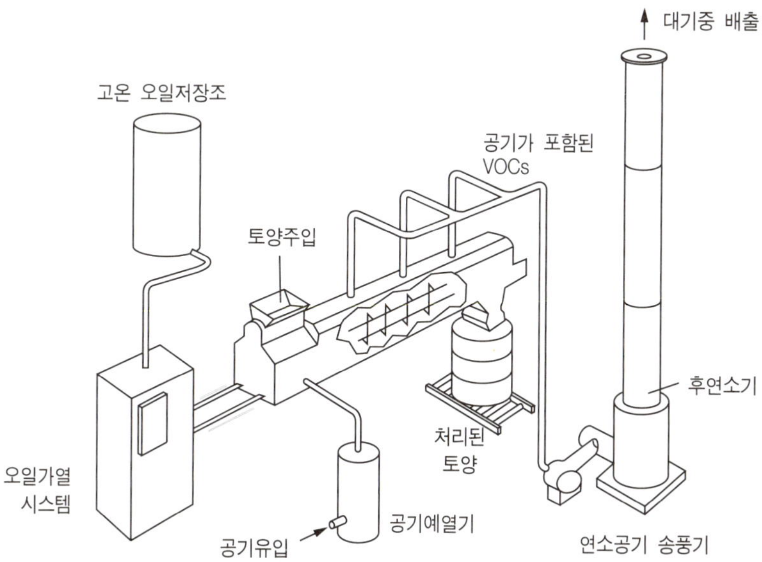

그림 7.5 토양의 열적처리 공정도

7.4.5 생물학적 처리

Bioremediation은 미생물에 의해 유기오염물질을 biomass, 그리고 CO_2와 H_2O로 전환시켜 주는 것을 목표로 하고 있다. 자연상태에서는 이러한 과정이 오랜 시간에 걸쳐 서서히 이루어지고 있다. 그러나 토양오염의 처리를 위해서는 여러 가지 환경인자와 공정을 최적화하여 이러한 과정을 짧은 시간에 활성화시켜야 할 필요성이 있다.

생물학적 처리기술은 액상, 슬러지, 오염된 토양 등에서 발견되는 유해물질을 분해, 변형시키기 위하여 미생물, 박테리아, 조류의 효소 활동을 이용한다. 이 처리기술은 주변의 환경, 즉 pH, 온도, 공기농도, 영양물질의 농도, 오염물의 농도 등에 많은 영향을 받으며 처리비용이 비교적 적은 편이다.

생물학적 처리기술은 처리장소에 따라 지상처리(pump and treat), 반응조 처리, 현장처리(In-situ) 등으로 나눌 수 있으며, 처리대상으로 오염된 지하수, 오염된 토양 및 슬러지 등이 포함된다. 현장처리의 경우, 분해 촉진을 위해 오염물을 분해할 수 있는 미생물을 직접 토양으로 주입하거나 토양 속의 미생물이 잘 성장할 수 있도록 영양물질과 공기 등을 주입하기도 한다. 몇 가지 생물학적 처리방법에 대해 설명하면 다음과 같다. 그림 7.6은 생물학적 현장 처리공정을 도식화 한 것이다.

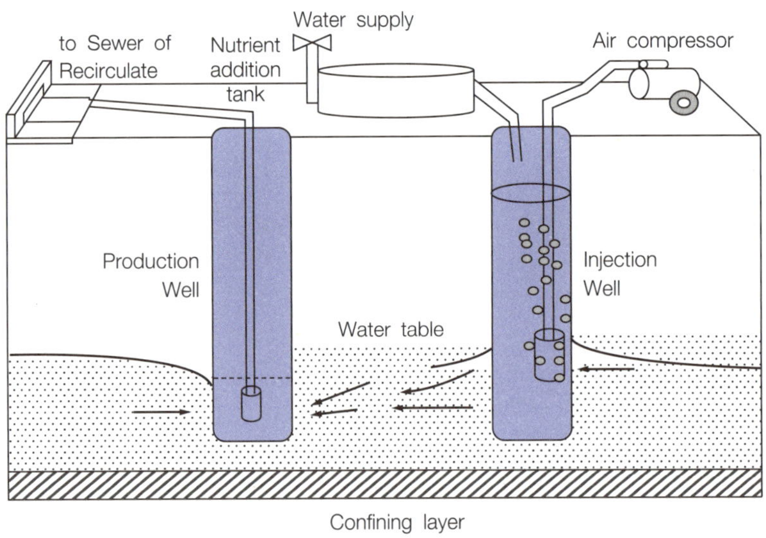

그림 7.6 생물학적 현장처리

7.4.6 고형화안정화 기술

고형화·안정화는 독성 유해물질의 이동성과 용출성을 최소화시킨다. 고형화·안정화된 물질은 용매 등에 노출되는 표면적을 줄이고 결합제(binding agents)와 충분한 결합력을 가지므로 지지력을 증가시킨다. 고형화·안정화공법에서 첨가되는 화학물질로는 Portland cement, lime, fly ash, clay, silicates 등이 있다. 그림 7.7은 안정화와 고형화 공정의 한 예를 도식화 한 것이다.

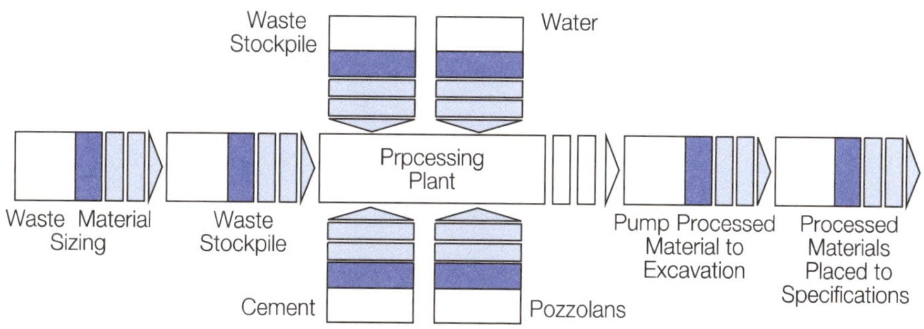

그림 7.7 WASTECH 안정화와 고형화 공정

7.4.7 투수성 반응벽체를 이용한 지중 복원기술

1) 반응벽체기술의 기술동향

투수성 반응벽체기술은 흡착제거 물질을 충진하여 광역적인 오염을 막기 위해 사용되는 기술로서 오염물질의 이동을 제한하며 토양의 배수와 지하수의 흐름을 막지 않는 환경친화적인 기술로 발전하고 있다. 전통적인 투수성 반응벽체의 적용은 트렌치 충진 방법(Trench and fill)으로 굴착 후 오염물을 흡착할 물질들을 지중에 충진시킨다(그림 7.8). 이때, 지중의 반응 충진물질의 입자크기를 크게 증가시켜서 토양 및 대수층 내 공극을 확대하여 투수성을 양호하게 해야 한다. 그러나 충진물질의 반응성에 관계없이 입자크기를 확대하기 위한 공정 또는 제조과정이 수반되므로 높은 경제적 비용과 반응 표면적의 감소로 낮은 제거효율을 야기하는 문제가 있다. 예를 들어, 영가철과 철산화물의 반응벽체물질로의 이용은 최근 들어 각광받는 물질들이나, 이들 물질 자체만을 충진물질로 사용하기에는 반응성과 투수성을 균질하고 양호하게 유지하는데 소용되는 비용 절감에 한계가 있다. 최근에는 이의 대안으로 흡착제로 사용되는 물질들을 다공성물질이나 모래에 표면처리 과정 후 이용하여 투수성과 반응성이 높은 반응벽체 대체물질로 개발하고 있다.

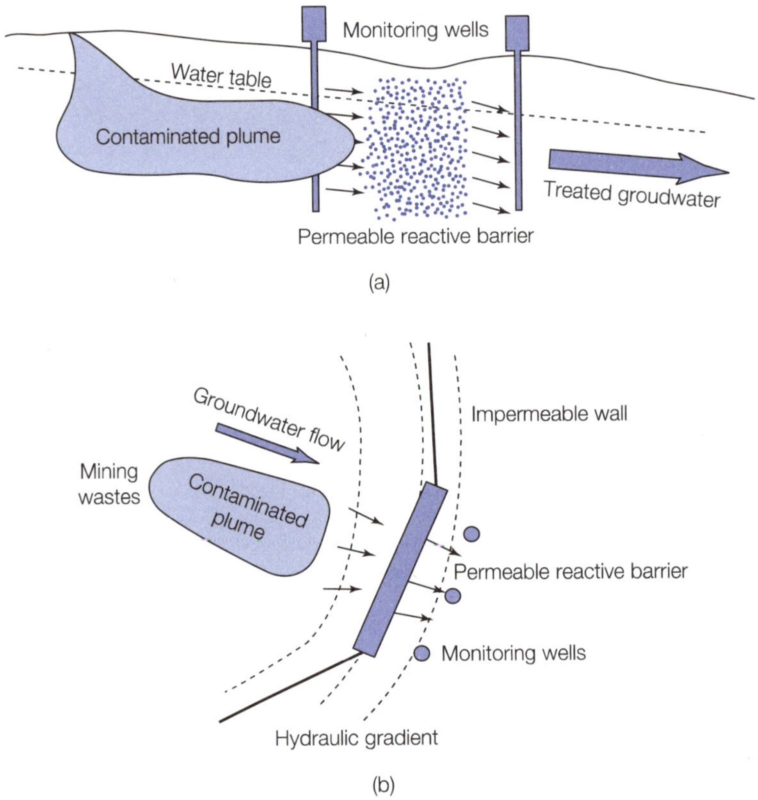

그림 7.8 투수성반응벽체의 (a) 수직단면도와 (b) 수평단면도

2) 반응벽체의 정의와 종류

본 기술은 투수성 반응벽체에 관한 내용으로서, 오염대가 존재하는 지반에 설치하여 오염대의 수리학적 흐름을 이용, 반응매질과 오염물질의 화학적 반응을 유도하여 오염물질을 제거하는 방법이다. 반응벽체의 종류에 따라 불투수성(Impermeable)과 투수성(Permeable) 반응벽체 기술로 구분된다. 불투성 벽체의 예로써, 슬러리벽체(Slurry wall), 시트파일(Sheet pile), 그라우팅(Grouting) 등이 있고, 투수성 반응벽체로는 투수성이 높은 다공성의 흡착매체의 충진 형태가 있다. 기존의 불투수성 벽체는 오염물의

확산을 억제하는 것이지만 투수성 반응벽체는 오염된 지하수의 흐름을 유지한 채 그 위치에서 정화할 수 있는 장점을 지니고 있다. 그러나 반응물질이 이차부산물에 의한 오염원으로 작용할 수 있으며, 지속적인 반응으로 파과점에 도달한 경우 재생이 필요하기 때문에 설치 후 모니터링과 재생기술을 적용하는 것이 필요하다. 그리고 현장 설치 방법에 따라 트렌치 충진형태, 충진물 주입형태, 사이펀 집수형태의 반응벽체로 구분되며, 지하수 오염대의 수리학적 특징과 오염물질의 종류와 분포를 이용하여 설치된다.

반응벽체는 지하수 오염대의 예측 결과가 명확하지 않고 오염물의 지중내 확산이 상대적으로 심하여 독자적으로 적용할 수 없는 경우 다른 정화 기법과 혼용하여 사용할 수 있다. 예를 들면, 오염대가 크게 나타나는 곳에는 반응벽체를 설치하고, 주변 지역은 차수막을 시공함으로서 경제성을 크게 향상시킬 수 있고, 완전차수를 행해야만 하는 지역에서도 반응벽체와 연계시공 함으로써 침출수위 상승 방지 및 침출수 추가 처리에 대한 경제적인 부담을 줄일 수 있다. 또한, 반응벽체는 공기주입(Air sparging), 세척(Surfactant flushing), 토양증기추출(Soil vapor extraction), 생물학적 복원, 동전기(Electrokinetic), 열처리(Thermal treatment) 등의 기타 현장보전 지반정화법과 연계하여 적용하면 제거효율 향상의 동반상승 효과를 기대할 수 있다.

7.4.8 식물을 이용한 복원기술

식물정화법은 오염된 매체로부터 오염물질을 제거하기 위한 식물을 사용하는 기법으로 정의내릴 수 있다.

이 기술을 방사성 동위원소를 포함한 다양한 오염물질로 오염된 여러 종류의 토양 표면에 적용될 수 있으며 식물정화법과 생물학적 정화법 모두 오염부지의 복원을 위해 살아있는 유기체를 사용하며 현장에서도 적용할 수 있다. 식물정화법은 생물학적 정화법과 달리 박테리아 대신 식물을 사용하는 것으로 좀 더 구체적으로는 오염물질의 제거, 분해 또는 봉쇄하여 오염된 토양, 슬러지, 침전물과 지하수의 위해성을 현장에서 제거하기 위해 살아있는 녹색식물을 직접적으로 사용하는 것을 말한다. 이 방법은 오염제거를 위해 현재 적용되고 있는 많은 방법들을 대신할 수 있는 잠재적 대안이다.

1) 식물을 이용한 복원방법의 종류

중금속과 유기오염물질에 대해 흔히 사용되는 식물정화법의 종류로는 뿌리여과, 식물분해, 뿌리분해, 식물안정화와 식물추출법이 있다. 식물축적법(Phyroaccumulation)이라 불리기도 하는 식물추출법(Phyroextraction)은 식물 뿌리를 통해 토양 내 금속오염물질을 흡수하여 식물의 지상쪽 부분으로 이동시키는 것을 일컫는다. 성장기간을 거친 식물은 추수되거나 소각되며 혹은 퇴비화 된다. 소각 후 그 재는 매립식 쓰레기로서 버려지지만 그 체적은 오염된 토양을 굴착하는 것에 비해 상당히 줄어든다. 식물추출은 토양으로부터 중금속오염물질을 제거하기 위해 과축척제(Hyperaccumulator)라는 저장단위로 작용하는 특정 식물종을 사용하는 것이다. 지구식물학적 관점에서 사용될 수 있는 이런 과축적식물의 발견은 토양이나 수계의 중금속오염의 정화를 위해 과축적식물을 사용하는 것이 가능하다는 것을 보여준다. 예로써 우라늄에 내성을 갖는 식물상이 발견되었다. 그 식물상은 셀레늄의 지표식물이며 갓과 백합은 황(Sulfer)을 축적하는 특징을 가지고 있는 식물의 일종이다. 갓(Indian mustard, Brassica juncea)과 해바라기(Sunflower, Helianthus annus L.)와 같은 일부 식물 역시 우라늄 과축적식물로 보고되었다.

뿌리여과(Rhizofiltration)는 식물이 뿌리를 통해 물질을 흡수하는 자연적인 능력을 이점으로 갖는다. 이 과정에서 오염물질은 뿌리를 둘러싼 용액에서 뿌리로 흡수되거나 혹은 뿌리위에 흡착(침전)된다. 따라서 토양보다는 수중에서 뿌리와 함께 성장해 나가는 식물이 오염된 유출수를 정화하는데 사용될 수 있다. 식물이 오염물질로 점차 포화되면 채취하거나 제거한다. 해바라기(Helianthus annus L.)는 Ukraine의 Chernovyl 지역근처의 연못 물 내 방사성오염물질을 제거하는데 효과적으로 사용되었다. 여기서 식물뿌리는 수중에 존재하는 오염물질을 흡착하는 높은 표면적을 갖는 생여과재(biofilter)로서 작용하였다. Jackson(1998)은 뿌리가 있는 수생 도관식물(vascular plant) 내 금속 축적에 관한 이론적 기틀을 제시하였다. 침전물로부터 뿌리로의 흡수와 연이은 육상조직으로의 이동은 금속 이동에 관한 기본적 경로이다. 뿌리를 내린 거대식물의 금속농도는 일반적으로 결정격자에 붙어있는 금속을 배제한 채 땅속 침전물 내 금속 농도에 비례한다.

식물휘발(Phytovolatisation)은 변형된 형태로 잎에서 배출되거나 휘발되는 셀레늄 혹은 수은과 같은 휘발성 금속의 흡수를 의미한다. 셀레늄은 저농도로서 식물성장에 필수적이며 갓(Indian mustard, Brassica juncea)과 같은 특정 식물종에 의해 methyl selenate의 형태로 휘발된다.

식물안정화법(Phytostabilization)은 부식억제와 다량의 물의 증발산을 통해 폐기물 부지를 안정화시키는 것이다. Aitchison et al.(2000)은 금속오염물질을 식물안정화시킬 수 있는 잡종 포플라의 능력을 조사하였다.

2) 식물을 이용한 복원방법의 장·단점

식물정화법은 비용효율이 높은 현장복원방법으로 간주된다. 현재 금속계 오염토양은 대부분 부지로부터 옮겨져 처리를 한 후 다시 이전 부지로 되돌려진다. 그러나 정화를 위해 다량의 토양을 운반하는 것은 환경적으로 파괴적일 뿐만 아니라 운송으로 인한 상당한 비용을 요구하며, 운송은 또한 잠재적으로 해로운 금속을 입자상 물질로써 대기 중으로 방출시키는 위험을 증가시킨다. 일부 산업체에서는 복원공정의 상대적으로 높은 비용을 이유로 추후 복원처리를 위해 단순히 오염토양을 적치하는 경향도 있다. 선택사항으로써 토양으로부터 금속을 다량 축적하는 식물의 재에서 금속을 재생이용하는 것도 복원비용의 일부를 보상할 수 있을 것이다. 만일 재생이용이 여의치 않다면 적어도 식물소각의 적용은 오염물질의 체적을 감소시킬 수 있으며 비용과 폐기의 환경적 영향을 상당히 감소시킬 수 있을 것이다. 미국 EPA는 식물정화법이 기존의 처리공정비용의 최대 50~80%까지 절약할 수 있다고 추정하고 있다. 저 비용 이외 식물정화법의 또 다른 이점은 영구적인 처리해법이 될 수 있다는 것이다. 즉 영구적으로 오염물질을 매체에서 제거할 수 있으며 부지를 과도하게 교란시키지 않고 적용할 수 있다. 이 방법은 일반적으로 생체이용이 가능한 오염물질 부분을 식물이 복원할 수 있기에 토양 혹은 대수층 내에 비용출되는 부분들은 잔존하도록 하는 위해성 기반의 복원접근방법으로서 양립 가능하다. 또한 식물정화법은 혼합된 폐기물 부지내의 유기오염물질을 분해하며 중금속을 제거하는 등의 다용도 기술이 될 수 있다. 혼합 폐기물이란 유해한 특성을 나타내며 유해 폐기물로서 폐기되어야 하는 저농도 방사성 폐기물로서 폐기를 요구할 만큼의 충분한 양의 방사성 원소를 포함한 폐기물을 의미한다. 식물정화법은 또한 심미적인 거부감을 보다 줄일 수 있으며 대중에게 더욱 용이하게 받아들여질 수 있다. Ukraine의 Chernobyl 원자로에서 EPA의 Superfund Innovative Technology Evaluation(SITE) 실험 프로그램은 식물의 과축적(Hyperaccumulation) 기술을 증명해보였다.

식물정화법의 주된 장점은 상대적으로 적은 비용소모인 반면, 단점으로는 긴 시간을 들 수 있다. 요구되는 시간은 수개월 심지어 수 십 년이 요구될 수 있다. 비록 일부 식물정화방법이 부지에서 적용되는 기존방법에 비해 장시간이 요구될 수도 있지만 더 많은 부지가 각각의 개별 부지에 대해 더 적은 비용으로 동시에 처리될 수 있다는 장점이 있다.

식물의 성장은 계절변동에 의존하는 것 외의 처리공정을 지연시킬 수 있는 병원균에 감염되기 쉽다. 자연적으로 발생하는 수많은 과축적식물(Hyperaccumulator)은 매우 느린 성작식물이다. 모든 생물학적 방법처럼 식물을 사용하는 것 역시 반응속도가 느리기 때문에 오염물질의 100% 제거를 허용하지 않을 뿐더러 금속의 고농도는 식물에 유독할 수 있다. 뿌리가 도달할 수 있는 제한된 깊이와 금속의 독성은 처리공정의 주된 제한 요소이다.

따라서 식물정화법은 유기물, 영양분 혹은 금속 오염물질의 표층으로부터 얕은 오염을 가진 부지에 가장 잘 적용될 수 있다. 이 방법은 (1) 다른 복원 방법들이 비용효율적이지 않거나 실용적이지 않은 넓은 현장부지, (2) 장기간에 걸쳐 단지 마무리처리가 요구되는 저농도의 오염을 갖고 있는 부지와 (3) 식생이 부지의 봉쇄나 최종 덮개로서 사용되는 부지에서 다른 기술과 결합하여 적용하기에 매우 적절하다. Robinson(1997)은 식물정화법이 다음의 조건에서 적절한 가능성을 가지고 있다고 말한다. 첫째, 금속은 반드시 식물 내 축적되기 이전에 토양 내 어느 정도는 용해 가능한 형태여야 한다. 금속의 용해도는 킬레이트제와 같은 화학약품의 첨가로 향상될 수 있다. 둘째 식물을 이용한 채광은 상대적으로 적은 생산량으로 인해 단지 토양 내 농도가 너무 낮아 기존의 채광을 적용하기 어려운 곳에서 유가원소 채광에 적합하다. 넷째, 식물추출법의 경제성은 대규모지역에 걸쳐 사용될 때 유리하다. 실용적인 처리대안을 갖기 위해서는 쉽게 채취할 수 있으며, 채취된 부분에 금속의 상당량의 농도(1000 mg/kg metal 이상)를 축적할 수 있는 건강하게 성장한 식물(3 tons dry matter/ha-yr 이상)이 필요하다.

Chapter

8

해 양 오 염

전체 해양은 넓고도 깊다. 그러나 오염물질이 흘러들어 정화되는 연안해역은 좁고 수심도 얕기 때문에 연안오염은 점차 가속화되고 연안을 이용하는 활동이 제한될 수밖에 없다. 따라서 해양자원의 효율적인 이용과 함께 인류의 공동자산인 해양을 오염으로부터 보호하고 지속적으로 이용할 수 있는 방법을 찾기 위한 노력이 절실히 요구되는 시점에 이르렀다.

연안해역의 면적은 전 해역의 3%이며 수심도 평균 130 m에 불과하다.

8.1 바다

해양은 지구의 표면적 510×10^6 km^2 중에서 약 70.8%에 해당하는 361×10^6 km^{2}의 면적을 차지하고 있다. 해양의 평균수심은 약 3,795 m나 되며, 해수의 양은 무려 137×10^{16} 톤에 이르고 있다.

이와 같은 해양은 지구의 자연환경을 지배하는 주요한 인자로서 또한 지구의 거대한 열 저장 장소로서 지구의 기후를 조절하고 있다. 뿐만 아니라 각종 어패류 등의 수산자원을 비롯하여 조석, 파랑 등의 에너지 자원, 석유, 망간, 천연가스 등의 광물자원, 마그네슘, 우라늄 등 해수 용존 자원 등을 보유하고 있는 자원의 보고이기도 하다.

한편, 해양은 해상운송 및 교통의 수단으로서 중요한 공간이며 해상공원, 해수욕장 및 해상 구조물 등의 공간적 이용가치가 큰 것이다. 인류는 이러한 해양의 가치를 일찍부터 깨달아 고대문명은 모두 큰 강이나 해안근처에서 발달하였고, 오늘날에 있어서도 많은 도시가 바닷가에 인접해서 건설되어 해양을 이용하고 있다.

해양은 워낙 광대하고 또한 방대한 양의 해수를 갖고 있기 때문에 해양의 염분, 수온, 수소이온농도(pH) 등의 물리, 화학적 성상에 관하여 안정성이 높다. 그렇기 때문에 해양은 많은 생태학적 제 요인에 관하여 비교적 오랜 기간에 걸쳐 안정도가 높은 상태를 유지시켜 온 가장 커다란 자연환경이라고 여겨져 왔다.

8.2 바다는 좁다

인류는 바다가 워낙 광대하므로 해양 스스로 희석, 확산, 산화, 미생물 분해 등으로 오염물질을 정화할 수 있는 능력, 즉 「자정능력」(Self-purification)이 무한할 것이라는 생각으로 바다를 오랫동안 인간 활동에 따른 부산물의 처리장으로 이용하여 왔다.

인구가 적고 산업이 발달되지 못했던 시대에는 해양에 유입되는 오염물질의 양도 적어 해양의 자정능력 범위 내에 있으므로 큰 문제가 되지 않았다. 그러나 인류의 활동이 급속히 대규모화 되면서 해양에 유입되는 오염물질의 양이 대량화 되고 육지에서 가까운 연안해역이 심하게 오염됨에 따라 해양의 자정능력에는 한계가 있음을 깨닫게 되었다.

한편, 전체바다는 광활하고 방대하지만 육상에서 발생된 대부분의 오염물질은 연안해역에 집중된다. 연안해역은 수심이 얕을 뿐만 아니라 그 면적도 좁고 해수유동도 원만치 못하여 오염물질을 정화할 수 있는 능력도 제한되어 있다. 따라서 해양오염은 전체 바다가 오염된다기보다는 양식을 비롯한 수산활동이 활발한 연안해역의 오염이 가속화 된다고 볼 수 있다. 또한 오염범위가 점차 확대됨에 따라 인류에게 남겨진 마지막 미개척지로서 해양의 중요성을 인식하고, 해양을 오염으로부터 보호하고자 하는 노력이 이루어지게 되었다.

8.3 해양오염

인구 증가와 산업화에 의하여 우리의 자연환경은 점차 파괴되고 있다. 일반적으로 육상 및 대기오염은 우리에게 직접 피해를 주기 때문에 잘 알려져 있으며 여러 개선대책들이 수립되고 있다. 그러나 해양오염은 해양을 대상으로 생활하는 사람 외에는 직접적으로 피해를 주지 않기 때문에 해양오염 현상을 잘 알지 못하고 있다. 따라서 우리 연안에서 자주 발생하는 유류오염 사고와 적조현상을 비롯하여 여러 형태와 종류의 해양오염 현상에 대한 발생원인을 파악하고 해양오염의 심각성을 인식하여야 한다.

8.3.1 유류오염

오늘날의 문명을 석유문명이라 부를 정도로 석유류가 에너지원 및 산업 기초원료로 각광을 받고 있다. 석유 관련산업의 괄목할 만한 발전에 따라 원유를 포함한 석유류의 해상수송 또한 증가하고 있다. 뿐만 아니라 해양에서의 석유채취가 증가되고 있어 석유류 운송, 취급과정 중 해양에 유출되는 유류의 양이 매년 증가되고 있다.

그림 8.1 선박의 좌초와 충돌에 의한 유류오염

특히, 유조선 사고나 유전의 유출 등으로 일어나는 유류 유출오염은 일시에 다량의 유류를 제한된 해역에 배출시킨다. 유류 유출사고는 그 피해가 엄청나며, 많은 인력과 막대한 방제비용을 들여도 효과적인 유출유 제거작업을 할 수 없기 때문에 오랜 기간 동안 해양환경을 훼손시키고 있다. 각국의 산업발달에 따라 원유도입이 증가되고 있으며 이로 인하여 필연적으로 폐유류의 해역배출 증가와 유류 유출사고의 빈발이 초래되고 있다. 해양에 유입되는 기름은 원유, 석유 제품, 폐유 및 이들과 물의 혼합물 등이 있으며, 유출원 별로 나누어 보면 선박으로부터의 유출, 육상으로부터의 유출, 해저 유전에서의 유출 등이 있다.

유출된 기름이 미치는 영향은 유출 사고 초기의 직접적인 생물피해와 사고 후 수개월 또는 수십 년에 걸친 장기적인 피해로 크게 나누어 볼 수 있다. 직접적인 생물피해는 기름과 접촉하거나 독성이 높은 수용성 성분을 흡수하여 영향을 받게 되는 것을 말한다. 원유나 벙커유와 같은 점도가 높은 기름과 직접 접촉하게 되면 체온 상실이나 질식 등 신체의 피해가 가장 심각하게 나타난다. 특히 해안에서 서식하는 생물들이나 바다새들은 기름과 접촉하면 떼죽음을 당하게 된다. 미생물에 의해 분해되지 않는 상당량의 기름은 환경 내에 그대로 남아서 생물군집을 변화시키는 등 심각한 피해를 입히기도 한다. 특히 우리나라의 서해와 남해와 같이 갯벌이 발달한 지역은 기름오염에 취약하다.

이러한 갯벌 지역은 한번 오염되면 회복하는 데 수십 년 이상의 시간이 소요되는 것으로 추정되고 있다. 연안의 습지는 산란장일 뿐만 아니라 치어가 성장하는 장소이므로 이러한 환경파괴가 가속화 될 경우 장기적으로 연안어장의 생산력 감소와 직결될 수 있다.

8.3.2 부영양화 및 적조

1) 부영양화 현상

도시화와 산업의 발달로 생긴 생활하수와 산업폐수는 유기물과 함께 각종 영양염류를 다량 함유하고 있다. 여기서 영양염류(Nutrients)라 함은 암모니아 질소(NH_4^+-N), 아질산염(NO_2^--N), 질산염(NO_3^--N) 및 유기질소(Org.-N) 등의 질소화합물과 무기인산인염(PO_4^{3-}-P), 유기인산염(Org.-P) 등의 인화합물과 규소화합물(SiO_2-Si) 등을 말하며, 넓게는 철(Fe), 망간(Mn) 등의 미량 금속류와 Vitamine B_1, Vitamine B_{12} 등의 식물성장 촉진제도 포함된다. 이들 영양염류가 해양에 과량 존재하여 식물플랑크톤이 대량으로 발생하는 현상을 부영양화라고 한다. 폐쇄된 수역에서 부영양화에 의한 생산력이 그 수역에서의 다른 이용가치와 조화를 이루지 못할 정도로 증가할 경우에는 문제가 된다. 식물 플랑크톤이나 대형 식물이 과다하게 성장하면 물이 혼탁해지고 부패하게 되며 악취를 풍기게 된다. 부영양화 정도가 심한 수역은 산소농도의 변동 범위가 크기 때문에 해수 중의 산소농도가 급격히 감소할 때 주변 동·식물들이 대규모로 떼죽음을 당할 수 있다. 이와 같은 현상들이 바로 부영양화의 특징이고 주로 담수에서 문제시되어 왔으며, 해양환경에서 문제점으로 인식된 것은 최근의 일이다. Chlorophyll-a의 농도가 0.5 mg/m^3 이상이면 해양 부영양화의 임계치로 간주된다.

2) 적조현상

부영양화된 수역에서 물리, 화학적인 환경요인이 적절한 수준으로 조성되면 식물플랑크톤이 이상 대증식을 일으켜 해수의 색을 변색될 정도의 밀도(즉, 5000만 cell/L)로 식물성 플랑크톤이 증식(booms)하는 현상을 적조라고 한다. 적조의 색깔은 일반적으로 적색(Red Water)으로 나타나지만, 적조를 유발시키는 적조 생물의 종류에 따라 적갈색(Reddish-brown Water), 갈색(Brown Water), 황녹색(Yellowish Green Water) 등의 색으로 나타나기도 한다. 홍해(Red Sea)라는 바다의 이름도 남조류(Tricodesmium)에 의한 적조 발생으로 적자색의 해수에서 유래된 것이다. 적조가 발생되는 과정은 수온이 높고, 염분이 낮으며, 해역에 영양염이 충분할 때 주로 발생된다. 식물성 플랑크톤의 성장은 영양염류 중 제한인자(limiting nutrients)를 알려진 필수 영양염류(인, 질소, 규소)의 유용도에 의존하며, 이들 각각의 농도가 충분하지 않으면 다른 미네랄의 농도와 관계없이 성장하지 않는다. 적조의 원인생물로는 주로 규조류, 각종의 편모조류, 섬모충류 등이다.

적조 발생으로 인한 생태계의 영향은 다음과 같이 정리할 수 있다.

첫째, 대량의 플랑크톤이 발생하여 일정 기간이 지나면 대량으로 폐사한다. 이에 따라 해수 중에 유기물질의 양이 크게 증가하고 세균의 활동에 의한 분해작용이 진행된다. 이 때 많은 양의 산소를 소모하게 되어 해수 순환이 활발하지 않은 지역에는 바다 밑의 산소가 거의 고갈 상태에 이르게 된다. 무산소 환경은 어류 및 저서생물에 치명적인 영향을 주기 때문에 저서 생태계가 파괴될 뿐만 아니라, 양식장이 밀집된 지역에서는 양식생물이 대량 폐사하기도 한다.

둘째, 적조 원인 생물인 와편모조류는 다량의 점액질을 세포 밖으로 분비하는 종류가 많다. 플랑크톤 폐사 후 다량으로 분비된 점액질은 어패류의 호흡기관에 부착되어 어패류를 질식시킨다.

셋째, 적조생물의 폐사 후 많은 세균이 번성하면 세균 자체와 세균에 의해 분비되는 독성물질이 어패류의 치사를 일으킨다.

넷째, 대부분의 와편모조류는 다양한 유독물질을 생산할 수 있고 이 유독물질은 신경과 근육을 마비시키고, 호흡 장애 등을 일으키기도 하며 종류에 따라서는 수시간 내에 어패류를 치사시킬 수 있다. 이 유독물질이 먹이사슬을 통해 인간에게 유입될 경우 마비성 패류 중독에 걸리기 쉬운데 구토, 시력상실, 경련, 심하면 사망에 이르는 증세를 보인다.

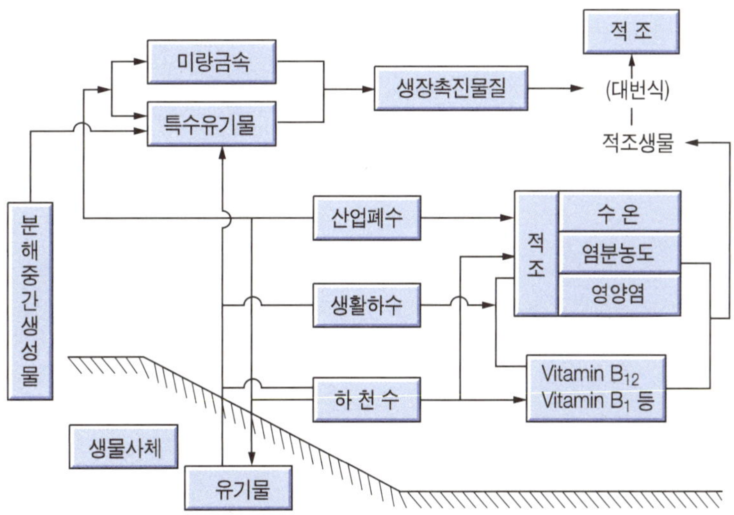

그림 8.2 적조발생과정 모식도

8.3.3 산소를 소모하는 유기물질 오염

유기물질 배출 : 산소를 소모하는 유기물질은 도시하수와 공장폐수 방출, 유기성 폐기물의 해양배출, 강우 유출 등을 통해서 바다에 도달한다. 바다로 유입되는 대부분의 유기성 폐기물은 미생물에 의하여 분해가 가능한 유기물질이다.

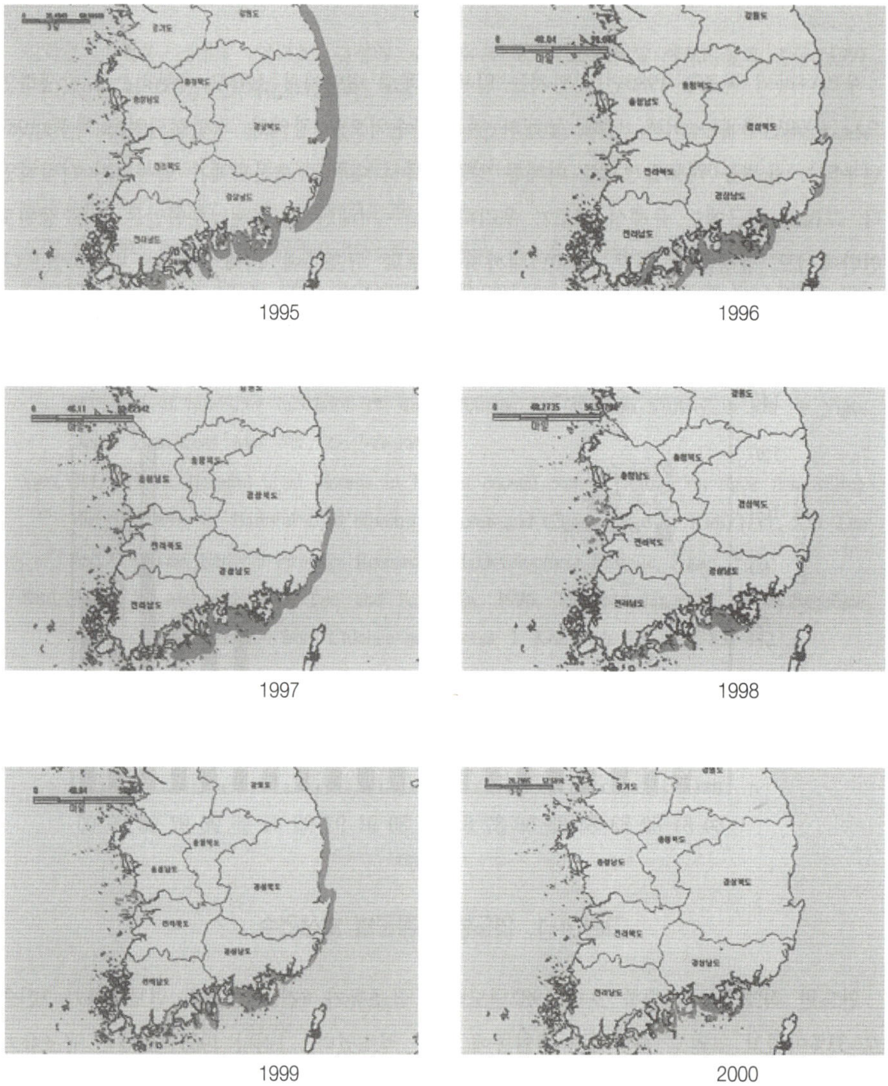

그림 8.3 연도별 적조발생해역

용존산소 고갈 : 미생물이 유기물질을 분해할 때 용존산소를 필요로 한다. 해수 중에는 한정된 양의 용존산소가 존재하므로 많은 양의 유기물질이 해양에 유입되면 용존산소 농도를 감소시킨다. 이러한 현상은 주위에 있는 해양생물에게 매우 해로운 결과를 초래하게 된다.

해양생태계 교란 : 해양에서 산소를 소모하는 유기물질 오염의 일차적 영향은 용존산소 부족 현상으로 발생한다. 수심이 충분치 못한 해양투기지역이나 하수처리장 방류구 부근 해역 그리고 조류소통이 원만치 못한 내만과 같은 해역에서는 저층 산소고갈과 같은 현상이 발생한다. 저서생물의 폐사를 비롯하여 생물종의 감소 및 천이가 발생하여 해양생태계에 심각한 영향을 미친다. 이러한 영향은 한번 발생하면 원래의 상태로 회복되는 데 많은 시간과 노력이 소요되므로 산소를 소모하는 유기물질 오염관리에 보다 관심을 가져야 한다.

방지대책 : 또한 육상의 하·폐수에 의한 유기오염을 저감시키기 위하여 하수종말처리시설을 가동시키고 있지만 영양염 제거는 이루어지지 않고 있다. 처리되지 않은 영양염은 결국 연안해역의 부영양화를 초래하고 이것이 또한 조류의 발생과 함께 유기오염으로 발전된다. 따라서 하수처리는 유기물질뿐만 아니라 영양염 제거까지 이루어질 때 연안의 부영양화와 유기오염을 방지할 수 있다.

8.3.4 중금속 오염

생물학적 관점에서 금속을 다음과 같이 세 부류로 나눌 수 있다.

① 경금속(light metals ; 나트륨, 칼륨, 칼슘 같은 금속, 비중이 4 이하) : 수용액에서 일반적으로 유동성이 있는 양이온형태로 이동한다.

② 전이금속(transitional metals ; 철, 구리, 코발트, 망간같은 금속들) : 낮은 농도에서는 필수적인 성분이지만 높은 농도에서는 독성을 띠게 된다.

③ 메탈로이드(metalloids ; 수은, 납, 주석, 셀레늄, 비소같은 금속들) : 일반적으로 대사활동에 필요치 않으며 지극히 낮은 농도에서도 세포에 독성을 띤다.

이 중 메탈로이드 같은 중금속은 쉽게 소멸되지 않고 오랫동안 환경에 남아 순환하는 지속성 오염물질(Persistent Pollutant)이다. 중금속이 해양환경에 유입되면 생물체 내에 축적되거나 먹이사슬을 따라 그 농도가 점점 높아지기도 한다. 수산물 속에는 바닷물에 들어 있는 농도보다 수십 배에서 수백만 배까지 증가할 수도 있다. 이러한 현상을 생물농축이라 한다.

중금속은 암석의 풍화작용 광석과 금속의 제련과정, 금속과 금속화합물의 이용과정, 생활 쓰레기 및 산업 폐기물 처리장, 쓰레기 매립장의 침출수, 그리고 중금속을 함유한 배설물 등을 통해 환경 중으로 배출된다.

중금속이 인간 활동에 의해 연안으로 대량 유입되면 우선 연안퇴적물이 오염되고 곧이어 이곳에서 서식하는 해양생물이 오염된다. 특히 정착성 어패류 등의 저서동물과 미역, 다시마 등의 부착식물이 오염에 노출되어 피해를 입게 되며 중금속에 오염된 수산물을 장기간 섭취할 경우 우리 인간도 결국은 중금속에 노출됨으로써 중독증상을 일으키게 된다.

8.3.5 잔류성 유기화합물질 오염

지구상에는 수많은 종류의 새로운 유기화합물질들이 생산·이용되고 있으며, 사용된 후에는 여러 경로를 통하여 환경에 유입되고 있다. 이중에서 분해가 잘 되지 않고 환경 내에 오랫동안 남아서 축적되는 유기화합물질들을 잔류성 유기화합물질이라고 부른다. 잔류성 유기화합물질은 중금속처럼 먹이사슬을 통하여 체내에 높은 농도로 농축될 수 있으므로 보건상 매우 중요하다.

잔류성 유기화합물질은 독성과 지속성이 크며, 생물체 내에 수십에서 수백만 배까지 농축될 수 있다. 대부분의 잔류성 유기화합물실들은 인위적으로 만들이진 회합물질로서 생산공정, 제품의 사용, 쓰레기 폐기, 누출사고, 연료 및 쓰레기의 연소 등에 의해 환경에 유입된다.

8.3.6 열 오염

원자력 발전소 또는 화력 발전소 등에서 연료의 열량과 발전에 사용된 전기 에너지와의 열량차에 상당하는 손실열량의 대부분이 냉각수에 함유되어 외부에 배출된다. 이와 같이 수온이 상승한 냉각수를 직접 환경에 배출할 때 이것을 “온배수”라고 한다. 이러한 온배수는 발전소 외에도 철강산업을 비롯한 각종 공장에서 배출되기도 한다. 이와 같은 온배수의 방출이 환경에 악영향을 미칠 때 열 오염(Thermal Pollution)이라고 한다.

해양생물체는 육상생물체와는 달리 각종 환경 요인의 변화가 없거나 적은 환경에서 적응 및 진화되었으며 특히 수온의 변화가 거의 없는 환경에서 진화되었다. 해양생물체의 각종 생리현상은 평균 수온이 아닌 한계 수온 바로 아래에서 활발하기 때문에 배출수에 의한 수온증가는 동물들에게 치명적일 수 있다.

수온이 높아지면서 일정한 비율로 제반 화학 반응 속도도 아울러 증가한다. 따라서 각종 생물체의 생리현상에도 변화가 초래된다. 수온이 너무 높을 경우 생화학적인 반응을 촉진하고 촉매 작용을 하는 효소나 호르몬의 작용이 중지되기도 한다.

8.3.7 폐기물 오염

1) 육상 폐기물 오염

육상에서 발생된 폐기물 중 비교적 무해하고, 육상에서 처리하기 곤란하며, 처리비용이 많이 드는 것들은 지정된 해역에 배출되고 있다. 배출허용 폐기물은 분뇨 및 정화조 오니, 수산물 가공잔재물, 음·식료품 제조시설 및 판매장에서 발생되는 폐수, 생물학적 처리공정의 하수오니 등이다. 바다에 버려진 폐기물은 해수의 유동에 따라 이동하여 희석되기 때문에 적절히 버려진다면 해양의 생태계에 영향을 주지 않을 수 있으므로 폐기물 처리에 대한 하나의 대안이 될 수도 있다.

현재 우리나라 폐기물의 배출허용 해역은 서해 군산 서쪽 공해상, 동해의 포항 동쪽 공해상과 부산 동쪽 공해상 등 모두 세 곳이다. 서해의 경우 수심이 얕고 조류소통은 원만치 못하므로 산소를 소모하는 유기물질과 영양염류의 축적에 의한 오염현상이 우려된다. 특히 하계의 저층에서는 산소고갈과 같은 치명적인 현상이 발생될 수 있으므로 연속적인 모니터링과 환경용량산정을 통한 과학적인 배출해역관리가 요망된다.

2) 해양 폐기물 오염

어선, 화물선, 여객선, 군함, 유조선 등 각종 선반에서 버리는 쓰레기 또한 바다를 오염시키고 있다. 플라스틱, 깡통, 유리병 등 썩지 않거나 부식되는 데 수 백년 이상 걸리는 쓰레기들이 바다에 버려지면서 많은 문제를 야기하고 있다. 플라스틱이나 비닐봉지를 먹이로 착각하고 섭취한 해양생물들이 포만감 때문에 영양실조로 죽거나, 부력장애, 잠수장애를 일으키기도 한다. 폐그물이나 어구 역시 바다를 떠다니면서 해양생물에 피해를 주며, 선박운항에 심각한 지장을 주기도 한다. 이 밖에 하천에서 유입되는 쓰레기, 행락객 등이 버리는 쓰레기, 양식장에서 쓰는 스티로폼 부이와 비닐봉지, 플라스틱 조각, 나일론 노끈, 포장봉지, 플라스틱 음료병 등이 가장 많이 버려져 있는 것으로 알려져 있다.

8.4 해양오염방지

8.4.1 해양오염방지대책

해양오염방지뿐만 아니라 모든 환경오염방지를 위한 대책으로 채택되고 있는 방안은 크게 다섯 가지이다.

첫째, 오염원 제어로서 오염물질을 발생단계로부터 차단하는 방안이다. 생산된 제품 자체가 오염을 유발할 수 있으면 생산을 중단시켜야 한다. 원료와 생산 공정이 문제가 되면 다른 원료로 대체하거나 생산 공정을 수정해서라도 오염물질발생을 차단하는 방법이다.

둘째, 재사용 또는 재순환 방안으로서 원천적인 차단이 불가능할 경우 발생된 오염물질은 재사용하거나 자연으로 재순환시키는 방법이다. 분뇨와 하수슬러지의 경우 해양에 배출시켜 해역의 생산력을 증가시키는 방안이나 하수처리수의 재이용 등이 이러한 예에 해당한다.

셋째, 오염물질의 보관 및 처리방안이다. 현재의 과학기술로는 해결할 수 없는 오염물질이지만 발전방향에 따라 자원으로서 이용될 수 있는 폐기물의 경우 환경과 격리시켜 폐광이나 해저에 보관하는 방법과 개발된 처리공법으로 오염도를 저감시키는 방법이 여기에 해당한다.

넷째, 지역할당제로서 국토의 이용방안에 따라 지역별 환경기준을 달리하는 방안이다. 이를 통하여 오염물질 간의 상승작용과 같은 부가적인 악영향을 차단할 수 있고 실절적인 환경기준을 달성할 수 있도록 하는 방안이다. 현재 우리나라의 연안통합관리방안도 이에 해당하지만 지방자치단체의 지역균형 개발요구로 인하여 이 제도의 실효성이 의심받고 있다. 각 지역의 균형적인 산업화보다는 산업별 균형개발을 통하여 우리의 자연환경과 지역사정에 알맞은 산업을 발전시켜 산업간 균형경제가 달성되도록 하는 것이 우리의 연안을 비롯한 자연환경을 지속적으로 이용할 수 있는 방안이 될 것이다.

다섯째, 과세제도이다. 해양오염을 발생시킨 원인자가 오염피해를 보상하는 것은 물론 오염현상을 저감시켜 원상복구에 드는 비용을 부담하는 제도이다. 벌과금이 환경의 피해에 비하여 턱없이 적으므로 인하여 환경파괴에 대한 면죄부라는 비판도 있지만 자연환경의 역할에 대한 가치평가가 올바로 이루어질 경우 이러한 제도는 앞선 네 가지 방안으로 자연적으로 유도할 수 있다는 측면에서 제도적으로 바람직한 방안이다.

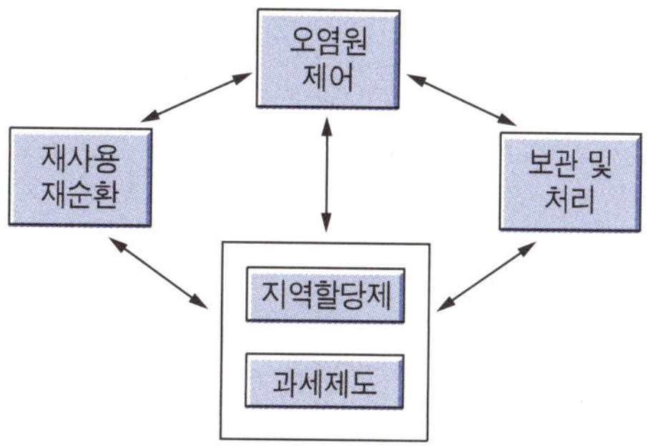

그림 8.4 해양오염 방지대책

8.4.2 법적 제도적 대책

1) 해양오염방지법

해양오염방지법은 선박 및 해양 시설로부터의 해양오염 방지 및 폐기물의 해양투기 방지를 목적으로 제정되었다.

이 법은 선박 및 해양시설로부터의 기름, 유해 액체 물질, 폐기물의 배출 규제, 폐선의 폐기규제, 오염방지설비의 운영 및 오염 발생 시 방제절차 등을 규정하고 있다. 뿐만 아니라 해양환경의 적정한 보전을 위하여 해역의 자연 지형, 용도 및 육지로부터의 거리 등에 따라 해역별 해수의 수질 기준을 설정, 고시하도록 되어있다. 또한 폐쇄성 해역 등이 오염되어 해역별 수질기준을 유지하기가 곤란하고, 해양환경보전이 매우 어렵다고 판단되어 특별대책이 필요하다고 인정될 때는 특별관리해역을 지정할 수 있다. 이 경우 특별관리해역은 오염에 영향을 미치는 육지까지를 포함한다.

2) 연안역 통합관리

연안오염은 대부분 육상으로부터 유입되는 오염물질에 의하여 이루어진다. 따라서 연안환경보전을 위해서는 육상으로부터 유입되는 오염물질을 통제하여야 한다. 그러나 연안지역에 하수처리장과 같은 환경기초시설을 아무리 잘 갖추고 있다고 하더라도 연안으로 들어오는 오염물질들을 모두 막을 수는 없다.

산업폐수와 같은 점오염원은 환경기초시설을 통하여 효과적으로 관리할 수 있으나, 농경지와 도로에서 유입되는 비점오염원은 통제하기가 매우 어렵다. 이러한 비점오염원은 토지의 이용특성에 따라 큰 영향을 받는다.

현재 해안선으로부터 60 km 이내의 연안지역에는 전 세계 인구의 절반 이상이 살고 있다. 따라서 연안지역의 개발은 곧바로 해양오염으로 이어질 수밖에 없다. 예를 들어, 임해공업단지를 건설하면 인근에 인구가 집중되어 도시가 발달하게 됨으로써 결국 주변 해역의 오염 부하량은 증가되기 마련이다.

따라서 연안해역의 환경보전을 위해서는 해역뿐만 아니라 연안에 영향을 미치는 육상지역까지도 함께 관리하지 않으면 안 되는데, 이것을 연안역 통합관리라고 한다.

3) 연안오염 방제조직과 관리

① 우리나라의 연안오염 방제체제

우리나라는 해역의 오염물질 배출행위자에게 유출된 물질의 방제조치 의무를 규정하는 "원인자 책임 원칙"을 채택하고 있다. 만일 방제조치 의무자가 방제조치를 하지 않거나 그 조치만으로 해양오염방지가 곤란할 경우, 우선 국가에서 방제조치를 하고 소요된 비용은 방제 의무자에게 부담하도록 해양오염방지법으로 규정하고 있다. 대부분의 대형오염 사고시 행위자는 방제능력이 없어 민간 방제업체에 방제조치를 위탁하고 있으나, 민간의 방제능력이 미약하여 결국 국가기관인 해양경찰청에서 방제조치를 주관하고 있다.

② 방제조직

우리나라의 방제조직은 해양경찰청이 해양오염방제 업무를 주도하고 있다. 그리고 방제조합 및 민간 방제업체는 해양경찰청을 보조하는 구조로 편성되어 있으며, 민간의 방제능력이 떨어져 국가와 민간 부분의 역할 분담이 제대로 이루어지지 않고 있다.

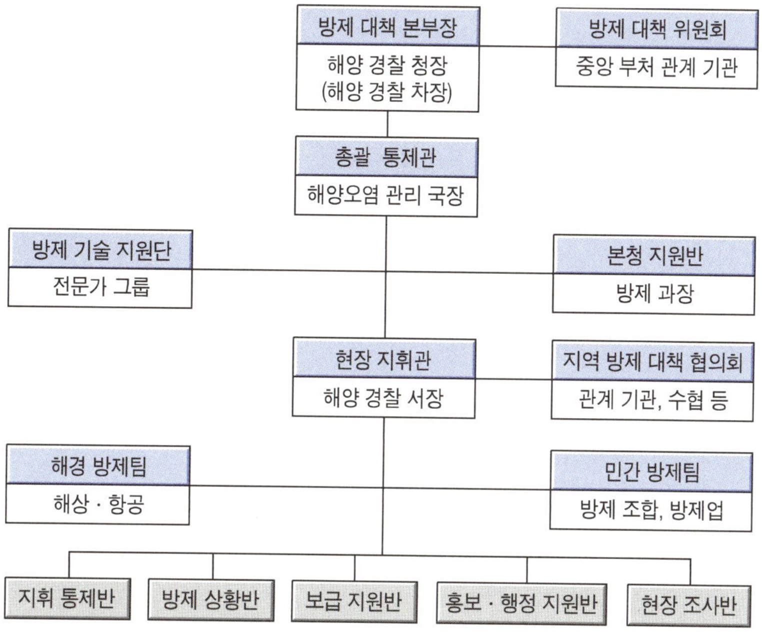

그림 8.5 우리나라의 해양오염 방제조직

참고문헌

1. 부경대학교, 1997, 바다의 이해, 정명당, pp. 125~128.
2. 부경대학교, 1998, 해양·기상, 교육부, pp. 1~17.
3. 심재형, 1991, 해양오염과 생태계, 민음사, pp. 107~114.
4. 이근광, 1997, 수계환경오염개론, 동화기술, pp. 261~302.
5. 이종화, 1998, 해양오염, 신광문화사, pp. 15~404.
6. 최청일 역, 1991, 해양오염제어론, 동화기술, pp. 41~76.
7. 한국해양연구소, 1996, 푸른 바다를 위하여, 예일정판, pp. 10~25.
8. 한국해양연구소, 1998, 해양오염과 지구환경, 삼신인쇄, pp. 12~65.
9. 해양경찰대, 1987, 해양오염방제, pp. 11~77.
10. 환경부, 1999, 환경백서, pp. 425~457.
11. 국무총리실 수질개선기획단·해양수산부, 1999,
    1999년도 해양환경업무편람, pp. 1~239.
12. 김준호외, 13인, 2006, 생태와 환경, 라이프사이언스, pp. 52~79.

찾아보기

ㄱ

ㄴ

ㄷ

ㄹ

ㅁ

ㅈ

ㅊ

ㅋ

ㅌ

ㅍ

ㅎ

영문

환경과학개론 정가 12,000원

인 쇄 2013년 3월 2일 초판 1쇄
발 행 2018년 7월 10일 초판 3쇄
저 자 이제근·이병헌·여석준·강임석·김일규·김상단·이태윤
발행인 정우용
발행처 도서출판 동화기술
경기도 파주시 광인사길 201(문발동, 파주출판도시)
Tel (031)955-4211~6 donghwae@kornet.net
Fax (031)955-4217 www.donghwapub.co.kr
(등록) 1977년 12월 19일/9-16호

Printed in Korea
ISBN 978-89-425-1770-1